소방안전관리자 2급
합격노트 + 8개년 기출문제

소방공학박사
우석대학교 소방방재학과 교수 **공하성** 지음

BM (주)도서출판 **성안당**

깜짝 알림

원퀵으로
기출문제를
보내고
원퀵으로
소방책을 받자!!

소방안전관리자 시험을 보신 후 기출문제를 재구성하여 성안당 출판사에 15문제 이상 보내주신 분에게 공하성 교수님의 소방시리즈 책 중 한 권을 무료로 보내드립니다.
독자 여러분들이 보내주신 재구성한 기출문제는 보다 더 나은 책을 만드는 데 큰 도움이 됩니다.

✉ 이메일 coh@cyber.co.kr(최옥현) ※메일을 보내실 때 성함, 연락처, 주소를 꼭 기재해 주시기 바랍니다.

- 독자분께서 보내주신 기출문제를 공하성 교수님이 검토 후 선별하여 무료로 책을 보내드립니다.
- 무료 증정 이벤트는 조기에 마감될 수 있습니다.

■ 도서 A/S 안내

성안당에서 발행하는 모든 도서는 저자와 출판사, 그리고 독자가 함께 만들어 나갑니다.

좋은 책을 펴내기 위해 많은 노력을 기울이고 있습니다. 혹시라도 내용상의 오류나 오탈자 등이 발견되면 **"좋은 책은 나라의 보배"**로서 우리 모두가 함께 만들어 간다는 마음으로 연락주시기 바랍니다. 수정 보완하여 더 나은 책이 되도록 최선을 다하겠습니다.

성안당은 늘 독자 여러분들의 소중한 의견을 기다리고 있습니다. 좋은 의견을 보내주시는 분께는 성안당 쇼핑몰의 포인트(3,000포인트)를 적립해 드립니다.

잘못 만들어진 책이나 부록 등이 파손된 경우에는 교환해 드립니다.

저자 문의 : pf.kakao.com/_Cuxjxkb/chat (공하성)
          cafe.naver.com/119manager

본서 기획자 e-mail : coh@cyber.co.kr (최옥현)

홈페이지 : http://www.cyber.co.kr   전화 : 031) 950-6300

Preface 머리말

3일 끝장 합격!
한번에 합격할 수 있습니다.
- **1일** 2회분 기출
- **2일** 2회분 기출
- **3일** 1회분 기출 + 틀린 문제 총정리

저는 소방분야에서 20여 년간 몸담았고 학생들에게 소방안전관리자 교육을 꾸준히 해왔습니다. 그래서 다년간 한국소방안전원에서 초빙교수로 소방안전관리자 교육을 하면서 어떤 문제가 주로 출제되고, 어떻게 공부하면 한번에 합격할 수 있는지 잘 알고 있습니다.

이 책은 한국소방안전원 교재를 함께보면서 공부할 수 있도록 구성했습니다. 하루 8시간씩 받는 강습 교육은 매우 따분하고 힘든 교육입니다. 이때 강습 교육을 받으면서 이 책으로 함께 시험 준비를 하면 효과 '짱'입니다.

이에 이 책은 강습 교육과 함께 공부할 수 있도록 문제에 한국소방안전원 교재페이지를 넣었습니다. 강습 교육 중 출제가 될 수 있는 중요한 문제를 이 책에 표시하면서 공부하면 학습에 효과적일 것입니다.

문제번호 위의 별표 개수로 출제확률을 확인하세요.

| ★ 출제확률 30% | ★★ 출제확률 70% | ★★★ 출제확률 90% |

한번에 합격하신 여러분들의 밝은 미소를 기억하며……
이 책에 대한 모든 영광을 그분께 돌려드립니다.

저자 공하성 올림

▶▶ **기출문제 작성에 도움 주신 분**
박제민(朴帝玟)

GUIDE 시험 가이드

① 시행처
한국소방안전원(www.kfsi.or.kr)

② 진로 및 전망
- 빌딩, 각 사업체, 공장 등에 소방안전관리자로 선임되어 소방안전관리자의 업무를 수행할 수 있다.
- 건물주가 자체 소방시설을 점검하고 자율적으로 화재예방을 책임지는 자율소방 제도를 시행함에 따라 소방안전관리자에 대한 수요가 증가하고 있는 추세이다.

③ 시험접수
- 시험접수방법

구 분	시·도지부 방문접수(근무시간 : 09:00~18:00)	한국소방안전원 사이트 접수(www.kfsi.or.kr)
접수 시 관련 서류	• 응시수수료 결제(현금, 신용카드 등) • 사진 1매 • 응시자격별 증빙서류(해당자에 한함)	• 응시수수료 결제(신용카드, 무통장입금 등)

- 시험접수 시 기본 제출서류
    - 시험응시원서 1부
    - 사진 1매(가로 3.5cm×세로 4.5cm)
    - 응시자격 서류심사 신청서(해당자에 한함)
    - 응시자격 증명서류(해당자에 한함)

④ 시험과목

1과목	2과목
소방안전관리자 제도	소방시설(소화설비, 경보설비, 피난구조설비)의 점검·실습·평가
소방관계법령(건축관계법령 포함)	소방계획 수립 이론·실습·평가 (화재안전취약자의 피난계획 등 포함)
소방학개론	자위소방대 및 초기대응체계 구성 등 이론·실습·평가
화기취급감독 및 화재위험작업 허가·관리	작동기능점검표 작성 실습·평가

GUIDE

1과목	2과목
위험물·전기·가스 안전관리	응급처치 이론·실습·평가
피난시설, 방화구획 및 방화시설의 관리	소방안전교육 및 훈련 이론·실습·평가
소방시설의 종류 및 기준	화재 시 초기대응 및 피난 실습·평가
소방시설(소화설비·경보설비·피난구조설비)의 구조	업무수행기록의 작성·유지 실습·평가

5 ▸▸ 출제방법

- 시험유형 : 객관식(4지 선택형)
- 배점 : 1문제 4점
- 출제문항수 : 50문항(과목별 25문항)
- 시험시간 : 1시간(60분)

6 ▸▸ 합격기준 및 시험일시

- 합격기준 : 매 과목 100점을 만점으로 하여 매 과목 40점 이상, 전 과목 평균 70점 이상
- 시험일정 및 장소 : 한국소방안전원 사이트(www.kfsi.or.kr)에서 시험일정 참고

7 ▸▸ 합격자 발표

홈페이지에서 확인 가능

8 ▸▸ 한국소방안전원 고객센터

1899-4819

CONTENTS 차례

핵심어 곧 출제 포인트 ▶ 합격노트

- 제1과목 ··· 1
- 제2과목 ··· 10

기출문제가 곧 적중문제 ▶ 2025~2018년 기출문제

- 2025년 기출문제 ·· 1-1
- 2024년 기출문제 ·· 1-19
- 2023년 기출문제 ·· 1-39
- 2022년 기출문제 ·· 1-59
- 2021년 기출문제 ·· 1-77
- 2020년 기출문제 ·· 1-93
- 2019년 기출문제 ·· 1-113
- 2018년 기출문제 ·· 1-135
- 정답 및 해설 ·· 2-3

핵심이 곧
출제 포인트

합격노트

당신도 해낼 수 있습니다.

소방안전관리자 2급 합격노트

제 1 과목

01 소방안전관리자 및 소방안전관리보조자를 선임하는 특정소방대상물

소방안전관리대상물	특정소방대상물
특급 소방안전관리대상물 (동식물원, 철강 등 불연성 물품 저장·취급창고, 지하구, 위험물 제조소 등 제외)	• 50층 이상(지하층 제외) 또는 지상 200m 이상 아파트 • 30층 이상(지하층 포함) 또는 지상 120m 이상(아파트 제외) • 연면적 10만m² 이상(아파트 제외)
1급 소방안전관리대상물 (동식물원, 철강 등 불연성 물품 저장·취급창고, 지하구, 위험물 제조소 등 제외)	• 30층 이상(지하층 제외) 또는 지상 120m 이상 아파트 • 연면적 15000m² 이상인 것(아파트 및 연립주택 제외) • 11층 이상(아파트 제외) • 가연성 가스를 1000톤 이상 저장·취급하는 시설
2급 소방안전관리대상물	• 지하구 • 가스제조설비를 갖추고 도시가스사업 허가를 받아야 하는 시설 또는 가연성 가스를 100톤 이상 1000톤 미만 저장·취급하는 시설 • 옥내소화전설비·스프링클러설비 설치대상물 • 물분무등소화설비(호스릴방식만을 설치한 경우 제외) 설치대상물 • 공동주택 • 목조건축물(국보·보물)
3급 소방안전관리대상물	• 자동화재탐지설비 • 간이스프링클러설비

02 소방안전관리자, 소방안전관리보조자 최초 선임기준

소방안전관리자	소방안전관리보조자
• 특정소방대상물마다 1명	• 300세대 이상 아파트 : 1명 (단, 300세대 초과마다 1명 이상 추가) • 연면적 15000m² 이상 : 1명 (단, 15000m² 초과마다 1명 이상 추가) • 공동주택(기숙사), 의료시설, 노유자시설, 수련시설 및 숙박시설(바닥면적 합계 1500m² 미만이고, 관계인이 24시간 상시 근무하고 있는 숙박시설 제외) : 1명

03 소방대

(1) **소**방공무원
(2) **의**무소방원
(3) **의**용소방대원

기억법 소의(**소의** 가죽)

> **비교**
> 1. 소방대상물
> (1) **건**축물
> (2) **차**량
> (3) **선**박(항구에 매어둔 선박)
> (4) 선박건조구조물

(5) 산림
(6) 인공구조물 또는 물건

기억법 건차선 산인물

|운항 중인 선박|

2. 관계인
(1) 소유자
(2) 관리자
(3) 점유자

기억법 소관점

3. 소방대장
현장에서 소방대를 지휘하는 사람

04 소방안전관리자의 실무교육

(1) 실시기관 및 실무교육주기

실시기관	실무교육주기
한국소방안전원	선임된 날부터 6개월 이내, 그 이후 **2년**마다 **1회**

(2) 실무교육 주기

강습수료일로부터 1년 이내 취업한 경우	강습수료일로부터 1년 넘어서 취업한 경우
강습수료일로부터 2년마다 1회	선임된 날부터 6개월 이내, 그 이후 2년 마다 1회

05 5년 이하의 징역 또는 5000만원 이하의 벌금

(1) 위력을 사용하여 출동한 소방대의 화재진압·인명구조 또는 구급활동을 **방해**하는 행위

(2) 소방대가 화재진압·인명구조 또는 구급활동을 위하여 현장에 출동하거나 현장에 출입하는 것을 고의로 **방해**하는 행위

(3) 출동한 소방대원에게 폭행 또는 협박을 행사하여 화재진압·인명구조 또는 구급활동을 **방해**하는 행위

(4) 출동한 소방대의 소방장비를 파손하거나 그 효용을 해하여 화재진압·인명구조 또는 구급활동을 **방해**하는 행위

(5) 소방자동차의 **출동**을 **방해**한 사람

(6) 사람을 **구출**하는 일 또는 불을 끄거나 불이 번지지 아니하도록 하는 일을 **방해**한 사람

(7) 정당한 사유 없이 소방용수시설 또는 비상소화장치를 사용하거나 소방용수시설 또는 비상소화장치의 효용을 해하거나 그 정당한 사용을 **방해**한 사람

(8) 소방시설의 폐쇄·차단

06 무창층

지상층 중 다음에 해당하는 개구부면적의 합계가 그 층의 바닥면적의 $\frac{1}{30}$ 이하가 되는 층

|무창층|

(1) 크기는 지름 **50cm 이상**의 원이 통과할 수 있을 것

비교	
개구부	소화수조·저수조
지름 50cm 이상	지름 60cm 이상

(2) 해당층의 바닥면으로부터 개구부 밑부분까지의 높이가 **1.2m** 이내일 것

화재발생시 사람이 통과할 수 있는 어깨너비, 키 등의 최소기준을 생각해 봐요.

나! 창문
지름 50cm 이상, 통과
1.2m 이내
바닥면

(3) **도로** 또는 **차량**이 진입할 수 있는 **빈터**를 향할 것
(4) 화재시 건축물로부터 쉽게 **피난**할 수 있도록 개구부에 **창살**이나 그 밖의 장애물이 설치되지 않을 것
(5) 내부 또는 외부에서 **쉽게 부수거나 열** 수 있을 것

07 피난계단의 종류 및 피난시 이동경로

피난계단의 종류	피난시 이동경로
옥내피난계단	옥내 → 계단실 → 피난층
옥외피난계단	옥내 → 옥외계단 → 지상층
특별피난계단	옥내 → 부속실 → 계단실 → 피난층

┃특별피난계단┃

08 방염대상물품

제조 또는 가공공정에서 방염처리를 한 물품	건축물 내부의 천장·벽에 부착·설치하는 것
① 창문에 설치하는 **커튼류**(블라인드 포함) ② **카펫** ③ **벽지류**(두께 2mm 미만인 종이벽지 제외) ④ **전시용 합판·목판·섬유판** ⑤ **무대용 합판·목판·섬유판** ⑥ **암막·무대막**(영화상영관·가상체험 체육시설업의 스크린 포함) ⑦ 섬유류 또는 합성수지류 등을 원료로 하여 제작된 **소파·의자**(단란주점·유흥주점·노래연습장에 한함)	① 종이류(두께 **2mm 이상**), 합성수지류 또는 **섬유류**를 주원료로 한 물품 ② **합판**이나 **목재** ③ 공간을 구획하기 위하여 설치하는 **간이칸막이** ④ 흡음·방음을 위하여 설치하는 **흡음재**(흡음용 커튼 포함) 또는 **방음재**(방음용 커튼 포함)

• **가구류**(옷장, 찬장, 식탁, 식탁용 의자, 사무용 책상, 사무용 의자 및 계산대)와 너비 **10cm 이하**인 **반자돌림대**, **내부마감재료** 제외

┃방염커튼┃

09 종합점검

구 분	면 적
공공기관	1000m²
다중이용업	2000m²
물분무등(호스릴 ×)	5000m²

10 주요구조부

(1) 내력**벽**(그 밖에 이와 유사한 부분 제외)
(2) **보**(작은 보 제외)
(3) **지**붕틀(차양 제외)
(4) **바**닥(최하층 바닥 제외)
(5) **주**계단(옥외계단 제외)
(6) **기**둥(사이기둥 제외)

기억법 벽보지 바주기

11 위험물의 지정수량

위험물	지정수량
유 황	100kg
휘발유	**2**00L 기억법 휘2
질 산	300kg
알코올류	400L
등유·경유	1000L
중 유	**2**000L 기억법 중2(간부 중위)

12 가연성 물질의 구비조건

(1) 화학반응을 일으킬 때 필요한 **활성화에너지값**이 **작아야** 한다.
(2) 열의 축적이 용이하도록 **열전도**의 값(열전도율)이 **작아야** 한다.

〈가연물질별 열전도〉
- 철 : 열전도 빠르다(크다).
  → 불에 잘 타지 않는다.
- 종이 : 열전도 느리다(작다).
  → 불에 잘 탄다.

|열전도|

용어 **활성화에너지(최소 점화에너지)**
가연물이 처음 연소하는 데 필요한 열

|활성화에너지|

13 화재의 종류

종 류	적응물질	소화약제
일반화재 (A급)	• 보통가연물(폴리에틸렌 등) • 종이 • 목재, 면화류, 석탄 • 재를 남김	① 물 ② 수용액

유류화재 (B급)	• 유류 • 알코올 • 재를 남기지 않음	① 포(폼)
전기화재 (C급)	• 변압기 • 배전반	① 이산화탄소 ② 분말소화약제 ③ 주수소화 금지
금속화재 (D급)	• 가연성 금속류(나트륨 등)	① 금속화재용 분말 소화약제 ② 마른 모래(건조사)
주방화재 (K급)	• 식용유 • 동·식물성 유지	① 강화액

14 소화방법

제거소화	질식소화	냉각소화	억제소화
가연물 제거	산소공급원 차단 (산소농도 15% 이하)	열을 뺏음 (착화온도 낮춤)	연쇄반응 약화

∥ 질식소화 ∥

15 위험물류별 특성

유별	성질	설명
제1류	산화성 고체 기억법 1산고(일산고)	① 강산화제로서 다량의 산소 함유 ② 가열, 충격, 마찰 등에 의해 분해, 산소 방출
제2류	가연성 고체 기억법 2가고(이가 고장)	① 저온착화하기 쉬운 가연성 물질 ② 연소시 유독가스 발생
제3류	자연발화성 물질 및 금수성 물질 기억법 3발(세발낙지)	① 물과 반응하거나 자연발화에 의해 발열 또는 가연성 가스 발생 ② 용기 파손 또는 누출에 주의
제4류	인화성 액체	① 인화가 용이 ② 대부분 물보다 가볍고, 증기는 공기보다 무거움 ③ 주수소화가 불가능한 것이 대부분임 ④ 대부분 물에 녹지 않음 ⑤ 증기는 공기와 혼합되어 연소·폭발
제5류	자기반응성 물질	① 가연성으로 산소를 함유하여 자기연소 ② 가열, 충격, 마찰 등에 의해 착화, 폭발 ③ 연소속도가 매우 빨라서 소화 곤란 ④ 자기반응성 물질 ⑤ 나이트로글리세린(NG), 셀룰로이드, 트리나이트로톨루엔(TNT) 기억법 5산(오산지역)
제6류	산화성 액체 기억법 산액	① 조연성 액체 ② 산화제

16 정전기에 의한 재해 방지 예방대책

(1) 접지시설
(2) 공기 이온화
(3) 습도 70% 이상
(4) 전도체 물질 사용

┃정전기 발생원리┃

17 LPG vs LNG

구분 \ 종류	액화석유가스 (LPG)	액화천연가스 (LNG)
주성분	• **프**로판(C₃H₈) • **부**탄(C₄H₁₀) 기억법 P프부	• **메**탄(CH₄) 기억법 N메
비중	• 1.5~2(누출시 낮은 곳 체류)	• 0.6(누출시 천장쪽 체류)
폭발범위 (연소범위)	• 프로판 : 2.1~9.5% • 부탄 : 1.8~8.4%	• 5~15%
용도	• 가정용 • 공업용 • 자동차연료용	• 도시가스
증기비중	• 1보다 큰 가스	• 1보다 작은 가스
탐지기의 위치	• 탐지기의 **상단**은 바닥면의 **상방 30cm** 이내에 설치 ┃LPG 탐지기 위치┃ • 연소기 또는 관통부로부터 수평거리 **4m** 이내에 설치	• 탐지기의 **하단**은 천장면의 **하방 30cm** 이내에 설치 ┃LNG 탐지기 위치┃ • 연소기로부터 수평거리 **8m** 이내에 설치
공기와 무게 비교	• 공기보다 무겁다.	• 공기보다 가볍다.

18 소화기구

소화능력 단위기준 및 보행거리

소화기 분류		능력단위	**보**행거리
소형소화기		1단위 이상	20m 이내
대형소화기	A급	10단위 이상	30m 이내
	B급	20단위 이상	

기억법 보3대, 대2B(데이빗!)

┃A급 소화능력시험┃

┃B급 소화능력시험┃

19 특정소방대상물별 소화기구의 능력단위기준

특정소방대상물	소화기구의 능력단위	건축물의 주요구조부가 **내화구조**이고, 벽 및 반자의 실내에 면하는 부분이 불연재료·준불연재료 또는 난연재료로 된 특정소방대상물의 능력단위
• **위**락시설 기억법 위3(위상)	바닥면적 **30m²**마다 1단위 이상	바닥면적 60m²마다 1단위 이상

		바닥면적	바닥면적
• 공연장 • 집회장 • 관람장 • 문화재 • 장례식장 및 의 료시설		50m²마다 1단위 이상	100m²마다 1단위 이상

기억법 5공연장 문의 집관람(손오공 연장 문의 집관람)

		바닥면적	바닥면적
• 근린생활시설 • 판매시설 • 운수시설 • 숙박시설 • 노유자시설 • 전시장 • 공동주택(아파트 등) • 업무시설(사무실 등) • 방송통신시설 • 공장 • 창고시설 • 항공기 및 자동차관련시설 및 관광휴게시설		100m²마다 1단위 이상	200m²마다 1단위 이상

기억법 근판숙노전 주업 방차창 1항 관광 (근판숙노전 주업 방차창 일본항 관광)

• 그 밖의 것	바닥면적 200m²마다 1단위 이상	바닥면적 400m²마다 1단위 이상

$$단위 = \frac{바닥면적}{소화기구의\ 능력단위} (소수점\ 올림)$$

20 옥내·옥외소화전설비

(1) 옥내소화전설비 vs 옥외소화전설비

구 분	옥내소화전설비	옥외소화전설비
방수량	• 130L/min 이상	• 350L/min 이상
방수압	• 0.17~0.7MPa 이하	• 0.25~0.7MPa 이하
최소 방출시간	• 20분 : 29층 이하 • 40분 : 30~49층 이하 • 60분 : 50층 이상	• 20분
소화전 최대개수	• 저층건축물 : 최대 2개 • 고층건축물 : 최대 5개	

(2) 옥내소화전설비 호스구경

구 분	호 스
호스릴	25mm 이상
일 반	40mm 이상

기억법 내호25, 내4(내사 종결)

∥옥내소화전설비∥

21 옥내소화전설비 수원의 저수량

$Q = 2.6N$ (30층 미만, N : 최대 2개)
$Q = 5.2N$ (30~49층 이하, N : 최대 5개)
$Q = 7.8N$ (50층 이상, N : 최대 5개)

여기서, Q : 수원의 저수량[m³]
N : 가장 많은 층의 소화전개수

22 옥외소화전설비의 설치기준

설치거리	호스구경
5m 이내	65mm

▎옥외소화전함의 설치거리 ▎

23 물분무등소화설비

(1) **물**분무소화설비
(2) **분**말소화설비
(3) **포**소화설비
(4) **할**론소화설비
(5) **이**산화탄소소화설비
(6) **할**로겐화합물 및 불활성 기체 소화설비
(7) **강**화액소화설비
(8) **미**분무소화설비
(9) **고**체에어로졸소화설비

> 기억법 분포할이 할강미고

24 감지기의 바닥면적

(단위 : m²)

부착높이 및 소방대상물의 구분		감지기의 종류				
		차동식·보상식 스포트형		정온식 스포트형		
		1종	2종	특종	1종	2종
4m 미만	내화구조	90	70	70	60	20
	기타구조	50	40	40	30	15
4m 이상 8m 미만	내화구조	45	35	35	30	–
	기타구조	30	25	25	15	–

> 기억법 차 보   정
>   9 7   7 6 2
>   5 4   4 3 ①
>   ④ ③   ③ 3 ×
>   3 ②   ② ① ×
>
> ※ 동그라미(○) 친 부분은 뒤에 5가 붙음

25 피난기구의 적응성

설치장소별 구분 \ 층별	3층	4층 이상 10층 이하
노유자 시설	• 미끄럼대 • 구조대 • 피난교 • 다수인 피난장비 • 승강식 피난기	• 구조대 • 피난교 • 다수인 피난장비 • 승강식 피난기
의료시설·입원실이 있는 의원·접골원·조산원	• 미끄럼대 • 구조대 • 피난교 • 피난용 트랩 • 다수인 피난장비 • 승강식 피난기	• 구조대 • 피난교 • 피난용 트랩 • 다수인 피난장비 • 승강식 피난기

영업장의 위치가 4층 이하인 다중이용업소	• 미끄럼대 • 피난사다리 • 구조대 • 완강기 • 다수인 피난장비 • 승강식 피난기	• 미끄럼대 • 피난사다리 • 구조대 • 완강기 • 다수인 피난장비 • 승강식 피난기
그 밖의 것	• 미끄럼대 • 피난사다리 • 구조대 • 완강기 • 피난교 • 피난용 트랩 • 간이완강기[1] • 공기안전매트 • 다수인 피난장비 • 승강식 피난기	• 피난사다리 • 구조대 • 완강기 • 피난교 • 간이완강기[1] • 공기안전매트 • 다수인 피난장비 • 승강식 피난기

[주] 1) 간이완강기의 적응성은 **숙박시설**의 **3층 이상**에 있는 객실에 추가 설치

26 객석유도등 설치대상

(1) **유**흥주점영업(카바레, 나이트클럽 등)
(2) **문**화 및 집회시설
(3) **종**교시설
(4) **운**동시설

> 기억법 유문종 운(유문종 운전해)

┃객석유도등┃

27 분말소화기

소화약제 및 적응화재

적응화재	소화약제의 주성분	소화효과
BC급	탄산수소나트륨 ($NaHCO_3$)	• 질식효과 • 부촉매(억제) 효과
BC급	탄산수소칼륨 ($KHCO_3$)	
ABC급	제1인산암모늄 ($NH_4H_2PO_4$)	
BC급	탄산수소칼륨($KHCO_3$) +요소(($NH_2)_2CO$)	

28 지시압력계

(1) 노란색(황색) : 압력부족
(2) 녹색 : 정상압력(0.7~0.98MPa)
(3) 적색 : 정상압력 초과

소화기 지시압력계

29 감시제어반

자동
- 선택스위치 : 연동(자동)
- 주펌프 : 정지
- 충압펌프 : 정지

기동
- 선택스위치 : 수동
- 주펌프 : 기동
- 충압펌프 : 기동

정지
- 선택스위치 : 수동
- 주펌프 : 정지
- 충압펌프 : 정지

30 스프링클러설비의 종류

구 분		장 점	단 점
폐쇄형 헤드 사용	습식	• **구조**가 **간단**하고 **공사비 저렴** • 소화가 신속 • 타방식에 비해 유지·관리 용이	• **동결** 우려 장소 사용**제한** • 헤드 오작동시 수손피해 및 배관 부식 촉진
	건식	• 동결 우려 장소 및 옥외 사용 가능	• 살수개시시간 지연 및 복잡한 구조 • 화재 초기 **압축공기**에 의한 화재 촉진 우려 • 일반헤드인 경우 **상향형**으로 시공하여야 함
	준비 작동식	• 동결 우려 장소 사용 가능 • 헤드 오작동(개방)시 수손피해 우려 없음 • 헤드개방 전 경보로 조기 대처 용이	• 감지장치로 감지기 별도 시공 필요 • 구조 복잡, 시공비 고가 • 2차측 배관 부실시공 우려
개방형 헤드 사용	일제 살수식	• **초기화재**에 신속 대처 용이 • 층고가 높은 장소에서도 소화 가능	• 대량살수로 수손피해 우려 • 화재감지장치 별도 필요

31 감지기 사용유무

습식·건식 스프링클러설비	준비작동식·일제살수식 스프링클러설비
감지기 ×	감지기 ○

32 스프링클러설비의 기동점, 정지점

기동점(기동압력)	정지점(양정, 정지압력)
기동점 = RANGE−DIFF = 자연낙차압 +0.15MPa	정지점 = RANGE

(a) 압력스위치　(b) DIFF, RANGE의 설정 예

33 이산화탄소소화설비의 장단점

장 점	단 점
• **심부화재**에 적합하다. • 화재진화 후 깨끗하다. • 피연소물에 피해가 적다. • 비전도성이므로 **전기화재**에 좋다.	• 사람에게 질식의 우려가 있다. • 방사시 동상의 우려와 **소음**이 **크다**. • 설비가 고압으로 특별한 주의와 관리가 필요하다.

34 기동용기함의 솔레노이드밸브의 점검 전 안전조치 순서

안전핀 체결 → 솔레노이드 분리 → 안전핀 제거

▎솔레노이드밸브 점검 전▎

안전핀 체결   솔레노이드 분리   안전핀 제거

35 경계구역의 설정 기준

(1) 1경계구역이 2개 이상의 **건축물**에 미치지 않을 것

▎하나의 경계구역으로 설정불가▎

(2) 1경계구역이 2개 이상의 **층**에 미치지 않을 것(단, $500m^2$ 이하는 2개층을 1경계구역으로 할 수 있다.)
(3) 1경계구역의 면적은 $600m^2$ 이하로 하고, 1변의 길이는 **50m** 이하로 할 것(단, 내부 전체가 보이면 한변의 길이가 50m의 범위 내에서 $1000m^2$ 이하로 할 수 있다.)

▎내부 전체가 보이면 1경계구역 면적 $1000m^2$ 이하, 1변의 길이 50m 이하▎

36 자동화재탐지설비의 직상 4개층 우선경보방식 적용대상물

11층(공동주택 16층) 이상의 특정소방대상물의 경보

▎자동화재탐지설비 직상 4개층 우선경보방식▎

발화층	경보층	
	11층(공동주택 16층) 미만	11층(공동주택 16층) 이상
2층 이상 발화	전층 일제경보	• 발화층 • 직상 4개층
1층 발화		• 발화층 • 직상 4개층 • 지하층
지하층 발화		• 발화층 • 직상층 • 기타의 지하층

37 송배선식

도통시험(선로의 정상연결 유무 확인)을 원활히 하기 위한 배선방식

▎송배선식▎

38 회로도통시험

회로도통시험 적부 판정

구 분	전압계가 있는 경우	도통시험확인등이 있는 경우
정상	4~8V	정상확인등 점등(녹색)
단선	0V	단선확인등 점등(적색)

단선인 경우(적색등 점등)

> **용어** 회로도통시험
> 수신기에서 감지기 사이 회로의 단선 유무와 기기 등의 접속 상황을 확인하기 위한 시험

예비전원시험 적부 판정

전압계인 경우 정상	램프방식인 경우 정상
19~29V	녹색

39 유도등의 설치높이

복도통로유도등, 계단통로유도등	피난구유도등, 거실통로유도등
바닥으로부터 높이 **1m** 이하	피난구의 바닥으로부터 높이 **1.5m** 이상
기억법 1복(일복 터졌다.)	기억법 피유15상

40 가슴압박

(1) 환자의 **어깨**를 두드린다.
(2) 쓰러진 환자의 얼굴과 가슴을 10초 이내로 관찰하여 호흡이 있는지를 확인한다.
(3) 구조자의 체중을 이용하여 압박한다.
(4) 인공호흡에 자신이 없으면 가슴압박만 시행한다.

구 분	설 명
속 도	분당 100~120회
깊 이	약 5cm(소아 4~5cm)

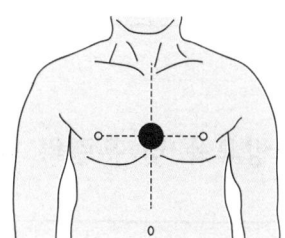

가슴압박 위치

41 자동심장충격기(AED) 사용방법

패드의 부착위치

패드 1	패드 2
오른쪽 빗장뼈(쇄골) 바로 아래	왼쪽 젖꼭지 아래의 중간겨드랑선

패드 위치

42. 심폐소생술(CPR) vs 자동심장충격기(AED)

심폐소생술(CPR) 순서	자동심장충격기(AED) 사용 순서
① 반응 확인 ② 119 신고 ③ 호흡 확인 ④ 가슴압박 30회 시행 ⑤ 인공호흡 2회 시행 ⑥ 가슴압박과 인공호흡의 반복 ⑦ 회복 자세	① 전원 켜기 ② 두 개의 패드 부착 ③ 심장리듬 분석 ④ 심장충격 실시 ⑤ 심폐소생술 실시

43. 소방교육 및 훈련의 원칙

원칙	설명
현실의 원칙	• 학습자의 능력을 고려하지 않은 훈련은 비현실적이고 불완전하다.
학습자 중심의 원칙	• **한** 번에 한 가지씩 습득 가능한 분량을 교육 및 훈련시킨다. • **쉬운 것**에서 **어려운 것**으로 교육을 실시하되 기능적 이해에 비중을 둔다. • 학습자에게 감동이 있는 교육이 되어야 한다. **기억법** 학한
동기부여의 원칙	• **교육**의 **중요성**을 **전달**해야 한다. • 학습을 위해 적절한 스케줄을 적절히 배정해야 한다. • 교육은 시기적절하게 이루어져야 한다. • 핵심사항에 교육의 포커스를 맞추어야 한다. • 학습에 대한 보상을 제공해야 한다. • 교육에 재미를 부여해야 한다. • 교육에 있어 다양성을 활용해야 한다. • 사회적 상호작용을 제공해야 한다. • 전문성을 공유해야 한다. • 초기성공에 대해 격려해야 한다.
목적의 원칙	• 어떠한 기술을 어느 정도까지 익혀야 하는가를 명확하게 제시한다. • 습득하여야 할 기술이 활동 전체에서 어느 위치에 있는가를 인식하도록 한다.
실습의 원칙	• **실습**을 통해 지식을 습득한다. • 목적을 생각하고, 적절한 방법으로 정확하게 하도록 한다.
경험의 원칙	• 경험했던 사례를 들어 현실감 있게 하도록 한다.
관련성의 원칙	• 모든 교육 및 훈련 내용은 **실무적**인 **접목**과 **현장성**이 있어야 한다.

기출문제가
곧 적중문제

2025~2018년
기출문제

이 기출문제는 수험생의 기억에 의한 문제를 편집하였으므로 실제 문제와 차이가 있을 수 있습니다.

우리에겐 무한한 가능성이 있습니다.

자격시험 및 평가 답안지

종목	
유형	Ⓐ Ⓑ Ⓒ Ⓓ
일자	
성명	
수험번호	

문항	정답 (1-10)			
1	①	②	③	④
2	①	②	③	④
3	①	②	③	④
4	①	②	③	④
5	①	②	③	④
6	①	②	③	④
7	①	②	③	④
8	①	②	③	④
9	①	②	③	④
10	①	②	③	④

문항	정답 (11-20)			
11	①	②	③	④
12	①	②	③	④
13	①	②	③	④
14	①	②	③	④
15	①	②	③	④
16	①	②	③	④
17	①	②	③	④
18	①	②	③	④
19	①	②	③	④
20	①	②	③	④

문항	정답 (21-30)			
21	①	②	③	④
22	①	②	③	④
23	①	②	③	④
24	①	②	③	④
25	①	②	③	④
26	①	②	③	④
27	①	②	③	④
28	①	②	③	④
29	①	②	③	④
30	①	②	③	④

문항	정답 (31-40)			
31	①	②	③	④
32	①	②	③	④
33	①	②	③	④
34	①	②	③	④
35	①	②	③	④
36	①	②	③	④
37	①	②	③	④
38	①	②	③	④
39	①	②	③	④
40	①	②	③	④

문항	정답 (41-50)			
41	①	②	③	④
42	①	②	③	④
43	①	②	③	④
44	①	②	③	④
45	①	②	③	④
46	①	②	③	④
47	①	②	③	④
48	①	②	③	④
49	①	②	③	④
50	①	②	③	④

▲ 상단 바코드 훼손에 주의합니다.

감독확인

작성시 유의사항

- 시험종목, 시험일자, 성명, 수험번호를 정확하게 기재하여 주십시오.
- 문제지 유형과 수험번호를 검정색 수성사인펜, 볼펜 등으로 바르게 ● 표기하십시오.
- ※ 수험번호는 아래배이숫자 6자리 작성 후 표기
- 「감독확인」란은 응시자가 작성하지 않으며, 감독확인이 없는 답안지는 무효 처리합니다.
- 답안지는 구기거나 접지 마시고, 절대 낙서하지 마십시오.
- 이중 표기 등 잘못된 기재로 인한 OMR기의 인식 오류는 응시자 책임이므로 주의하시기 바랍니다.

바른 표기		잘못된 표기
●		◐ ⊘ ⊙ ⊗

- 응시자는 시험시간이 종료되면 즉시 답안작성을 멈춰야 하며, 감독위원의 답안지 제출지시에 불응할 때에는 당해 시험은 무효 처리됩니다.

한국소방안전원 자격시험 및 평가 답안지

KOREA FIRE SAFETY INSTITUTE

종목 / 구분 Ⓐ Ⓑ Ⓒ Ⓓ / 일자 / 성명 / 수험번호 / 감독확인

▶ 상단 바코드 훼손에 주의합니다.

문항	정답 (1–10)	문항	정답 (11–20)	문항	정답 (21–30)	문항	정답 (31–40)	문항	정답 (41–50)
1	① ② ③ ④	11	① ② ③ ④	21	① ② ③ ④	31	① ② ③ ④	41	① ② ③ ④
2	① ② ③ ④	12	① ② ③ ④	22	① ② ③ ④	32	① ② ③ ④	42	① ② ③ ④
3	① ② ③ ④	13	① ② ③ ④	23	① ② ③ ④	33	① ② ③ ④	43	① ② ③ ④
4	① ② ③ ④	14	① ② ③ ④	24	① ② ③ ④	34	① ② ③ ④	44	① ② ③ ④
5	① ② ③ ④	15	① ② ③ ④	25	① ② ③ ④	35	① ② ③ ④	45	① ② ③ ④
6	① ② ③ ④	16	① ② ③ ④	26	① ② ③ ④	36	① ② ③ ④	46	① ② ③ ④
7	① ② ③ ④	17	① ② ③ ④	27	① ② ③ ④	37	① ② ③ ④	47	① ② ③ ④
8	① ② ③ ④	18	① ② ③ ④	28	① ② ③ ④	38	① ② ③ ④	48	① ② ③ ④
9	① ② ③ ④	19	① ② ③ ④	29	① ② ③ ④	39	① ② ③ ④	49	① ② ③ ④
10	① ② ③ ④	20	① ② ③ ④	30	① ② ③ ④	40	① ② ③ ④	50	① ② ③ ④

작성시 유의사항

- 시험종목, 시험일자, 성명, 수험번호를 정확하게 기재하여 주십시오.
- 문제지 유형과 수험번호를 검정색 수성싸인펜, 볼펜 등으로 바르게 ● 표기하십시오.
  ※ 수험번호는 아라비아숫자 6자리 작성 후 표기
- 「감독확인」란은 응시자가 작성하지 않으며, 감독확인이 없는 답안지는 무효 처리합니다.
- 답안지는 구기거나 접지 마시고, 절대 낙서하지 마십시오.
- 이중 표기 등 잘못된 기재로 인한 OMR기의 인식 오류는 응시자 책임이므로 주의하시기 바랍니다.

바른 표기	잘못된 표기
●	⊘ ⊙ ⊗

- 응시자는 시험시간이 종료되면 즉시 답안작성을 멈춰야 하며, 감독위원이 답안지 제출지시에 불응할 때에는 당해 시험은 무효 처리됩니다.

한국소방안전원 자격시험 및 평가 답안지

▲ 성명란 바코드 훼손에 주의합니다.

종목		
유형	Ⓐ Ⓑ Ⓒ Ⓓ	
일자		
성명	수험번호	
감독인		

문항	정 답 (1–10)			
1	①	②	③	④
2	①	②	③	④
3	①	②	③	④
4	①	②	③	④
5	①	②	③	④
6	①	②	③	④
7	①	②	③	④
8	①	②	③	④
9	①	②	③	④
10	①	②	③	④

문항	정 답 (11–20)			
11	①	②	③	④
12	①	②	③	④
13	①	②	③	④
14	①	②	③	④
15	①	②	③	④
16	①	②	③	④
17	①	②	③	④
18	①	②	③	④
19	①	②	③	④
20	①	②	③	④

문항	정 답 (21–30)			
21	①	②	③	④
22	①	②	③	④
23	①	②	③	④
24	①	②	③	④
25	①	②	③	④
26	①	②	③	④
27	①	②	③	④
28	①	②	③	④
29	①	②	③	④
30	①	②	③	④

문항	정 답 (31–40)			
31	①	②	③	④
32	①	②	③	④
33	①	②	③	④
34	①	②	③	④
35	①	②	③	④
36	①	②	③	④
37	①	②	③	④
38	①	②	③	④
39	①	②	③	④
40	①	②	③	④

문항	정 답 (41–50)			
41	①	②	③	④
42	①	②	③	④
43	①	②	③	④
44	①	②	③	④
45	①	②	③	④
46	①	②	③	④
47	①	②	③	④
48	①	②	③	④
49	①	②	③	④
50	①	②	③	④

작성시 유의사항

- 시험종목, 시험일자, 성명, 수험번호를 정확하게 기재하여 주십시오.
- 문제지 유형과 수험번호를 검정색 수성사인펜, 볼펜 등으로 바르게 ● 표기하십시오.

※ 수험번호는 아라비아숫자 6자리 작성 후 표기

- 「감독확인」란은 응시자가 작성하지 않으며, 감독확인이 없는 답안지는 무효 처리합니다.
- 답안지는 구기거나 접지 마시고, 절대 낙서하지 마십시오.
- 이중 표기 및 잘못된 기재로 인한 OMR기의 인식 오류는 응시자 책임이므로 주의하시기 바랍니다.

바른 표기	잘못된 표기
●	⊘ ⊙ ⊗

- 응시자는 시험시간이 종료되면 즉시 답안작성을 멈춰야 하며, 감독위원의 답안지 제출지시에 불응할 때에는 당해 시험은 무효 처리됩니다.

한국소방안전원 자격시험 및 평가 답안지

문항	정답 (1-10)			
1	①	②	③	④
2	①	②	③	④
3	①	②	③	④
4	①	②	③	④
5	①	②	③	④
6	①	②	③	④
7	①	②	③	④
8	①	②	③	④
9	①	②	③	④
10	①	②	③	④

문항	정답 (11-20)			
11	①	②	③	④
12	①	②	③	④
13	①	②	③	④
14	①	②	③	④
15	①	②	③	④
16	①	②	③	④
17	①	②	③	④
18	①	②	③	④
19	①	②	③	④
20	①	②	③	④

문항	정답 (21-30)			
21	①	②	③	④
22	①	②	③	④
23	①	②	③	④
24	①	②	③	④
25	①	②	③	④
26	①	②	③	④
27	①	②	③	④
28	①	②	③	④
29	①	②	③	④
30	①	②	③	④

문항	정답 (31-40)			
31	①	②	③	④
32	①	②	③	④
33	①	②	③	④
34	①	②	③	④
35	①	②	③	④
36	①	②	③	④
37	①	②	③	④
38	①	②	③	④
39	①	②	③	④
40	①	②	③	④

문항	정답 (41-50)			
41	①	②	③	④
42	①	②	③	④
43	①	②	③	④
44	①	②	③	④
45	①	②	③	④
46	①	②	③	④
47	①	②	③	④
48	①	②	③	④
49	①	②	③	④
50	①	②	③	④

▲ 상단 바코드 훼손에 주의합니다.

작성시 유의사항

- 시험종목, 시험일자, 성명, 수험번호를 정확하게 기재하여 주십시오.
- 문제지 유형과 수험번호를 검정색 수성사인펜, 볼펜 등으로 바르게 ● 표기하십시오.
  ※ 수험번호는 아라비아숫자 6자리 작성 후 표기
- 감독위인 응시자가 작성하지 않으며, 감독위인은 답안지는 무효 처리합니다.
- 답안지는 구기거나 접지 마시고, 절대 낙서하지 마십시오.
- 이중 표기 등 잘못된 기재로 인한 OMR기의 인식 오류는 응시자 책임이므로 주의하시기 바랍니다.

바른 표기	잘못된 표기
●	⊙ ⊘ ⊙ ⊗

- 응시자는 시험시간이 종료되면 즉시 답안작성을 멈춰야 하며, 감독위원의 답안지 제출지시에 불응할 때에는 당해 시험은 무효 처리됩니다.

한국소방안전원 자격시험 및 평가 답안지
KOREA FIRE SAFETY INSTITUTE

▲ 상단 바코드 훼손에 주의합니다.

작성시 유의사항

- 시험종목, 시험일자, 성명, 수험번호를 정확하게 기재하여 주십시오.
- 문제지 유형과 수험번호를 검정색 수성사인펜, 볼펜 등으로 바르게 ● 표기하십시오.
  ※ 수험번호는 아라비아숫자 6자리 작성 후 표기
- 「감독확인」란은 응시자가 작성하지 않으며, 감독확인이 없는 답안지는 무효 처리합니다.
- 답안지는 구기거나 접지 마시고, 절대 낙서하지 마십시오.
- 이중 표기 등 잘못된 기재로 인한 OMR기의 인식 오류는 응시자 책임이므로 주의하시기 바랍니다.

바른 표기		잘못된 표기	
●		◐ ⊘ ⊙ ⊗	

- 응시자는 시험시간이 종료되면 즉시 답안작성을 멈추어 하며, 감독위원이 답안지 제출지시에 불응할 때에는 당해 시험은 무효 처리됩니다.

작성 시 유의사항

- 시험종목, 시험일자, 성명, 수험번호를 정확하게 기재하여 주십시오.
- 문제지 유형과 수험번호를 검정색 수성사인펜, 볼펜 등으로 바르게 ● 표기하십시오.
  ※ 수험번호는 아라비아숫자 6자리 작성 후 표기
- 「감독확인」란은 응시자가 작성하지 않으며, 감독확인이 없는 답안지는 무효 처리합니다.
- 답안지는 구기거나 접지 마시고, 절대 낙서하지 마십시오.
- 이중 표기 등 잘못된 기재로 인한 OMR기의 인식 오류는 응시자 책임이므로 주의하시기 바랍니다.

바른 표기	잘못된 표기
●	⊘ ⊙ ⊗

- 응시자는 시험시간이 종료되면 즉시 답안작성을 멈춰야 하며, 감독위원이 답안지 제출지시에 불응할 때에는 당해 시험은 무효 처리됩니다.

한국소방안전원 자격시험 및 평가 답안지

작성시 유의사항

- 시험종목, 시험일자, 성명, 수험번호를 정확하게 기재하여 주십시오.
- 문제지 유형과 수험번호를 검정색 수성사인펜, 볼펜 등으로 바르게 ● 표기하십시오.
  ※ 수험번호는 아래 비어있는 6자리 작성 후 표기
- 감독확인란 응시자가 작성하지 않으며, 감독확인이 없는 답안지는 무효 처리합니다.
- 답안지는 구기거나 접지 마시고, 절대 낙서하지 마십시오.
- 이중 표기 등 잘못된 기재로 인한 OMR기의 인식 오류는 응시자 책임이므로 주의하시기 바랍니다.

바른 표기		잘못된 표기		
●		⊘	⊙	⊗

- 응시자는 시험시간이 종료되면 즉시 답안작성을 멈춰야 하며, 감독위원이 답안지 제출지시에 불응할 때에는 답해 시험은 무효 처리됩니다.

한국소방안전원 자격시험 및 평가 답안지

작성시 유의사항

- 시험종목, 시험일자, 성명, 수험번호를 정확하게 기재하여 주십시오.
- 문제지 유형과 수험번호를 검정색 수성사인펜, 볼펜 등으로 바르게 ● 표기하십시오.
  ※ 수험번호는 아라비아숫자 6자리 작성 후 표기
- 「감독확인」란은 응시자가 작성하지 않으며, 감독확인이 없는 답안지는 무효 처리합니다.
- 답안지는 구기거나 접지 마시고, 절대 낙서하지 마십시오.
- 이중 표기 등 잘못된 기재로 인한 OMR기의 인식 오류는 응시자 책임이므로 주의하시기 바랍니다.

바른 표기	잘못된 표기
●	⊘ ⊙ ⊗

- 응시자는 시험시간이 종료되면 즉시 답안작성을 멈춰야 하며, 감독위원의 답안지 제출지시에 불응할 때에는 당해 시험은 무효 처리됩니다.

제①과목

01 다음 중 피난시설, 방화구획 및 방화시설 관련 금지행위 중 변경행위에 해당되지 않는 것은?

① 임의 구획으로 무창층을 발생하게 하는 행위
② 방화구획에 개구부를 설치하여 그 기능에 지장을 주는 행위
③ 방화문을 닫아 놓는 행위
④ 방화문을 철거하고 목재, 유리문 등으로 변경하는 행위

02 전기화재 예방요령으로 틀린 것을 모두 고른 것은?

㉠ 사용하지 않는 기구는 전원을 끄고 플러그를 꽂아둔다.
㉡ 과전류 차단장치를 설치한다.
㉢ 전선을 묶거나 꼬아둔다.
㉣ 비닐장판 밑으로 전선이 보이지 않게 정리하여 넣어둔다.

① ㉠, ㉢
② ㉠, ㉣
③ ㉡, ㉢
④ ㉠, ㉢, ㉣

03 다음 중 자기반응성 물질에 해당하는 것은 몇 류 위험물인가?

① 제2류
② 제3류
③ 제4류
④ 제5류

04 화기취급작업의 일반적인 절차 중 안전조치 업무내용으로 옳지 않은 것은?
① 소방시설 작동 확인
② 가연물 이동 및 보호 조치
③ 화재안전교육
④ 관계자 입회

05 나트륨 화재시 적절한 소화방법으로 옳은 것은?
① 주수소화
② 마른 모래(건조사)
③ 이산화탄소
④ 분말소화약제

06 햇빛이 유리나 거울에 반사되어 가연성 물질에 장시간 노출시 열이 축적되어 발화하는 현상은 무엇인가?
① 전도
② 대류
③ 복사
④ 비화

07 다음 중 건축관계법령에서 정하는 용어에 대한 설명으로 옳지 않은 것은?
① 바닥면적 : 건축물의 각 층 또는 그 일부로서 벽, 기둥, 기타 이와 유사한 구획의 중심선으로 둘러싸인 부분의 수평투영면적
② 연면적 : 하나의 건축물의 각 층의 바닥면적의 합계
③ 건폐율 : 대지면적에 대한 바닥면적의 비율
④ 용적률 : 대지면적에 대한 연면적의 비율

08 피난층에 대한 뜻이 옳은 것은?
① 곧바로 지상으로 갈 수 있는 출입구가 있는 층
② 건축물 중 지상 1층
③ 직접 지상으로 통하는 계단과 연결된 지상 2층 이상의 층
④ 옥상의 지하층으로서 옥상으로 직접 피난할 수 있는 층

09. 다음 중 개구부의 요건이 아닌 것은?

① 크기는 지름 50cm 이하의 원이 통과할 수 있을 것
② 해당층의 바닥면으로부터 개구부 밑부분까지의 높이가 1.2m 이내일 것
③ 도로 또는 차량이 진입할 수 있는 빈터를 향할 것
④ 내부 또는 외부에서 쉽게 부수거나 열 수 있는 것

10. 다음 중 100만원 이하의 벌금이 아닌 것은?

① 피난명령을 위반한 자
② 정당한 사유 없이 물의 사용이나 수도의 개폐장치의 사용 또는 조작을 하지 못하게 방해한 자
③ 정당한 사유 없이 소방대가 현장에 도착할 때까지 사람을 구출하는 조치 또는 불을 끄거나 불이 번지지 않도록 조치를 아니한 사람
④ 소방자동차 전용구역에 주차하거나 전용구역에의 진입을 가로막는 등의 방해행위를 한 자

11. 300만원 이하의 벌금이 아닌 것은?

① 화재안전조사를 정당한 사유 없이 거부·방해 또는 기피한 자
② 소방안전관리자, 총괄소방안전관리자, 소방안전관리보조자를 선임하지 아니한 자
③ 특정소방대상물의 소방안전관리업무를 수행하지 아니한 관계인
④ 소방안전관리자에게 불이익한 처우를 한 관계인

12. 다음 보기를 보고 소방안전관리자의 실무교육 최대 이수기한을 고르시오. (단, 강습수료일은 2022년 4월 5일이다.)

[소방안전관리자의 선임신고]
- 소방안전관리자 이름 : ○○○
- 선임일자 : 2023년 3월 15일
- 건물면적 : 4800m²
- 기타 : 아직 실무교육은 받지 않음

① 2023년 9월 4일 ② 2024년 4월 4일
③ 2025년 4월 4일 ④ 2025년 9월 4일

2025년 기출문제

13 연면적 4500m² 소방안전관리대상물의 등급 및 소방안전관리보조자 선임인원으로 옳은 것은?

① 1급 소방안전관리대상물, 소방안전관리보조자 선임대상 아님
② 1급 소방안전관리대상물, 소방안전관리보조자 1명
③ 2급 소방안전관리대상물, 소방안전관리보조자 선임대상 아님
④ 2급 소방안전관리대상물, 소방안전관리보조자 1명

14 화재를 진압하고 화재, 재난·재해, 그 밖의 위급한 상황에서 구조·구급활동 등을 하기 위하여 구성된 조직체로 틀린 것은?

① 소방공무원
② 의무소방원
③ 의용소방대원
④ 소방관리직원

15 위험물안전관리자는 며칠 이내로 선임신고를 해야 하는가?

① 15일
② 30일
③ 7일
④ 14일

16 다음 중 D급 화재에 대한 설명으로 옳지 않은 것은?

① 금속화재이다.
② 이산화탄소소화약제로 소화가 가능하다.
③ 적응물질로 나트륨이 있다.
④ 마른 모래(건조사)로 소화가 가능하다.

17 주수소화와 이산화탄소소화약제의 공통된 소화방식은 무엇인가?

① 질식소화
② 냉각소화
③ 제거소화
④ 부촉매소화

18 다음 중 전기화재의 주요 원인으로 옳지 않은 것은?
① 누전
② 과전류(과부하)
③ 과전류차단기 설치
④ 전선단락

19 소방안전관리자를 선임하지 아니하는 특정소방대상물의 관계인의 업무에 해당하지 않는 것은?
① 화기취급의 감독
② 소방시설 그 밖의 소방관련시설의 관리
③ 자위소방대 및 초기대응체계의 구성·운영·교육
④ 피난시설, 방화구획 및 방화시설의 관리

20 다음 중 점화원에 관한 설명으로 옳지 않은 것은?
① 단열압축 : 기체를 높은 압력으로 압축하면 온도가 상승하는데, 이때 상승한 열에 의한 가연물을 착화시킨다.
② 정전기불꽃 : 물체가 접촉하거나 결합한 후 떨어질 때 양(+)전하와 음(-)전하로 전하의 분리가 일어나 발생한 과잉전하가 물체(물질)에 축적되는 현상
③ 전기불꽃 : 장시간에 집중적으로 에너지가 방사되므로 에너지밀도가 높은 점화원이다.
④ 자연발화 : 물질이 외부로부터 에너지를 공급받지 않아도 온도가 상승하여 발화하는 현상이다.

21 2급 소방안전관리대상물의 소방안전관리자로 선임될 수 있는 자격기준으로 알맞은 것은? (단, 2급 소방안전관리자 자격증을 받은 경우이다.)
① 전기기능사 자격을 가진 사람
② 소방공무원으로 3년 이상 근무한 경력이 있는 사람
③ 경찰공무원으로 2년 이상 근무한 경력이 있는 사람
④ 의용소방대원으로 2년 이상 근무한 경력이 있는 사람

22 공기 중에 산소(체적비)는 약 몇 %가 존재하는가?
① 15
② 18
③ 21
④ 23

23 다음 중 물질이 격렬한 산화반응을 함으로써 열과 빛을 발생하는 현상을 무엇이라 하는가?
① 발화
② 인화
③ 연소
④ 화염

24 건축물의 주요구조부에 해당되는 것은?
① 지붕틀
② 사이기둥
③ 최하층 바닥
④ 옥외계단

25 공기 중의 산소농도를 15% 이하로 억제함으로써 화재를 소화하는 방법은?
① 제거소화
② 질식소화
③ 냉각소화
④ 억제소화

제 2 과목

26 다음 소방계획의 주요 원리 및 설명으로 옳지 않은 것은?
① 포괄적 안전관리 : 모든 형태의 위험을 포괄
② 지속적 발전모델 : 계획, 이행/운영, 모니터링, 개선 4단계의 PDCA Cycle
③ 종합적 안전관리 : 예방·대비, 대응, 복구 단계의 위험성 평가
④ 통합적 안전관리 : 협력 및 파트너십 구축, 전원 참여

27 다음 중 심폐소생술(CPR)과 자동심장충격기(AED) 사용 순서로 옳은 것은?

① 반응 확인 → 119 신고 → 심장리듬 분석 → 인공호흡
② 119 신고 → 인공호흡 → 심장리듬 분석 → 가슴압박
③ 119 신고 → 가슴압박 → 반응 확인 → 심장리듬 분석
④ 반응 확인 → 119 신고 → 가슴압박 → 심장리듬 분석

28 예비전원 시험스위치 누를시 측정되는 정상 전압계의 범위로 옳은 것은?

① 5~10V   ② 0~5V
③ 12~24V   ④ 19~29V

29 다음 중 소방교육 및 훈련의 원칙에 해당되지 않는 것은?

① 목적의 원칙
② 관련성의 원칙
③ 학습자 중심의 원칙
④ 이론의 원칙

30 최상층의 옥내소화전 방수압력을 측정한 후 점검표를 작성했다. 점검표(㉠~㉡) 작성에 대한 내용으로 옳은 것은? (단, 방수압력 측정시 방수압력측정계의 압력은 0.3MPa로 측정되었고, 주펌프가 기동하였다.)

|방수압력측정계|

|옥내소화전함|

점검번호	점검항목	점검결과
2-C	펌프방식	
2-C-002	옥내소화전 방수량 및 방수압력 적정 여부	㉠
2-F	함 및 방수구 등	
2-F-002	위치 기동표시등 적정설치 및 정상점등 여부	㉡

① ㉠ : ○, ㉡ : ○
② ㉠ : ×, ㉡ : ×
③ ㉠ : ×, ㉡ : ○
④ ㉠ : ○, ㉡ : ×

31 그림의 밸브를 작동시켰을 때 확인해야 할 사항으로 옳지 않은 것은?

① 펌프 작동상태
② 감시제어반 밸브개방표시등
③ 음향장치 작동
④ 방출표시등 점등

32 화재안전취약자의 장애유형별 피난보조 예시에 관한 사항으로 옳지 않은 것은?
① 휠체어 사용자는 평지보다 계단에서 주의가 필요하며, 많은 사람들이 보조하면 피난에 정체현상이 발생하므로 한 명이 보조한다.
② 청각장애인은 표정이나 제스처를 사용한다.
③ 시각장애인은 서로 손을 잡고 질서있게 피난한다.
④ 노약자는 장애인에 준하여 피난보조를 실시한다.

33. 다음 중 그림 A~C에 대한 설명으로 옳지 않은 것은?

┃ 그림 A ┃

┃ 그림 B ┃

┃ 그림 C ┃

① 그림 A를 봤을 때 2층의 도통시험 결과가 정상임을 알 수 있다.
② 그림 A를 봤을 때 스위치 주의표시등이 점등된 것은 정상이다.
③ 그림 B를 봤을 때 3층의 도통시험 결과 단선임을 알 수 있다.
④ 그림 C를 봤을 때 모든 경계구역은 단선이다.

34. 가스계 소화설비의 점검을 위하여 솔레노이드밸브를 분리한 수동조작함을 조작하였다. 다음 결과 중 옳지 않은 것은?

① 감시제어반 연동확인
② 솔레노이드 격발
③ 방출표시등 점등
④ 음향장치 작동

35. 다음 사진은 유도등의 점검내용 중 어떤 점검에 해당되는가?

① 예비전원(배터리)점검
② 3선식 유도등점검
③ 2선식 유도등점검
④ 상용전원점검

36. 다음 중 이산화탄소소화설비에 대한 설명으로 틀린 것은 무엇인가?

① 소음이 작다.
② 가연물 내부에서 연소하는 심부화재에 적합하다.
③ 전기화재(C급)에 좋다.
④ 설비가 고압으로 특별한 주의와 관리가 필요하다.

37. 응급처치의 중요성에 관한 설명으로 틀린 것은?

① 환자의 건강체크와 사전예방
② 긴급한 환자의 생명 유지
③ 환자의 고통 경감
④ 현장처치의 원활화로 의료비 절감

38. 작동점검표 작성시 점검 전 준비사항으로 옳지 않은 것은?

① 음향장치 및 각 실별 방문점검을 미리 공지
② 점검의 목적과 필요성에 대하여 건물 관계인에게 사전 안내
③ 건축물대장을 이용하여 건물개요 확인
④ 협의나 협조받을 건물 관계인 등 연락처를 사전확보

39 다음 그림은 기동용 수압개폐장치이다. ㉠, ㉡, ㉢, ㉣의 명칭으로 알맞은 것은?

① ㉠ 안전밸브, ㉡ 압력계, ㉢ 압력스위치, ㉣ 배수밸브
② ㉠ 배수밸브, ㉡ 압력계, ㉢ 압력스위치, ㉣ 안전밸브
③ ㉠ 안전밸브, ㉡ 충압계, ㉢ 변동스위치, ㉣ 배수밸브
④ ㉠ 배수밸브, ㉡ 충압계, ㉢ 변동스위치, ㉣ 안전밸브

40 다음 두 건축물의 최소 경계구역수를 합한 값으로 옳은 것은? (단, 건축물 (a)는 내부 전체가 보이는 구조이다.)

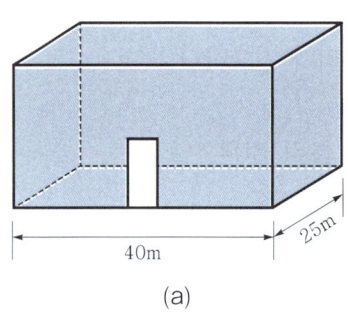

(a)　　　　　　　　　(b)

① 3개　　　　　　　② 4개
③ 5개　　　　　　　④ 6개

41 다음 중 바닥으로부터 1m 이하의 높이에 설치해야 하는 유도등으로 옳은 것은?

① 피난구유도등, 복도통로유도등
② 계단통로유도등, 거실통로유도등
③ 복도통로유도등, 계단통로유도등
④ 피난구유도등, 거실통로유도등

42. 종합점검 중 주펌프 성능시험을 위하여 주펌프만 수동으로 기동하려고 한다. 감시제어반의 스위치 상태로 옳은 것은?

유사문제
24년 문26
24년 문31
24년 문33
24년 문44
24년 문48
23년 문46
23년 문49
22년 문30
22년 문36
22년 문42
21년 문41

교재 166

①

②

③

④

43. 다음 보기는 준비작동식 스프링클러설비의 작동순서를 나타낸다. 작동순서로 옳은 것은?

유사문제
23년 문28

교재 178

㉠ 화재발생
㉡ 감지기 A and B 감지기 작동 또는 수동기동장치(SVP) 작동
㉢ 준비작동식 유수검지장치 작동
㉣ 교차회로방식의 A or B 감지기 작동(경종 또는 사이렌 경보, 화재표시등 점등)
㉤ 배관 내 압력저하로 기동용 수압개폐장치의 압력스위치 작동 → 펌프 기동
㉥ 2차측으로 급수
㉦ 헤드 개방, 방수

① ㉠ → ㉣ → ㉡ → ㉢ → ㉥ → ㉦ → ㉤
② ㉠ → ㉣ → ㉥ → ㉤ → ㉡ → ㉢ → ㉦
③ ㉠ → ㉡ → ㉢ → ㉥ → ㉣ → ㉦ → ㉤
④ ㉠ → ㉡ → ㉢ → ㉥ → ㉣ → ㉤ → ㉦

44 다음 분말소화기의 약제의 주성분은 무엇인가?

① $NH_4H_2PO_4$
② $NaHCO_3$
③ $KHCO_3$
④ $KHCO_3+(NH_2)_2CO$

45 다음 빈칸에 들어갈 말로 옳은 것은?

- 소형소화기의 능력단위는 (㉠)단위이고 특정소방대상물의 각 부분으로부터 1개의 소화기까지의 보행거리는 (㉡) 이내이다.
- A급 대형소화기의 능력단위는 (㉢)단위 이상, B급 대형소화기의 능력단위는 (㉣)단위 이상이다.

① ㉠ : 1단위, ㉡ : 10m, ㉢ : 10단위, ㉣ : 20단위
② ㉠ : 1단위, ㉡ : 20m, ㉢ : 10단위, ㉣ : 20단위
③ ㉠ : 10단위, ㉡ : 10m, ㉢ : 20단위, ㉣ : 30단위
④ ㉠ : 10단위, ㉡ : 20m, ㉢ : 20단위, ㉣ : 30단위

46 다음 감지기회로는 어떤 방식으로 연결되었는가?

① 송배선식
② 직렬식
③ 병렬식
④ 교차회로방식

47 자위소방대의 초기대응체계 인력편성 및 개별 임무 부여에 관한 사항으로 틀린 것은?

① 초기대응체계의 인원편성은 휴일 및 야간에 무인경비시스템을 통해 감시하는 경우에는 무인경비회사와 비상연락체계를 구축할 수 있다.
② 각 팀별로 기능에 기초하여 자위소방대원별 개별 임무를 부여한다. 이 경우 대원별 임무를 복수로 하거나 중복하여 지정할 수 없다.
③ 초기대응체계의 인원편성은 근무자의 근무위치, 근무인원 등을 고려하여 편성한다.
④ 초기대응체계의 인원편성은 근무자 또는 대상물관리인 등 상시근무자를 중심으로 구성한다.

48 다음 그림을 보고 현재 축압식 분말소화기의 지시압력계와 옥내소화전설비 동력제어반의 상태로 옳은 것은?

① 정상 - 불량
② 불량 - 불량
③ 불량 - 정상
④ 정상 - 정상

49 다음 중 소방시설 등이 신설된 2급 소방안전관리 대상물이다. 소방시설 점검표의 일부를 보고 다음 작동점검과 종합점검을 실시해야 하는 날짜로 옳은 것은? (단, 사용승인일은 2023년 8월 10일이다.)

[ ] 작동점검, 종합점검([✔]최초점검, [ ]그 밖의 종합점검)

소방시설등 자체점검 실시결과 보고서

※ [ ]에는 해당되는 곳에 √표를 합니다.

특정소방 대상물	명칭(상호)		대상물 구분(용도)	
	소재지			

점검기간	2023년 10월 4일 ~ 2023년 10월 5일 (총 점검일수 : 2일)			
점검자	[ ]관계인 (성명: , 전화번호:)			
	[ ]소방안전관리자 (성명: , 전화번호:)			
	[ ]소방시설관리업자 (업체명: , 전화번호:)			
	전자우편 송달 동의	「행정절차법」 제14조에 따라 정보통신망을 이용한 문서 송달에 동의합니다.		
		[ ] 동의함 [ ] 동의하지 않음		
		관계인 (서명 또는 인)		
		전자우편 주소 @		
점검인력	구분	성명	자격구분	자격번호	점검참여일(기간)
	주된 점검인력				
	보조 점검인력				
	보조 점검인력				
	보조 점검인력				
	보조 점검인력				

「소방시설 설치 및 관리에 관한 법률」 제23조 제3항 및 같은 법 시행규칙 제23조 제1항 및 제2항에 따라 위와 같이 소방시설등 자체점검 실시결과 보고서를 제출합니다.

2023년 10월 5일

소방시설관리업자·소방안전관리자·관계인: 아무개 (서명 또는 인)

① 종합점검 2024년 8월 4일, 작동점검 2025년 2월 3일
② 종합점검 2024년 10월 3일, 작동점검 2024년 4월 4일
③ 종합점검 2024년 4월 4일, 작동점검 미실시
④ 종합점검 미실시, 작동점검 2024년 4월 4일

50 옥내소화전설비의 정상 방수압력 범위로 옳은 것은?

① 0.25~0.7MPa
② 0.17~0.7MPa
③ 0.17~1.2MPa
④ 0.25~1.2MPa

" 성공한 사람이 아니라 가치있는 사람이 되려고 힘써라.
　　　　　　　　　　　　　　　　　- 아인슈타인 - "

2024년 기출문제

정답 및 해설 p. 2-18

제 ① 과목

정답 및 해설 p. 2-18

01 실무교육을 받지 아니한 소방안전관리자 및 소방안전관리보조자의 벌칙은?

① 500만원 이하의 과태료
② 300만원 이하의 과태료
③ 200만원 이하의 과태료
④ 100만원 이하의 과태료

02 할로겐화합물소화기의 소화방법으로 틀린 것은?

| ㉠ 제거소화 | ㉡ 질식소화 |
| ㉢ 냉각소화 | ㉣ 억제소화 |

① ㉠
② ㉡, ㉢
③ ㉢, ㉣
④ ㉣

03 전기화재 예방요령으로 틀린 것을 모두 고른 것은?

㉠ 사용하지 않는 기구는 전원을 끄고 플러그를 꽂아둔다.
㉡ 과전류 차단장치를 설치한다.
㉢ 퓨즈를 사용하고 끊어질 경우 그 원인을 조치한다.
㉣ 비닐장판 밑으로 전선이 보이지 않게 정리하여 넣어둔다.

① ㉠
② ㉠, ㉣
③ ㉡, ㉢
④ ㉡, ㉢, ㉣

04 방염의 필요성에 대한 설명으로 틀린 것은?

① 연소확대 방지와 지연
② 피난시간 확보
③ 실의 구획화
④ 인명 및 재산피해 감소

05

그림과 같은 주요구조부가 내화구조로 된 어느 건축물에 차동식 스포트형 1종 감지기를 설치하고자 한다. 감지기의 최소 설치개수는? (단, 감지기의 부착높이는 6m이다.)

① 5 ② 6
③ 7 ④ 8

06

연료가스의 종류와 특성에 대한 설명으로 옳지 않은 것은?

① 액화석유가스는 연소기 또는 관통부로부터 수평거리 4m 이내의 위치에 가스누설경보기를 설치한다.
② 액화천연가스의 비중은 1.5~2이다.
③ 증기비중이 1보다 큰 가스의 경우 탐지기의 상단은 바닥면의 상방 30cm 이내의 위치에 설치한다.
④ 가스누설경보기는 가스의 누출현상이 나타나면 자동적으로 경보를 발한다.

07

다음 중 이산화탄소소화설비의 장점이 아닌 것은?

① 가연물 외부에서 연소하는 표면화재에 적합하다.
② 화재진화 후 깨끗하다.
③ 피연소물에 피해가 적다.
④ 비전도성이므로 전기화재에 좋다.

08 방염성능기준 이상의 실내장식물을 설치해야 할 장소를 모두 고른 것은?

㉠ 한방병원
㉡ 교육연구시설 중 합숙소
㉢ 근린생활시설 중 의원
㉣ 노유자시설
㉤ 문화 및 집회시설

① ㉠, ㉡
② ㉠, ㉡, ㉢
③ ㉠, ㉡, ㉣, ㉤
④ ㉠, ㉡, ㉢, ㉣, ㉤

09 정전기에 의한 재해를 방지하기 위한 예방대책으로 틀린 것은?

① 정전기의 발생이 우려되는 장소에 접지시설을 한다.
② 실내의 공기를 이온화하여 정전기의 발생을 예방한다.
③ 정전기는 습도가 높거나 압력이 낮을 때 많이 발생하므로 습도를 70% 이상으로 한다.
④ 전기저항이 큰 물질은 대전이 용이하므로 전도체 물질을 사용한다.

10 물과 반응하여 강한 수소를 발생시키기 때문에 화재시 마른 모래 등을 사용해야 하는 화재는?

① A급 화재
② B급 화재
③ C급 화재
④ D급 화재

11 소방안전관리자의 선임 및 벌칙에 대한 설명으로 옳지 않은 것은?

① 소방안전관리자 또는 소방안전관리보조자를 선임하지 아니한 자는 300만원 이하의 벌금에 처한다.
② 선임된 날로부터 6개월 이내, 그 이후 2년마다 1회의 실무교육을 받아야 한다.
③ 소방안전관리자 선임신고를 하지 아니한 자는 300만원 이하의 과태료 부과대상이다.
④ 소방안전관리자가 실무교육을 받지 아니한 때 1년 이하의 기간을 정하여 자격을 정지시킬 수 있다.

12. 다음 중 소화용수설비의 설명으로 옳은 것은?
① 화재발생 사실을 통보하는 기계·기구 또는 설비
② 화재가 발생할 경우 피난하기 위하여 사용하는 기구 또는 설비
③ 화재를 진압하는 데 필요한 물을 공급하거나 저장하는 설비
④ 화재를 진압하거나 인명구조 활동을 위하여 사용하는 설비

13. 화재에서 화염의 접촉 없이 연소가 확산되는 현상으로 화재현장에서 인접건물을 연소시키는 주된 원인은 무엇인가?
① 전도
② 대류
③ 비화
④ 복사

14. 산소를 함유하거나 산소를 발생시키는 위험물을 모두 고른 것은?

㉠ 제1류 위험물   ㉡ 제2류 위험물
㉢ 제3류 위험물   ㉣ 제4류 위험물
㉤ 제5류 위험물   ㉥ 제6류 위험물

① ㉠, ㉡, ㉤
② ㉠, ㉣, ㉥
③ ㉠, ㉤, ㉥
④ ㉡, ㉣, ㉤

15. 화재안전조사 결과에 따른 조치명령 사항이 아닌 것은?
① 재축명령
② 개수명령
③ 제거명령
④ 이전명령

16. 분말소화약제의 효과는?
① 냉각효과, 질식효과
② 질식효과, 억제(부촉매)효과
③ 냉각효과, 억제(부촉매)효과
④ 질식효과, 제거효과

17 판매시설의 용도로 사용하는 바닥면적이 2000m²이고, 내화구조로 되어 있고 벽 및 반자는 난연재료로 되어 있다. 소화기의 능력단위가 B2일 때 판매시설에 필요한 분말소화기의 개수는 최소 몇 개인가?

① 5개 ② 10개
③ 15개 ④ 20개

18 다음 중 건식 스프링클러설비의 구성요소가 아닌 것은?

① 가속기
② 공기배출기
③ 압력스위치
④ 리타딩챔버

19 물분무등소화설비가 아닌 것은?

① 미분무소화설비
② 포소화설비
③ 분말소화설비
④ 옥외소화전설비

20 다음 보기는 준비작동식 스프링클러설비의 작동순서를 나타낸다. 작동순서로 옳은 것은?

㉠ 화재발생
㉡ 감지기 A and B 감지기 작동 또는 수동기동장치(SVP) 작동
㉢ 준비작동식 유수검지장치 작동
㉣ 교차회로방식의 A or B 감지기 작동(경종 또는 사이렌 경보, 화재표시등 점등)
㉤ 배관 내 압력저하로 기동용 수압개폐장치의 압력스위치 작동 → 펌프 기동
㉥ 2차측으로 급수
㉦ 헤드 개방, 방수

① ㉠ → ㉣ → ㉡ → ㉢ → ㉥ → ㉦ → ㉤
② ㉠ → ㉣ → ㉥ → ㉤ → ㉡ → ㉢ → ㉦
③ ㉠ → ㉡ → ㉢ → ㉥ → ㉣ → ㉦ → ㉤
④ ㉠ → ㉡ → ㉢ → ㉥ → ㉣ → ㉤ → ㉦

21 스프링클러설비의 종류 중 화재감지기가 별도로 필요한 것은?

① 습식 스프링클러설비, 건식 스프링클러설비
② 건식 스프링클러설비, 준비작동식 스프링클러설비
③ 습식 스프링클러설비, 일제살수식 스프링클러설비
④ 준비작동식 스프링클러설비, 일제살수식 스프링클러설비

22 다음 중 층수가 17층인 오피스텔의 소방안전관리대상물과 기준이 다른 것은?

① 30층 이상(지하층 포함)인 아파트
② 지상으로부터 높이가 120m 이상인 아파트
③ 연면적 15000m^2 이상인 특정소방대상물(아파트 및 연립주택 제외)
④ 가연성 가스를 1000톤 이상 저장·취급하는 시설

23 유도등의 3선식 배선시 자동으로 점등되는 경우가 아닌 것은?

① 자동화재탐지설비의 감지기 또는 발신기가 작동되는 때
② 비상경보설비의 발신기가 작동되는 때
③ 상용전원이 정전되거나 전원선이 단락되는 때
④ 자동소화설비가 작동되는 때

24 5년 이하의 징역 또는 5천만원 이하의 벌금으로 옳지 않은 것은?

① 위력을 사용하여 출동한 소방대의 화재진압·인명구조 또는 구급활동을 방해하는 행위
② 화재가 발생하거나 불이 번질 우려가 있는 소방대상물의 강제처분을 방해한 자
③ 출동한 소방대원에게 폭행 또는 협박을 행사하여 화재진압·인명구조 또는 구급활동을 방해하는 행위
④ 출동한 소방대의 소방장비를 파손하거나 그 효용을 해하여 화재진압·인명구조 또는 구급활동을 방해하는 행위

25 다음 중 객석유도등 설치대상이 아닌 것은?

① 카바레 ② 나이트클럽
③ 종교시설 ④ 지하역사

제 ②과목

정답 및 해설은 여기로!
정답 및 해설 p. 2-25

26 다음 옥내소화전 감시제어반 스위치 상태를 보고 옳은 것을 고르시오.

① 충압펌프를 수동으로 기동 중이다.
② 주펌프를 수동으로 기동 중이다.
③ 충압펌프를 자동으로 기동 중이다.
④ 주펌프는 자동으로 기동 중이다.

27 수신기의 예비전원시험을 진행한 결과 다음과 같이 수신기의 표시등이 점등되었을 때, 조치사항으로 옳은 것은?

① 축적스위치를 누름
② 복구스위치를 누름
③ 예비전원 시험스위치 불량여부 확인
④ 예비전원 불량여부 확인

28 그림의 수신기에 대하여 올바르게 이해하고 있는 사람은?

① 김씨 : 현재 전력은 안정적으로 공급되고 있네요.
② 이씨 : 전력공급이 불안정할 때는 예비전원스위치를 눌러서 전원을 공급해야 해.
③ 박씨 : 예비전원 배터리에 문제가 있을 것으로 예상되므로 예비전원을 교체해야 해.
④ 최씨 : 정전, 화재 등 비상시 소방설비가 정상적으로 작동될거야.

29 그림과 같은 펌프를 기동하여 소화를 하려고 하는데 가압수가 나오지 않는 경우는 어떤 경우인가?

① ㉠ 개폐표시형 개폐밸브를 폐쇄하였을 때
② ㉡ 유량조절밸브를 폐쇄하였을 때
③ ㉢ 개폐밸브를 폐쇄하였을 때
④ ㉣ 배수밸브를 폐쇄하였을 때

30. 건물 내 2F에서 발신기 오작동이 발생하였다. 수신기의 상태로 볼 수 있는 것으로 옳은 것은? (단, 건물은 직상 4개층 경보방식이다.)

유사문제
24년 문27
23년 문27
23년 문38
21년 문33

교재 220

①

②

③

④

31. 펌프성능시험을 위해 그림과 같이 펌프를 작동하였다. 다음 그림에 대한 설명으로 옳지 않은 것은? (단, 설비는 정상상태이며 제시된 조건을 제외한 나머지 조건은 무시한다.)

① 기동용 수압개폐장치(압력챔버) 주펌프 압력스위치는 미작동 상태이다.
② 감시제어반의 주펌프 스위치를 정지위치로 내리면 주펌프는 정지한다.
③ 현재 주펌프는 자동으로, 충압펌프는 수동으로 작동하고 있다.
④ 감시제어반 충압펌프 기동확인등이 소등되어 있으므로 불량이다.

32. 습식 스프링클러설비 점검 그림이다. 점검시 스프링클러설비의 상태로 옳지 않은 것은? (단, 설비는 정상상태이며, 제시된 조건을 제외하고 나머지 조건은 무시한다.)

∥3층 말단시험밸브 모습∥

① 감지기 작동
② 알람밸브 작동
③ 주, 충압펌프 작동
④ 사이렌 작동

33 다음 옥내소화전(감시 또는 동력)제어반에서 주펌프를 수동으로 기동시키기 위하여 보기에서 조작해야 할 스위치로 옳은 것은? (단, 설비는 정상상태이며 제시된 조건을 제외한 나머지 조건은 무시한다.)

┃감시제어반┃

┃동력제어반┃

① ㉠만 수동으로 조작
② ㉠은 연동에 두고 ㉡을 기동으로 조작
③ ㉢을 수동으로 두고 기동버튼 누름
④ ㉣을 수동으로 두고 기동버튼 누름

34 다음 중 옥내소화전설비의 방수압력 측정조건 및 방법으로 옳은 것은?

① 반드시 방사형 관창을 이용하여 측정해야 한다.
② 방수압력측정계는 노즐의 선단에서 근접$\left(노즐구경의 \frac{1}{2}\right)$하여 측정한다.
③ 방수압력 측정시 정상압력은 0.15MPa 이하로 측정되어야 한다.
④ 방수압력측정계로 측정할 경우 물이 나가는 방향과 방수압력측정계의 각도는 상관없다.

35. 다음 중 심폐소생술(CPR)과 자동심장충격기(AED) 사용 순서로 옳은 것은?

① 반응 확인 → 119 신고 → 심장리듬 분석 → 인공호흡
② 119 신고 → 인공호흡 → 심장리듬 분석 → 가슴압박
③ 119 신고 → 가슴압박 → 반응 확인 → 심장리듬 분석
④ 반응 확인 → 119 신고 → 가슴압박 → 심장리듬 분석

36. 옥내소화전 방수압력시험에 필요한 장비로 옳은 것은?

37 동력제어반 상태를 확인하여 감시제어반의 예상되는 모습으로 옳은 것은? (단, 현재 감시제어반에서 펌프를 수동 조작하고 있음)

①

②

③

④

38 다음 그림의 밸브가 개방(작동)되는 조건으로 옳지 않은 것은?

프리액션밸브

① 방화문 감지기 작동
② SVP(수동조작함) 수동조작 버튼 기동
③ 감시제어반에서 동작시험
④ 감시제어반에서 수동조작

39 그림은 자동화재탐지설비 수신기의 작동 상태를 나타낸 것이다. 보기 중 옳은 것을 있는 대로 고른 것은?

㉠ 도통시험을 실시하고 있으며 좌측 구역은 단선이다.
㉡ 화재통보기기는 발신기이다.
㉢ 스위치주의등이 점멸되지 않는 것은 조작스위치가 눌러져 작동된 상태를 나타낸다.
㉣ 수신기의 전원상태는 이상이 없다.

① ㉠, ㉡
② ㉡, ㉢
③ ㉢, ㉣
④ ㉡, ㉣

40 다음 그림 중 심폐소생술(CPR) 순서로 옳은 것은?

41 다음 자동화재탐지설비 점검시 5층의 선로 단선을 확인하는 순서로 옳은 것을 있는대로 고른 것은?

① 주경종 버튼 누름 → 5층 회로시험 누름
② 화재시험 버튼 누름 → 5층 회로시험 누름
③ 축적 버튼 누름 → 5층 회로시험 누름
④ 도통시험 버튼 누름 → 5층 회로시험 버튼 누름

42. 계단감지기 점검시 수신기에 나타나는 모습으로 옳은 것은?

①   ②

③ ④

43. 추운 곳에 설치하기 곤란한 스프링클러설비는?

① 습식
② 건식
③ 준비작동식
④ 일제살수식

44 아래와 같이 옥내소화전설비의 감시제어반이 유지되고 있다. 다음 중 주펌프를 수동기동하는 방법(㉠, ㉡, ㉢)과 이때 감시제어반에서 작동되는 음향장치(㉣)를 올바르게 나열한 것은? (단, 설비는 정상상태이며 제시된 조건을 제외한 나머지 조건은 무시한다.)

유사문제
25년 문42
24년 문26
24년 문31
24년 문33
24년 문48
23년 문40
23년 문46
23년 문49
22년 문30
22년 문36
22년 문41
21년 문41

교재 166

① ㉠ 연동, ㉡ 기동, ㉢ 정지, ㉣ 사이렌 ② ㉠ 연동, ㉡ 정지, ㉢ 정지, ㉣ 부저
③ ㉠ 수동, ㉡ 기동, ㉢ 정지, ㉣ 부저   ④ ㉠ 수동, ㉡ 기동, ㉢ 정지, ㉣ 사이렌

45 그림 A의 밸브를 화살표 방향으로 내렸을 때 그림 B와 같이 감시제어반에 표시되었다. 감시제어반 상태에 대한 설명으로 옳은 것은? (단, 설비는 정상상태이며 제시된 조건을 제외한 나머지 조건은 무시한다.)

유사문제
25년 문31
24년 문32
23년 문35
22년 문43

교재
182
-183

| 그림 A |

| 그림 B |

① 주펌프 및 충압펌프는 정상적으로 작동하고 있다.
② 화재표시등이 꺼져있다.
③ 알람밸브는 개방되어 있지 않다.
④ 자동/수동 선택스위치는 현재 수동에 위치하고 있다.

46 다음은 인공호흡에 관한 내용이다. 보기 중 옳은 것을 있는 대로 고른 것은?

┃인공호흡┃

㉠ 턱을 목 아래쪽으로 내려 공기가 잘 들어가도록 해준다.
㉡ 머리를 젖혔던 손의 엄지와 검지로 환자의 코를 잡아서 막고, 입을 크게 벌려 환자의 입을 완전히 막은 후 가슴이 올라올 정도로 1초에 걸쳐서 숨을 불어 넣는다.
㉢ 숨을 불어 넣을 때에는 환자의 가슴이 부풀어 오르는지 눈으로 확인하고 공기가 배출되도록 해야 한다.
㉣ 인공호흡이 꺼려지는 경우에는 가슴압박만 시행할 수 있다.

① ㉠
② ㉡
③ ㉡, ㉣
④ ㉠, ㉢

47 그림은 P형 수신기의 도통시험을 위하여 도통시험 버튼 및 회로 3번 시험버튼을 누른 모습이다. 점검표 작성 내용으로 옳은 것은? (단, 회로 1, 2, 4, 5번의 점검결과는 회로 3번 결과와 동일하다.)

점검항목	점검내용	점검결과	
		결과	불량내용
수신기 도통시험	회로 단선 여부	㉠	㉡

① ㉠ ×, ㉡ 회로 1, 2번의 단선 여부를 확인할 수 없음
② ㉠ ○, ㉡ 이상 없음
③ ㉠ ×, ㉡ 1번 회로 단선
④ ㉠ ○, ㉡ 회로 3번은 정상, 나머지 회선은 단선

48 그림은 옥내소화전 감시제어반 중 펌프제어를 위한 스위치의 예시를 나타낸 것이다. 평상시 및 펌프점검시 스위치 위치에 대한 설명으로 옳은 것만 보기에서 있는대로 고른 것은?

㉠ 평상시 펌프선택스위치는 '수동' 위치에 있어야 한다.
㉡ 평상시 주펌프스위치는 '기동' 위치에 있어야 한다.
㉢ 펌프 수동기동시 펌프 선택스위치는 '수동'에 있어야 한다.

① ㉠
② ㉢
③ ㉠, ㉡
④ ㉠, ㉡, ㉢

49 다음 중 그림 A~C에 대한 설명으로 옳지 않은 것은?

| 그림 A |

| 그림 B |

| 그림 C |

① 그림 A를 봤을 때 2층의 도통시험 결과가 정상임을 알 수 있다.
② 그림 A를 봤을 때 스위치 주의표시등이 점등된 것은 정상이다.
③ 그림 B를 봤을 때 3층의 도통시험 결과 단선임을 알 수 있다.
④ 그림 C를 봤을 때 모든 경계구역은 단선이다.

50 다음 중 수신기 그림의 설명 중 옳은 것은?

① 스위치 주의표시등이 점등되어 있으므로 119에 신속히 신고한다.
② 스위치 주의표시등이 점등되어 있으므로 화재 위치를 확인하여 조치한다.
③ 스위치 주의표시등이 점등되어 있으므로 스위치 상태를 확인하여 정상위치에 놓는다.
④ 스위치 주의표시등이 점등되어 있으므로 예비전원 상태를 확인한다.

2023년 기출문제

정답 및 해설은 여기로!
정답 및 해설 p. 2-31

정답 및 해설은 여기로!
정답 및 해설 p. 2-31

01 소방대상물의 관계인이 아닌 것은?
① 소유자   ② 관리자
③ 감독자   ④ 점유자

02 소방기본법에 따른 한국소방안전원의 설립목적 및 업무가 아닌 것은?
① 소방기술과 안전관리에 관한 교육
② 위험물안전관리법에 따른 탱크안전성능시험
③ 교육·훈련 등 행정기관이 위탁하는 업무의 수행
④ 소방안전에 관한 국제협력

03 다음 중 무창층의 개구부 요건에 해당하지 않는 것은?
① 내부 또는 외부에서 쉽게 부수거나 열 수 있을 것
② 해당 층의 바닥면으로부터 개구부 밑부분까지의 높이가 1.2m 이내일 것
③ 도로 또는 차량이 진입할 수 있는 빈터를 향할 것
④ 크기는 지름 30cm 이하의 원이 통과할 수 있을 것

04 자체점검(작동점검 또는 종합점검)을 실시한 자는 점검결과를 몇 년간 보관하여야 하는가?
① 1년
② 2년
③ 3년
④ 5년

05 가연성 물질의 구비조건으로 옳은 것은?
① 산소와의 친화력이 작다.
② 표면적이 작다.
③ 발열량이 작다.
④ 열전도율이 작다.

06 화재안전조사 항목에 대한 사항으로 틀린 것은?
① 특정소방대상물 및 관계지역에 대한 강제처분에 관한 사항
② 소방안전관리 업무 수행에 관한 사항
③ 화재의 예방조치 등에 관한 사항
④ 소방시설 등의 자체점검에 관한 사항

07 다음 중 연소 후 재를 남기지 않는 것은?
① 일반화재
② 유류화재
③ 전기화재
④ 주방화재

08 열 전달의 설명 중 화재에서 화염의 접촉 없이 연소가 확산되는 현상을 무엇이라 하는가?
① 전도
② 대류
③ 복사
④ 비화

09 연기의 수평방향 확산속도는?
① 0.5~1.0m/sec   ② 1.0~1.2m/sec
③ 2~3m/sec   ④ 3~5m/sec

10 ( ) 안에 들어갈 말로 옳은 것은?

> 위험물이란 ( ) 또는 ( ) 등의 성질을 가지는 것으로 대통령령이 정하는 물품이다.

① 발화성 또는 점화성
② 위험성 또는 인화성
③ 인화성 또는 발화성
④ 인화성 또는 점화성

11 액화석유가스(LPG)에 대한 설명으로 옳지 않은 것은?

① 가정용, 공업용으로 주로 사용된다.
② CH_4이 주성분이다.
③ 프로판의 폭발범위는 2.1~9.5%이다.
④ 비중이 1.5~2로 누출시 낮은 곳으로 체류한다.

12 다음 중 단독주택에 설치하는 소방시설은?

① 소화기 및 단독경보형 감지기
② 투척용 소화용구
③ 간이소화용구
④ 자동확산소화기

13 다음 중 피난시설, 방화구획 및 방화시설 관련 금지행위에 해당되지 않는 것은?

① 방화문에 시건장치를 하여 폐쇄하는 행위
② 방화문에 고임장치(도어스톱) 등을 설치하는 행위
③ 비상구에 물건을 쌓아두는 행위
④ 방화문을 닫아놓은 상태로 관리하는 행위

14 방염처리물품의 성능검사에서 현장처리물품의 성능검사 실시기관은?

① 관할소방서장
② 한국소방안전원
③ 한국소방산업기술원
④ 성능검사를 받지 않아도 된다.

15 소화설비 중 소화기구에 대한 설명으로 옳지 않은 것은?

① 소화기는 각 층마다 설치하고 소형소화기는 특정소방대상물의 각 부분으로부터 1개 소화기까지 보행거리는 20m 이내로 한다.
② ABC급 분말소화기의 주성분은 제1인산암모늄이다.
③ 능력단위가 2단위 이상이 되도록 소화기를 설치하여야 하는 특정소방대상물 또는 그 부분에 있어서는 간이소화용구의 능력단위가 전체 능력단위를 초과하지 않도록 하여야 한다.
④ 소화기의 내용연수는 10년으로 하고 내용연수가 지난 제품은 교체 또는 성능확인을 받아야 한다.

16 건축물의 주요구조부가 내화구조이고, 벽 및 반자의 실내에 면하는 부분이 불연재료로 된 바닥면적 600m²인 의료시설에 필요한 소화기구의 능력단위는?

① 2단위
② 3단위
③ 4단위
④ 6단위

17 옥내소화전설비에 대한 설명으로 옳은 것은?

① 옥내소화전(2개 이상인 경우 2개, 고층건축물의 경우 최대 5개)을 동시에 방수할 경우 방수압은 0.17MPa 이상, 0.7MPa 이하가 되어야 한다.
② 옥내소화전(2개 이상인 경우 2개, 고층건축물의 경우 최대 5개)을 동시에 방수할 경우 방수량은 350L/min 이상이어야 한다.
③ 방수구는 바닥으로부터 0.8m~1.5m 이하의 위치에 설치한다.
④ 옥내소화전설비의 호스의 구경은 25mm 이상의 것을 사용하여야 한다.

18 30층 미만인 어느 건물에 옥내소화전이 1층에 6개, 2층에 4개, 3층에 4개가 설치된 소방대상물의 최소수원의 양은?

① 2.6m³
② 5.2m³
③ 10.8m³
④ 13m³

19 1급 소방안전관리대상물의 소방안전관리자로 선임될 수 없는 사람은?(단, 해당 소방안전관리자 자격증을 받은 경우이다.)

① 소방설비기사
② 소방설비산업기사
③ 소방공무원으로 7년간 근무한 경력이 있는 사람
④ 위험물기능장

20 지하층을 제외한 층수가 10층 이하인 소방대상물 중 공장(특수가연물을 저장·취급하는 것)의 경우 스프링클러헤드의 기준 개수는?

① 10개
② 20개
③ 30개
④ 40개

21 습식 스프링클러설비에서 알람밸브 2차측 압력이 저하되어 클래퍼가 개방(작동)되면 이후 일어나는 현상은?

① 클래퍼 개방에 따른 압력수 유입으로 압력스위치가 작동한다.
② 가속기의 작동으로 1차측 물이 2차측으로 빠르게 이동한다.
③ 주펌프와 충압펌프가 번갈아가면서 기동된다.
④ 주펌프만 기동된다.

22 화재안전조사 결과에 따른 조치명령 사항이 아닌 것은?

① 재축명령
② 개수명령
③ 제거명령
④ 이전명령

23 5년 이하의 징역 또는 5천만원 이하의 벌금으로 옳지 않은 것은?

① 위력을 사용하여 출동한 소방대의 화재진압·인명구조 또는 구급활동을 방해하는 행위
② 화재가 발생하거나 불이 번질 우려가 있는 소방대상물의 강제처분을 방해한 자
③ 출동한 소방대원에게 폭행 또는 협박을 행사하여 화재진압·인명구조 또는 구급활동을 방해하는 행위
④ 출동한 소방대의 소방장비를 파손하거나 그 효용을 해하여 화재진압·인명구조 또는 구급활동을 방해하는 행위

24 어느 건축물의 바닥면적이 각각 1층 700m², 2층 600m², 3층 300m², 4층 200m²이다. 이 건축물의 최소 경계구역수는?

① 2개
② 3개
③ 4개
④ 5개

25 주방에 설치하는 감지기는?

① 차동식 스포트형 감지기
② 이온화식 스포트형 감지기
③ 정온식 스포트형 감지기
④ 광전식 스포트형 감지기

제②과목

정답 및 해설은 여기로!
정답 및 해설 p. 2-38

26 다음 그림의 소화기를 점검하였다. 점검결과에 대한 내용으로 옳은 것은?

유사문제
25년 문48
23년 문15
23년 문33
23년 문39
22년 문35
22년 문41
21년 문40
21년 문46

교재
140,
146

주의사항
1. 매월 1회 이상 지시압력계의 바늘이 정상위치에 있는가를 확인
2. 소화기 설치시에는 태양의 직사 고온다습의 장소를 피한다.
3. 사용시에는 바람을 등지고 방사하고 사용 후에는 내부약제를 완전 방출하여야 한다.
4. 사람을 향하여 방사하지 마십시오.
※ 소화약제 물질 안전자료 관련정보(MSDS정보)
① 위험물질 정보(0.1% 초과시 목록) : 없음
② 내용물의 5%를 초과하는 화학물질목록 : 제1인산암모늄, 석분
③ 위험한 약제에 관한 정보 : 폐자극성 분진

제조연월	2008.06

번 호	점검항목	점검결과
1-A-007	○ 지시압력계(녹색범위)의 적정 여부	㉠
1-A-008	○ 수동식 분말소화기 내용연수(10년) 적정 여부	㉡

설비명	점검항목	불량내용
소화설비	1-A-007	㉢
	1-A-008	

① ㉠ ×, ㉡ ○, ㉢ 약제량 부족
② ㉠ ○, ㉡ ○, ㉢ 없음
③ ㉠ ×, ㉡ ×, ㉢ 약제량 부족, 내용연수 초과
④ ㉠ ○, ㉡ ×, ㉢ 내용연수 초과

27 P형 수신기 예비전원시험(전압계 방식)을 하기 위해 예비전원버튼을 눌렀을 때 전압계가 다음과 같이 지시하였다. 다음 중 옳은 설명은?

① 예비전원이 정상이다.
② 예비전원이 불량이다.
③ 교류전원을 점검하여야 한다.
④ 예비전원전압이 과도하게 높다.

28 아래의 그림은 준비작동식 스프링클러 점검시 유수검지장치를 작동시키는 방법과 감시제어반에서 확인해야 할 사항이다. 다음 중 옳은 것을 모두 고르시오.

1. 프리액션밸브 유수검지장치를 작동시키는 방법
  ㉠ 화재동작시험을 통한 A, B 감지기 작동
  ㉡ 해당 구역 감지기(A, B) 2개 회로 작동
  ㉢ 말단시험밸브 개방

2. 감시제어반 확인사항
  ㉣ 해당 구역 감지기 A, B 지구표시등 점등
  ㉤ 프리액션밸브 개방표시등 점등
  ㉥ 도통시험회로 단선여부 확인
  ㉦ 발신기 응답표시등 점등 확인

① ㉠, ㉡, ㉣, ㉥
② ㉠, ㉢, ㉣, ㉤
③ ㉠, ㉡, ㉣, ㉤
④ ㉠, ㉢, ㉥, ㉦

29 가스계 소화설비 기동용기함의 솔레노이드밸브 점검 전 상태를 참고하여 안전조치의 순서로 옳은 것은?

│솔레노이드밸브 점검 전│

㉠ 안전핀 제거

㉡ 솔레노이드 분리

㉢ 안전핀 체결

① ㉡ - ㉢ - ㉠
② ㉢ - ㉡ - ㉠
③ ㉢ - ㉠ - ㉡
④ ㉡ - ㉠ - ㉢

30 심폐소생술 가슴압박의 위치로 옳은 것은?

①

②

③

④

31 김소방씨는 어느 건물에 자동화재탐지설비의 작동점검을 한 후 작동점검표에 점검결과를 다음과 같이 작성하였다. 점검항목에 '조작스위치가 정상위치에 있는지 여부'는 어떤 것을 확인하여야 알 수 있었겠는가?

자동화재탐지설비 (양호○, 불량×, 해당 없음/)

구 분	점검번호	점검항목	점검결과
수신기	15-B-002	• 조작스위치가 정상위치에 있는지 여부	○
	15-B-006	• 수신기 음향기구의 음량·음색 구별 가능 여부	○
감지기	15-D-009	• 감지기 변형·손상 확인 및 작동시험 적합 여부	○
전원	15-H-002	• 예비전원 성능 적정 및 상용전원 차단시 예비전원 자동전환 여부	×
배선	15-I-003	• 수신기 도통시험회로 정상 여부	○

① 회로단선여부 확인
② 예비전원 및 예비전원감시등 확인
③ 교류전원감시등 확인
④ 스위치주의등 확인

32 수신기 점검시 1F 발신기를 눌렀을 때 건물 어디에서도 경종(음향장치)이 울리지 않았다. 이때 수신기의 스위치 상태로 옳은 것은?

① ㉠ 스위치가 눌러져 있다.
② ㉡ 스위치가 눌러져 있다.
③ ㉠, ㉡ 스위치가 눌러져 있다.
④ 스위치가 눌러져 있지 않다.

33. 다음 소화기 점검 후 아래 점검결과표의 작성(㉠~㉢순)으로 가장 적합한 것은?

소화기 점검사항

번호	점검항목	점검결과
1-A-006	○ 소화기의 변형손상 또는 부식 등 외관의 이상 여부	㉠
1-A-007	○ 지시압력계(녹색범위)의 적정 여부	㉡

설비명	점검항목	불량내용
소화설비	1-A-007	㉢
	1-A-008	

① ㉠ ○, ㉡ ×, ㉢ 약제량 부족
② ㉠ ○, ㉡ ×, ㉢ 외관부식, 호스파손
③ ㉠ ×, ㉡ ○, ㉢ 외관부식, 호스파손
④ ㉠ ×, ㉡ ○, ㉢ 약제량 부족

34. 옥내소화전 방수압력시험에 필요한 장비로 옳은 것은?

①

②

③

④

35 습식 스프링클러설비 시험밸브 개방시 감시제어반의 표시등이 점등되어야 할 것으로 올바르게 짝지어 진 것으로 옳은 것은? (단, 설비는 정상상태이며, 주어지지 않은 조건을 무시한다.)

① ㉠, ㉢
② ㉡, ㉢
③ ㉢, ㉣
④ ㉣, ㉤

36 보기(㉠~㉣)를 보고 가스계 소화설비의 점검 전 안전조치를 순서대로 나열한 것으로 옳은 것은?

㉠ 솔레노이드밸브 분리
㉡ 연결된 조작동관 분리
㉢ 감시제어반 연동 정지
㉣ 솔레노이드밸브 안전핀 제거

① ㉡-㉢-㉣-㉠
② ㉡-㉢-㉠-㉣
③ ㉡-㉠-㉢-㉣
④ ㉢-㉡-㉣-㉠

37. 환자를 발견 후 그림과 같이 심폐소생술을 하고 있다. 이때 올바른 속도와 가슴압박 깊이로 옳은 것은?

① 속도 : 40~60회/분, 압박 깊이 : 1cm
② 속도 : 40~60회/분, 압박 깊이 : 5cm
③ 속도 : 100~120회/분, 압박 깊이 : 1cm
④ 속도 : 100~120회/분, 압박 깊이 : 5cm

38. 그림의 수신기가 비화재보인 경우, 화재를 복구하는 순서로 옳은 것은?

㉠ 수신기 확인
㉡ 수신반 복구
㉢ 음향장치 정지
㉣ 실제 화재 여부 확인
㉤ 발신기 복구
㉥ 음향장치 복구

① ㉠-㉣-㉢-㉤-㉥-㉡
② ㉠-㉣-㉢-㉤-㉡-㉥
③ ㉣-㉠-㉤-㉢-㉡-㉥
④ ㉣-㉠-㉢-㉤-㉡-㉥

39 다음 그림의 축압식 분말소화기 지시압력계에 대한 설명으로 옳은 것은?

① 압력이 부족한 상태이다.
② 압력이 0.7MPa을 가리키게 되면 소화기를 교체하여야 한다.
③ 지시압력이 0.7~0.98MPa에 위치하고 있으므로 정상이다.
④ 소화약제를 정상적으로 방출하기 어려울 것으로 보인다.

40 종합점검 중 주펌프 성능시험을 위하여 주펌프만 수동으로 기동하려고 한다. 감시제어반의 스위치 상태로 옳은 것은?

①

②

③

④

41 준비작동식 스프링클러설비 밸브개방시험 전 유수검지장치실에서 안전조치를 하려고 한다. 보기 중 안전조치 사항으로 옳은 것은?

① ㉠
② ㉡
③ ㉢
④ ㉣

42 다음 그림과 같이 가스계 소화설비 기동용기함의 압력스위치 점검(작동)시험을 실시하였을 때, 확인해야 할 사항으로 옳은 것은?

① 솔레노이드밸브의 격발을 확인한다.
② 제어반에서 화재표시등의 점등을 확인한다.
③ 수동조작함 방출등 점등을 확인한다.
④ 경보발령 여부를 확인한다.

43 성인심폐소생술의 가슴압박에 대한 설명으로 옳지 않은 것은?

① 환자를 바닥이 단단하고 평평한 곳에 등을 대고 눕힌다.
② 가슴압박시 가슴뼈(흉골) 위쪽의 절반 부위에 깍지를 낀 두 손의 손바닥 뒤꿈치를 댄다.
③ 구조자는 양팔을 쭉 편 상태로 체중을 실어서 환자의 몸과 수직이 되도록 가슴을 압박한다.
④ 100~120회/분의 속도로 환자의 가슴이 약 5cm 깊이로 눌릴 수 있게 압박한다.

44 그림과 같이 감지기 점검시 점등되는 표시등으로 옳은 것은?

① ㄱ, ㄴ
② ㄴ, ㄷ
③ ㄴ, ㄹ
④ ㄱ, ㄴ, ㄷ, ㄹ

45 다음 분말소화기의 약제의 주성분은 무엇인가?

① $NH_4H_2PO_4$
② $NaHCO_3$
③ $KHCO_3$
④ $KHCO_3+(NH_2)_2CO$

46 화재발생시 옥내소화전을 사용하여 충압펌프가 작동하였다. 다음 그림을 보고 표시등(㉠~㉤) 중 점등되는 것을 모두 고른 것은? (단, 설비는 정상상태이며 제시된 조건을 제외하고 나머지 조건은 무시한다.)

① ㉠, ㉡, ㉢
② ㉠, ㉢, ㉣
③ ㉠, ㉣
④ ㉠, ㉣, ㉤

47 다음 조건을 기준으로 스프링클러설비의 주펌프 압력스위치의 설정값으로 옳은 것은? (단, 압력스위치의 단자는 고정되어 있으며, 옥상수조는 없다.)

- 조건1 : 펌프양정 70m
- 조건2 : 가장 높이 설치된 헤드로부터 펌프 중심 점까지의 낙차를 압력으로 환산한 값 = 0.3MPa

① RANGE : 0.7MPa, DIFF : 0.3MPa
② RANGE : 0.3MPa, DIFF : 0.7MPa
③ RANGE : 0.7MPa, DIFF : 0.25MPa
④ RANGE : 0.7MPa, DIFF : 0.2MPa

48 그림은 일반인 구조자에 대한 기본소생술 흐름도이다. 빈칸의 내용으로 옳은 것은?

① ㉠ : 무호흡, ㉡ : 비정상호흡, ㉢ : 가슴압박 소생술
② ㉠ : 무호흡, ㉡ : 정상호흡, ㉢ : 인공호흡
③ ㉠ : 무호흡, ㉡ : 정상호흡, ㉢ : 가슴압박 소생술
④ ㉠ : 무호흡, ㉡ : 비정상호흡, ㉢ : 인공호흡

49 다음 감시제어반 및 동력제어반의 스위치 위치를 보고 정상위치(평상시 상태)가 아닌 것을 고르시오. (단, 설비는 정상상태이며 상기 조건을 제외하고 나머지 조건은 무시한다.)

∥감시제어반∥

∥동력제어반∥

① ㉠, ㉡   ② ㉡, ㉢
③ ㉣, ㉤   ④ ㉢, ㉤

50 다음 응급처치요령 중 빈칸의 내용으로 옳은 것은?

□ 가슴압박
  – 위치 : 환자의 가슴뼈(흉골)의 아래쪽 절반부위
  – 자세 : 양팔을 쭉 편 상태로 체중을 실어서 환자의 몸과 수직이 되도록 가슴을 압박하고, 압박된 가슴은 완전히 이완되도록 한다.
  – 속도 및 깊이 : 소아를 기준으로 속도는 (㉠)회/분, 깊이는 약(㉡)cm
□ 자동심장충격기(AED) 사용
  – 자동심장충격기의 전원을 켜고 환자의 상체에 패드를 부착한다.
   ● 부착위치 : (㉢) 아래, (㉣) 젖꼭지 아래의 중간겨드랑선
  – "분석 중..."이라는 음성 지시가 나오면, 심폐소생술을 멈추고 환자에게서 손을 뗀다. (이하 생략)

① ㉠ 80~100, ㉡ 5~6, ㉢ 왼쪽 빗장뼈, ㉣ 오른쪽
② ㉠ 100~120, ㉡ 4~5, ㉢ 오른쪽 빗장뼈, ㉣ 왼쪽
③ ㉠ 90~100, ㉡ 1~2, ㉢ 오른쪽 빗장뼈, ㉣ 왼쪽
④ ㉠ 100~120, ㉡ 4~5, ㉢ 왼쪽 빗장뼈, ㉣ 오른쪽

" 인생에서는 누구나 1등이 될 수 있다.
우리 모두 1등이 되는 삶을 향하여 한 발짝씩 전진해 봅시다.
— 김영식 '10m만 더 뛰어봐' — "

2022년 기출문제

정답 및 해설은 여기로!
정답 및 해설 p. 2-44

정답 및 해설은 여기로!
정답 및 해설 p. 2-44

01 다음 중 특정소방대상물의 각 부분으로부터 1개의 소화기까지의 보행거리로 옳은 것은?

① 소형소화기 : 10m 이내, 대형소화기 : 20m 이내
② 소형소화기 : 15m 이내, 대형소화기 : 20m 이내
③ 소형소화기 : 20m 이내, 대형소화기 : 30m 이내
④ 소형소화기 : 20m 이내, 대형소화기 : 35m 이내

02 가연물질의 구비조건이다. 빈칸에 알맞은 것은?

- 활성화에너지의 값이 (㉠)
- 열전도도가 (㉡)

① ㉠ 커야 한다. ㉡ 커야 한다.
② ㉠ 커야 한다. ㉡ 작아야 한다.
③ ㉠ 작아야 한다. ㉡ 커야 한다.
④ ㉠ 작아야 한다. ㉡ 작아야 한다.

03 다음 중 간이소화용구를 모두 고른 것은?

㉠ 에어로졸식 소화용구
㉡ 투척용 소화용구
㉢ 팽창질석
㉣ 팽창진주암
㉤ 마른모래(모래주머니)

① ㉠, ㉡
② ㉠, ㉡, ㉣
③ ㉠, ㉡, ㉢, ㉤
④ ㉠, ㉡, ㉢, ㉣, ㉤

04 분말소화기의 내용연수로 알맞은 것은?

① 3년
② 5년
③ 8년
④ 10년

05 발화점에 대한 설명으로 옳은 것은?

① 외부의 직접적인 점화원 없이 가열된 열의 축적에 의하여 발화에 이르는 최저의 온도를 말한다.
② 점화원이 있는 상태에서 가연성 물질을 공기 또는 산소 중에서 가열함으로써 발화되는 최저온도를 말한다.
③ 발화점이 높을수록 위험하다.
④ 발화점은 보통 인화점보다 수백도가 낮은 온도이다.

06 화재를 진압하고 화재, 재난·재해, 그 밖의 위급한 상황에서 구조·구급활동 등을 하기 위하여 구성된 조직체로 틀린 것은?

① 소방공무원
② 의무소방원
③ 의용소방대원
④ 소방관리직원

07 동파 위험이 있는 스프링클러설비는?

① 습식
② 건식
③ 준비작동식
④ 일제살수식

08. LPG의 탐지기 설치위치로 옳은 것은?

① 하단은 천장면의 하방 30cm 이내에 위치
② 상단은 천장면의 하방 30cm 이내에 위치
③ 하단은 바닥면의 상방 30cm 이내에 위치
④ 상단은 바닥면의 상방 30cm 이내에 위치

09. 객석통로의 직선부분의 길이가 30m일 때, 객석유도등의 최소 설치개수는?

① 4개 ② 6개
③ 7개 ④ 10개

10. 자동화재탐지설비에서 감지기 사이의 회로배선은 어떤 식으로 하여야 하는가?

① 송배선식
② 직렬식
③ 병렬식
④ 트위스트식

11. 화재의 분류로 옳지 않은 것은?

① A급 – 일반화재
② B급 – 유류화재
③ C급 – 전기화재
④ K급 – 금속화재

12. 다음 중 방염대상물품 중 제조 또는 가공공정에서 방염처리를 한 물품이 아닌 것은?

① 창문에 설치하는 커튼류(블라인드 제외)
② 전시용 합판, 무대용 합판
③ 가상체험 체육시설업에 설치하는 스크린
④ 단란주점, 유흥주점 소파

13 소방안전관리대상물의 작동점검 또는 종합점검 결과를 몇 년간 자체 보관하여야 하는가?

① 1년　　　② 2년
③ 3년　　　④ 4년

14 다음 중 무창층에 대한 설명으로 옳은 것은?

① 창문이 없는 층이나 그 층의 일부를 이루는 실
② 지하층의 명칭
③ 직접 지상으로 통하는 출입구나 개구부가 없는 층
④ 지상층 중 개구부면적의 합계가 그 층의 바닥면적의 $\frac{1}{30}$ 이하가 되는 층

15 물과 반응하거나 자연발화에 의해 발열 또는 가연성 가스가 발생하는 위험물은?

① 제1류 위험물　　　② 제2류 위험물
③ 제3류 위험물　　　④ 제4류 위험물

16 소방기본법 용어의 정의에 대한 설명으로 틀린 것은?

① 산림은 소방대상물에 해당한다.
② 점유자는 관계인에 포함한다.
③ 자위소방대는 소방대의 조직체이다.
④ 소방대장은 현장에서 소방대를 지휘하는 사람이다.

17 한국소방안전원의 업무내용이 아닌 것은?

① 소방기술과 안전관리에 관한 교육 및 조사·연구
② 소방기술과 안전관리에 관한 각종 간행물 발간
③ 행정기관이 위탁하는 업무
④ 소방관계인의 기술향상

18 한국소방안전원 회원의 자격으로 볼 수 없는 것은?

① 소방안전관리자　　　② 소방기술자
③ 관계인　　　④ 위험물안전관리자

19 5년 이하의 징역 또는 5000만원 이하의 벌금으로 옳지 않은 것은?

① 위력을 사용하여 출동한 소방대의 화재진압·인명구조 또는 구급활동을 방해하는 행위
② 화재안전조사를 정당한 사유 없이 거부·방해 또는 기피한 자
③ 출동한 소방대원에게 폭행 또는 협박을 행사하여 화재진압·인명구조 또는 구급활동을 방해하는 행위
④ 출동한 소방대의 소방장비를 파손하거나 그 효용을 해하여 화재진압·인명구조 또는 구급활동을 방해하는 행위

20 화재로 오인할 만한 연기를 피운 자가 신고하지 않아 소방자동차가 출동하게 한 자의 벌칙은?

① 200만원 이하의 벌금
② 200만원 이하의 과태료
③ 50만원 이하의 과태료
④ 20만원 이하의 과태료

21 다음 중 양벌규정의 적용을 받지 않는 것은?

① 화재가 발생하거나 불이 번질 우려가 있는 소방대상물 및 토지를 일시적으로 사용하거나 그 사용의 제한 또는 소방활동에 필요한 처분을 방해한 자
② 정당한 사유 없이 소방대의 생활안전활동을 방해한 자
③ 소방자동차의 출동에 지장을 준 자
④ 피난명령을 위반한 자

22 다음 중 개구부의 요건이 아닌 것은?

① 크기는 지름 50cm 이하의 원이 통과할 수 있을 것
② 해당층의 바닥면으로부터 개구부 밑부분까지의 높이가 1.2m 이내일 것
③ 도로 또는 차량이 진입할 수 있는 빈터를 향할 것
④ 내부 또는 외부에서 쉽게 부수거나 열 수 있는 것

23 피난층에 대한 뜻이 옳은 것은?

① 곧바로 지상으로 갈 수 있는 출입구가 있는 층
② 건축물 중 지상 1층
③ 직접 지상으로 통하는 계단과 연결된 지상 2층 이상의 층
④ 옥상의 지하층으로서 옥상으로 직접 피난할 수 있는 층

24 다음 보기를 보고 옳은 것은? (단, 해당 소방안전관리자 자격증을 받은 경우이다.)

- 업무시설로서 연면적 40000m²
- 지하 1층, 지상 5층
- 3층에 옥내소화전설비가 설치되어 있음

① 소방안전관리자 1명, 소방안전관리보조자 3명이 필요하다.
② 위 건물은 관리의 권원이 분리된 특정소방대상물의 소방안전관리자가 필요하다.
③ 소방공무원으로 7년 이상된 경력자가 선임자격이 있다.
④ 가연성 가스를 100톤 이상 1000톤 미만 저장·취급하는 시설과 같은 소방안전관리자 선임대상물이다.

25 복합건축물로서 13층이고 연면적 12000m²이다. 소방안전관리자 선임자격으로 옳은 것은? (단, 해당 소방안전관리자 자격증을 받은 경우이다.)

① 소방설비기사
② 산업안전기사의 자격을 취득한 후 3년 이상 실무경력이 있는 사람
③ 소방공무원으로 5년 이상 근무한 경력이 있는 사람
④ 위험물기능장

제 ② 과목

26 소방계획의 절차에 대한 설명 중 틀린 것은?

① 사전기획 : 소방계획 수립을 위한 임시조직을 구성하거나 위원회 등을 개최하여 의견수렴
② 위험환경분석 : 위험요인 식별하고 이에 대한 분석 및 평가 실시 후 대책 수립
③ 설계 및 개발 : 환경을 바탕으로 소방계획 수립의 목표와 전략을 수립하고 세부 실행계획 수립
④ 시행 및 유지·관리 : 구체적인 소방계획을 수립하고 소방서장의 최종 승인을 받은 후 소방계획을 이행하고 지속적인 개선 실시

27 다음 중 자동심장충격기(AED) 사용순서로 옳은 것은?

유사문제
25년 문27
23년 문50
22년 문40
22년 문45
22년 문49
21년 문37
21년 문49

교재
366
-367

① ➤ ➤ ➤

　2개의 패드 부착　　전원켜기　　즉시 심폐소생술 다시 시행　　심장리듬 분석 및 심장충격 실시

② ➤ ➤ ➤

　2개의 패드 부착　　전원켜기　　심장리듬 분석 및 심장충격 실시　　즉시 심폐소생술 다시 시행

③ ➤ ➤ ➤

　전원켜기　　2개의 패드 부착　　즉시 심폐소생술 다시 시행　　심장리듬 분석 및 심장충격 실시

④ ➤ ➤ ➤

　전원켜기　　2개의 패드 부착　　심장리듬 분석 및 심장충격 실시　　즉시 심폐소생술 다시 시행

28 다음은 감지기 시험장비를 활용한 경보설비 점검 사진이다. 그림의 내용 중 옳지 않은 것은?

① 감지기 작동상태 확인이 가능하다.
② 감지기 작동 확인은 수신기에서 불가능하다.
③ 수신기에서 해당 경계구역 확인이 가능하다.
④ 감지기 작동시 지구경종 확인이 가능하다.

29 ABC급 대형소화기에 관한 설명 중 틀린 것은?

① 주성분은 제1인산암모늄이다.
② 능력단위가 B급 화재 30단위 이상, C급 화재는 적응성이 있는 것을 말한다.
③ 능력단위가 A급 화재 10단위 이상인 것을 말한다.
④ 소화효과는 질식, 부촉매(억제)이다.

30 옥내소화전의 동력제어반과 감시제어반을 나타낸 것이다. 다음 그림에 대한 설명으로 옳지 않은 것은? (단, 현재 동력제어반은 정지표시등만 점등상태이다.)

① 옥내소화전 사용시 주펌프는 기동한다.
② 옥내소화전 사용시 충압펌프는 기동하지 않는다.
③ 현재 충압펌프는 기동 중이다.
④ 현재 주펌프는 정지상태이다.

31 준비작동식 스프링클러설비 수동조작함(SVP) 스위치를 누를 경우 다음 감시제어반의 표시등이 점등되어야 할 것으로 올바르게 짝지어 진 것으로 옳은 것은? (단, 주어지지 않은 조건은 무시한다.)

① ㄹ, ㅂ
② ㄴ, ㄷ
③ ㄴ, ㅂ
④ ㄱ, ㅂ

32 가스계 소화설비 중 기동용기함의 각 구성요소를 나타낸 것이다. 가스계 소화설비 작동점검 전 가장 우선해야 하는 안전조치로 옳은 것은?

① ㉠의 연결부분을 분리한다.
② ㉡의 압력스위치를 당긴다.
③ ㉢의 단자에 배선을 연결한다.
④ ㉣ 안전핀을 체결한다.

33 자동화재탐지설비의 회로도통시험 적부판정방법으로 틀린 것은?

① 전압계가 있는 경우 정상은 24V를 가리킨다.
② 전압계가 있는 경우 단선은 0V를 가리킨다.
③ 도통시험확인등이 있는 경우 정상은 정상확인등이 녹색으로 점등된다.
④ 도통시험확인등이 있는 경우 단선은 단선확인등이 적색으로 점등된다.

34 다음 중 출혈시 증상이 아닌 것은?

① 호흡과 맥박이 느리고 약하고 불규칙하다.
② 체온이 떨어지고 호흡곤란도 나타난다.
③ 탈수현상이 나타나며 갈증이 심해진다.
④ 구토가 발생한다.

35 다음 그림과 같이 분말소화기를 점검하였다. 점검 결과로 옳은 것은?

| 그림 A |

| 그림 B |

| 그림 C |

① 그림 A, B는 외관상 문제가 없다.
② 그림 A의 안전핀 체결 상태가 불량이다.
③ 그림 A는 호스가 손상되었고, 그림 B는 호스가 탈락되었다.
④ 그림 C의 지시압력계의 압력이 부족하다.

36 옥내소화전 감시제어반의 스위치 상태가 아래와 같을 때, 보기의 동력제어반(㉠~㉣)에서 점등되는 표시등을 있는대로 고른 것은? (단, 설비는 정상상태이며 제시된 조건을 제외하고 나머지 조건은 무시한다.)

| 감시제어반 스위치 |

| 동력제어반 스위치 |

① ㉠, ㉡, ㉢
② ㉠, ㉡, ㉣
③ ㉠, ㉣
④ ㉡, ㉣

37 그림과 같이 준비작동식 스프링클러설비의 수동조작함을 작동시켰을 때, 확인해야 할 사항으로 옳지 않은 것은?

① 감지기 A 작동
② 감시제어반 밸브개방표시등 점등
③ 사이렌 또는 경종 작동
④ 펌프 작동

38 R형 수신기 화면이다. 다음 중 보기의 운영기록 내용으로 옳지 않은 것은?

보기	일시	수신기	회선정보	회선설명	동작구분	메시지
①	22/09/13 10:48:21	1	001	1층 지구경종	중력	중계기 출력
②	22/09/13 10:48:21	1	–	–	수신기	주음향 출력
③	22/09/13 10:48:21	1	001	시험기 1F 자탐 감지기	화재	화재발생
④	22/09/13 10:48:21	1	–	–	시스템 고장	예비전원 고장발생

39 가스계 소화설비의 점검을 위해 기동용기와 솔레노이드밸브를 분리하였다. 다음 그림과 같이 감지기를 작동시킨 경우 확인되는 사항으로 옳지 않은 것은? [단, 감지기(교차회로) 2개를 작동시켰다.]

① 제어반 화재표시
② 솔레노이드밸브 파괴침 작동
③ 사이렌 또는 경종 작동
④ 방출표시등 점등

40 다음 중 자동심장충격기(AED) 사용방법으로 옳지 않은 것은?

① 자동심장충격기를 심폐소생술에 방해가 되지 않는 위치에 놓은 뒤 전원버튼을 누른다.
② 환자의 상체를 노출시킨 다음 패드 포장을 열고 2개의 패드를 환자의 가슴 피부에 붙인다.
③ 패드 1은 왼쪽 빗장뼈(쇄골) 바로 아래에, 패드 2는 오른쪽 젖꼭지 아래와 중간겨드랑선에 붙인다.
④ 심장충격이 필요한 환자인 경우에만 제세동버튼이 깜박이기 시작하며, 깜박일 때 심장충격버튼을 눌러 심장충격을 시행한다.

41 2025년 작동점검시 소화기 점검결과의 조치내용으로 옳은 것은?

주의사항

1. 매월 1회 이상 지시압력계의 바늘이 정상위치에 있는가를 확인
2. 소화기 설치시에는 태양의 직사 고온다습의 장소를 피한다.
3. 사용시에는 바람을 등지고 방사하고 사용 후에는 내부약제를 완전방출하여야 한다.
4. 사람을 향하여 방사하지 마십시오.
※ 소화약제 물질 안전자료 관련정보(MSDS정보)
  ① 위험물질 정보(0.1% 초과시 목록) : 없음
  ② 내용물의 5%를 초과하는 화학물질목록 : 제1인산암모늄, 석분
  ③ 위험한 약제에 관한 정보 : 폐자극성 분진

제조연월　　　　　　　　　2020.11

① 소화기 외관점검시 불량내용에 대하여 조치를 한 경우, 점검결과에 기록하지 않는다.
② 노즐이 경미하게 파손되었지만 정상적인 소화활동을 위하여 노즐을 즉시 교체하였다.
③ 내용연수가 초과되어 소화기를 교체하였다.
④ 레버가 파손되어 소화기를 즉시 교체하였다.

42 그림은 옥내소화전 감시제어반 중 펌프제어를 위한 스위치의 예시를 나타낸 것이다. 평상시 및 펌프 점검시 스위치 위치에 대한 설명으로 옳은 것만 보기에서 있는 대로 고른 것은? (단, 설비는 정상상태이며 제시된 조건을 제외하고 나머지 조건은 무시한다.)

㉠ 평상시 펌프 선택스위치는 '정지' 위치에 있어야 한다.
㉡ 평상시 주펌프스위치는 '기동' 위치에 있어야 한다.
㉢ 펌프 수동기동시 펌프 선택스위치는 '수동' 위치에 있어야 한다.

① ㉠
② ㉢
③ ㉠, ㉡
④ ㉠, ㉡, ㉢

43 그림의 밸브를 작동시켰을 때 확인해야 할 사항으로 옳지 않은 것은?

① 펌프 작동상태
② 감시제어반 밸브개방표시등
③ 음향장치 작동
④ 방출표시등 점등

44 가스계 소화설비 점검 중 감시제어반의 모습이다. 이에 대한 설명으로 옳은 것은? (단, 점검 전 약제방출방지를 위한 안전조치를 완료한 상태이다.)

① 교차회로감지기(A, B)는 기계실에 설치되어 있다.
② 전기실에 소화약제가 방출되지 않았다.
③ 주경종, 지구경종, 사이렌, 비상방송은 정상적으로 작동되고 있다.
④ 전기실 출입문 위 약제 방출표시등은 점등되어 있을 것이다.

45. 다음은 자동심장충격기 사용에 관한 내용이다. 옳은 것은?

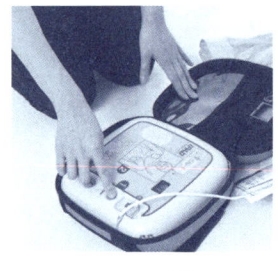
| AED 사용 |

㉠ 자동심장충격기의 전원을 켤 때 감전의 위험이 있으므로 환자와 접촉해서는 안 된다.
㉡ 두 개의 패드 중 1개가 이물질로부터 오염시 패드 1개만 부착하여도 된다.
㉢ 심장리듬 분석시 환자에게서 즉시 떨어져 올바른 분석을 할 수 있도록 한다.
㉣ 제세동 버튼을 누를 때 환자와 접촉한 사람이 없음을 확인 후 제세동 버튼을 누른다.

① ㉠, ㉡
② ㉡, ㉢
③ ㉢, ㉣
④ ㉠, ㉣

46. 그림은 화재발생시 수신기 상태이다. 이에 대한 설명으로 옳지 않은 것은?

① 2층에서 화재가 발생하였다.
② 경종이 울리고 있다.
③ 화재 신호기기는 발신기이다.
④ 화재 신호기기는 감지기이다.

47 방수압력시험 장비를 사용하여 방수압력시험시 장비의 측정 모습으로 옳은 것은?

① ㄱ
② ㄴ
③ ㄷ
④ ㄹ

48 다음 그림에 대한 설명으로 옳은 것은?

① 펌프의 정지점은 0.6MPa이다.
② 펌프의 기동점은 0.1MPa이다.
③ 펌프의 정지점은 0.1MPa이다.
④ 펌프의 기동점은 0.6MPa이다.

49. 자동심장충격기(AED) 패드 부착 위치로 옳은 것은?

〈두 개의 패드 부착 위치〉
- 패드1 : 오른쪽 빗장뼈 아래
- 패드2 : 왼쪽 젖꼭지 아래의 중간겨드랑선

①

②

③

④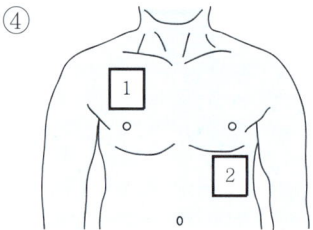

50. 박소방씨는 어느 건물에 옥내소화전설비의 펌프제어반 정상위치에 대한 작동점검을 한 후 작동점검표에 점검결과를 다음과 같이 작성하였다. 제어반에서 '음향경보장치 정상작동 여부'는 어떤 것으로 확인 가능한가?

(양호○, 불량×, 해당 없음/)

구 분	점검번호	점검항목	점검결과
가압송수장치	2-C-002	옥내소화전 방수압력 적정여부	○
제어반	2-H-011	펌프 작동 여부 확인 표시등 및 음향경보장치 정상작동 여부	○
	2-H-012	펌프별 자동·수동 전환스위치 정상작동 여부	○

① 경종
② 사이렌
③ 부저
④ 경종 및 사이렌

2021년 기출문제

정답 및 해설은 여기로!
정답 및 해설 p. 2-59

정답 및 해설은 여기로!
정답 및 해설 p. 2-59

01 주방화재에 해당하는 것은?

① A급 화재
② B급 화재
③ C급 화재
④ K급 화재

02 LPG의 탐지기의 설치위치로 옳은 것은?

① 하단은 천장면의 하방 30cm 이내에 위치
② 상단은 천장면의 하방 30cm 이내에 위치
③ 하단은 바닥면의 상방 30cm 이내에 위치
④ 상단은 바닥면의 상방 30cm 이내에 위치

03 다음 중 방염처리된 물품의 사용을 권장할 수 있는 경우는?

① 의료시설에 설치된 소파
② 노유자시설에 설치된 암막
③ 종합병원에 설치된 무대막
④ 종교시설에 설치된 침구류

04 전기화재의 주요 화재원인이 아닌 것은?
① 전선의 합선(단락)에 의한 발화
② 누전에 의한 발화
③ 과전류(과부하)에 의한 발화
④ 누전차단기 고장

05 건축물 사용승인일이 2020년 1월 30일이라면 종합점검 시기와 작동점검 시기를 순서대로 맞게 말한 것은?
① 종합점검 시기 : 1월, 작동점검 시기 : 7월
② 종합점검 시기 : 6월, 작동점검 시기 : 12월
③ 종합점검 시기 : 4월, 작동점검 시기 : 10월
④ 종합점검 시기 : 3월, 작동점검 시기 : 9월

06 의료시설의 4, 5, 6층 건물에 피난기구를 설치하고자 한다. 적응성이 없는 것은?
① 피난교
② 다수인 피난장비
③ 승강식 피난기
④ 미끄럼대

07 다음 중 피난기구에 해당되지 않는 것은?
① 완강기
② 유도등
③ 구조대
④ 피난사다리

08 그림과 같은 주요구조부가 내화구조로 된 어느 건축물에 차동식 스포트형 1종 감지기를 설치하고자 한다. 감지기의 최소 설치개수는? (단, 감지기의 부착높이는 3.5m이다.)

① 8개
② 9개
③ 10개
④ 11개

09 방염에 있어서 현장처리물품의 실시기관은?
① 행정안전부장관
② 소방청장
③ 소방본부장
④ 시·도지사

10 옥내소화전함 펌프 기동표시등의 색으로 옳은 것은?
① 녹색
② 적색
③ 황색
④ 백색

11 다음 중 바이메탈, 감열판 및 접점 등으로 구성된 감지기는?
① 차동식 스포트형
② 정온식 스포트형
③ 차동식 분포형
④ 정온식 감지선형

12 가연성 증기 중 중유의 연소범위[vol%]로 옳은 것은?
① 1~5
② 1.2~7.6
③ 6~36
④ 2.5~81

13 자동화재탐지설비에서 P형 수신기의 회로도통시험시 회로시험스위치가 로터리방식으로 전압계가 있는 경우 정상과 단선은 몇 V를 가리키는가?
① 정상 : 4~8V, 단선 : 0V
② 정상 : 20~24V, 단선 : 1V
③ 정상 : 40~48V, 단선 : 0V
④ 정상 : 48~54V, 단선 : 1V

14 위험물과 지정수량의 연결이 잘못 연결된 것은?
① 알코올류-400L
② 휘발유-200L
③ 등유-1000L
④ 중유-4000L

15. 화재안전조사 결과에 따른 조치명령사항이 아닌 것은?

① 재축명령
② 개수명령
③ 제거명령
④ 이전명령

16. 연료가스에 대한 설명으로 옳지 않은 것은?

① LNG의 주성분은 C_4H_{10}이다.
② LPG의 비중은 1.5~2이다.
③ LPG의 가스누설경보기는 연소기 또는 관통부로부터 수평거리 4m 이내의 위치에 설치한다.
④ 프로판의 폭발범위는 2.1~9.5%이다.

17. 다음 중 방염성능기준 이상의 실내장식물을 설치하여야 할 장소로 알맞은 것을 모두 고른 것은?

㉠ 숙박시설
㉡ 노유자시설
㉢ 요양병원
㉣ 교육연구시설 중 합숙소
㉤ 근린생활시설 중 의원

① ㉠, ㉡
② ㉠, ㉡, ㉢
③ ㉠, ㉡, ㉢, ㉣
④ ㉠, ㉡, ㉢, ㉣, ㉤

18. 소방기본법 목적이 아닌 것은?

① 화재 예방, 경계, 진압과 재난, 재해 및 위급한 상황에서의 구조 및 구급활동
② 국민의 생명 및 재산 보호
③ 공공의 안녕 및 질서 유지와 복리 증진에 이바지
④ 사회와 기업의 복리 증진

19. 다음 중 무창층에 대한 설명으로 옳은 것은?

① 창문이 없는 층이나 그 층의 일부를 이루는 실
② 지하층의 명칭
③ 직접 지상으로 통하는 출입구나 개구부가 없는 층
④ 지상층 중 개구부면적의 합계가 그 층의 바닥면적의 $\frac{1}{30}$ 이하가 되는 층

20 다음 중 한국소방안전원의 설립목적 및 업무가 아닌 것은?

① 소방기술과 안전관리에 관한 교육
② 소방안전에 관한 국제협력
③ 교육 등 행정기관이 위탁하는 업무의 수행
④ 소방용품에 대한 검정기술의 연구, 조사

21 위험물의 종류별로 위험성을 고려하여 대통령령이 정하는 수량으로서 제조소 등의 설치허가 등에 있어서 최저의 기준이 되는 수량을 무엇이라 하는가?

① 허가수량
② 유효수량
③ 지정수량
④ 저장수량

22 다음 중 연소의 3요소를 이용한 소화방법이 잘못 설명된 것은?

① 밸브차단
② 할로겐소화약제를 이용한 억제소화
③ 이산화탄소를 이용한 냉각소화
④ 촛불을 입으로 불어 가연성 증기를 순간적으로 날려 보내는 방법

23 가스계 소화설비의 방출방식 중 다음 그림은 어떤 방식인가?

① 국소방출방식
② 전역방출방식
③ 호스릴방식
④ 확산방출방식

24 옥내소화전함 등의 설치기준이다. 빈칸에 알맞은 것은?

- 층마다 설치하되 특정소방대상물의 각 부분으로부터 1개의 옥내소화전 방수구까지의 (㉠)가 되도록 할 것
- 호스는 구경 (㉡)의 것으로 물이 유효하게 뿌려질 수 있는 길이로 설치

① ㉠ 수평거리 20m 이하, ㉡ 구경 40mm 이상
② ㉠ 수평거리 25m 이하, ㉡ 구경 40mm 이상
③ ㉠ 수평거리 20m 이하, ㉡ 구경 65mm 이상
④ ㉠ 수평거리 25m 이하, ㉡ 구경 65mm 이상

25 옥내소화전설비 수원의 점검 중 저수조의 유효수량은?

① a
② b
③ c
④ d

제 ② 과목

정답 및 해설은 여기로!
정답 및 해설 p. 2-65

26 예비전원 시험스위치 누를시 측정되는 정상 전압계의 범위로 옳은 것은?

유사문제
23년 문27

교재
223

① 5~10V ② 0~5V
③ 12~24V ④ 19~29V

27 K급 화재의 적응물질로 맞는 것은?

유사문제
25년 문05
25년 문16
24년 문10
23년 문07
22년 문11
21년 문01

교재
79, 139

① 목재
② 유류
③ 금속류
④ 동·식물성 유지

28 최상층의 옥내소화전설비 방수압력을 시험하고 있다. 그림 중 옥내소화전설비의 동력제어반 상태, 점검결과, 불량내용 순으로 옳은 것은? (단, 동력제어반 정상위치 여부만 판단한다.)

유사문제
23년 문46
21년 문35

교재
166

① 펌프수동기동, ×, 펌프 자동 기동불가 ② 펌프수동기동, ○, 이상 없음
③ 펌프자동기동, ○, 이상 없음 ④ 펌프자동기동, ×, 알 수 없음

29

다음 조건을 보고 점검결과표를 작성(㉠~㉣순)한 것으로 옳은 것은? (단, 압력스위치의 단자는 고정되어 있으며, 옥상수조는 없다.)

- 조건 1 : 펌프 양정 80m
- 조건 2 : 가장 높이 설치된 헤드로부터 펌프 중심점까지의 낙차를 압력으로 환산한 값 = 0.3MPa

점검항목	점검내용	점검결과	
		결 과	불량내용
기동용 수압 개폐장치	• 작동압력치의 적정 여부 • 주펌프 : 기동 (㉠) MPa 　　　　　정지 (㉡) MPa	(㉢)	(㉣)

① ㉠ 0.3, ㉡ 0.8, ㉢ ○, ㉣ 기동 압력 미달
② ㉠ 1.1, ㉡ 0.8, ㉢ ×, ㉣ 없음
③ ㉠ 0.45, ㉡ 0.8, ㉢ ○, ㉣ 없음
④ ㉠ 1.1, ㉡ 0.3, ㉢ ×, ㉣ 기동 압력 미달

30

가스계 소화설비 점검 후 각 구성요소의 상태를 나타낸 것이다. 그림의 상태를 정상복구하는 방법으로 옳은 것은?

| 솔레노이드 및 조작동관 분리상태 |

㉠ 제어반 복구 → 제어반의 솔레노이드밸브 연동 정지
㉡ 솔레노이드밸브 복구
㉢ 솔레노이드밸브에 안전핀을 체결한 후 기동용기에 결합
㉣ 제어반 스위치의 연동상태 확인 후 솔레노이드밸브에서 안전핀 분리
㉤ 점검 전 분리했던 조작동관을 결합

① ㉠-㉣-㉢-㉡-㉤
② ㉠-㉢-㉡-㉤-㉣
③ ㉣-㉡-㉢-㉠-㉤
④ ㉠-㉡-㉢-㉣-㉤

31 그림은 일반인 구조자의 기본소생술 흐름도이다. 빈칸 ㉠의 절차에 대한 내용으로 옳지 않은 것은?

① ㉠에 필요한 장비는 자동심장충격기이다.
② ㉠의 장비는 2분마다 환자의 심전도를 자동으로 분석한다.
③ ㉠의 장비는 심장리듬 분석 후 심장충격이 필요한 경우에만 심장충격 버튼이 깜박인다.
④ ㉠은 반드시 여러 사람이 함께 사용하여야 한다.

32 다음 중 소방안전관리자 현황표에 기입하지 않아도 되는 사항은?
① 소방안전관리자 현황표의 대상명　② 소방안전관리자의 선임일자
③ 소방안전관리대상물의 등급　　　④ 관계인의 인적사항

33 다음은 수신기의 일부분이다. 그림과 관련된 설명 중 옳은 것은?

① 수신기 스위치 상태는 정상이다.　② 예비전원을 확인하여 교체한다.
③ 수신기 교류전원에 문제가 발생했다.　④ 예비전원이 정상상태임을 표시한다.

34 바닥면적이 2000m²인 근린생활시설에 3단위 분말소화기를 비치하고자 한다. 소화기의 개수는 최소 몇 개가 필요한가? (단, 이 건물은 내화구조로서 벽 및 반자의 실내에 면하는 부분이 불연재료이다.)

① 3개
② 4개
③ 5개
④ 6개

35 아래의 옥내소화전함을 보고 동력제어반의 모습으로 옳은 것을 보기(㉠~㉽)에서 있는대로 고른 것은? (단, 주펌프는 기동상태, 충압펌프는 정지상태이다.)

동력제어반	주펌프		
	기동표시등	정지표시등	펌프기동표시등
㉠	점등	소등	점등
㉡	소등	소등	점등
㉢	점등	점등	점등
㉣	점등	소등	소등

동력제어반	충압펌프		
	기동표시등	정지표시등	펌프기동표시등
㉤	소등	점등	점등
㉥	소등	소등	소등
㉦	점등	소등	점등
㉧	소등	점등	소등

| 옥내소화전함 |

① ㉠, ㉧
② ㉢, ㉥
③ ㉢, ㉦
④ ㉠, ㉥

36. 스프링클러설비의 압력챔버에서 주펌프 압력스위치를 나타낸 것이다. 그림에 대한 설명으로 옳지 않은 것은? (단, 옥상수조는 설치되어 있지 않다.)

PUMP			
구경	50mm	소요동력	5.5kW
토출량	0.2L/min	전양정	50m
베어링 앞	6306	극수	4극
베어링 뒤	6305	제조번호	1401226

┃스프링클러 주펌프 명판┃   ┃주펌프 압력스위치┃

① 주펌프의 정지점은 0.5MPa이다.
② 가장 높이 설치된 헤드로부터 펌프 중심점까지의 낙차는 35m이다.
③ 주펌프의 기동점은 0.4MPa이다.
④ 주펌프의 기동점은 충압펌프의 기동점보다 0.05MPa 낮게 설정해야 한다.

37. 자동심장충격기(AED) 패드 부착 위치로 옳은 것은?

① ㉠, ㉢
② ㉠, ㉣
③ ㉡, ㉢
④ ㉡, ㉣

38. 다음 중 소방교육 및 훈련의 원칙에 해당되지 않는 것은?

① 목적의 원칙
② 교육자 중심의 원칙
③ 현실의 원칙
④ 관련성의 원칙

39 화재감지기가 (a), (b)와 같은 방식의 배선으로 설치되어 있다. (a), (b)에 대한 설명으로 옳지 않은 것은?

① (a)방식으로 설치된 선로를 도통시험할 경우 정상인지 단선인지 알 수 있다.
② (a)방식의 배선방식 목적은 독립된 실에 설치하는 감지기 사이의 단선 여부를 확인하기 위함이다.
③ (b)방식의 배선방식은 독립된 실내 감지기 선로 단선시 도통시험을 통하여 감지기 단선여부를 확인할 수 없다.
④ (b)방식의 배선방식을 송배선방식이라 한다.

40 다음 중 소화기를 점검하고 있다. 옳지 않은 것은?

- 총중량 : 3.3kg
- 주성분 : $NH_4H_2PO_4$
- 능력단위 : A3B5C
- 충전압력 : 0.9MPa(20℃)
- 제조연월 : 2005.11

① 축압식 분말소화기를 점검하고 있다.
② 금속화재에 적응성이 있다.
③ 0.7~0.98MPa 압력을 유지하고 있다.
④ 내용연수 초과로 소화기를 교체해야 한다.

41. 옥내소화전설비의 동력제어반과 감시제어반을 나타낸 것이다. 옳지 않은 것은?

유사문제
25년 문42
24년 문26
24년 문31
24년 문33
24년 문44
24년 문48
23년 문40
23년 문46
22년 문30
22년 문36
22년 문42

교재
166
-167

① 감시제어반은 정상상태로 유지·관리되고 있다.
② 동력제어반에서 주펌프 ON버튼을 누르면 주펌프는 기동하지 않는다.
③ 감시제어반에서 주펌프 스위치를 기동위치로 올리면 주펌프는 기동한다.
④ 동력제어반에서 충압펌프를 자동위치로 돌리면 모든 제어반은 정상상태가 된다.

42. 습식 스프링클러설비 점검을 위하여 시험밸브함을 열었을 때 유지관리 상태(평상시)모습으로 옳은 것은?

유사문제
25년 문31
24년 문32
24년 문45
22년 문43
21년 문50

교재
182
-183

① ㄱ
② ㄴ
③ ㄷ
④ ㄹ

43 성인심폐소생술 중 가슴압박 시행에 해당하는 내용으로 옳은 것은?

① 구조자는 깍지를 낀 두 손의 손바닥 앞꿈치를 가슴뼈(흉골)의 아래쪽 절반 부위에 댄다.
② 양팔을 쭉 편 상태로 체중을 실어서 환자의 몸과 수평이 되도록 가슴을 압박한다.
③ 가슴압박은 분당 100~120회의 속도와 5cm 깊이로 강하고 빠르게 시행한다.
④ 가슴압박시 갈비뼈가 압박되어 부러질 정도로 강하게 실시한다.

44 소방계획의 주요 내용이 아닌 것은?

① 화재예방을 위한 자체점검계획 및 대응대책
② 소방훈련 및 교육에 관한 계획
③ 화재안전조사에 관한 사항
④ 위험물의 저장·취급에 관한 사항

45 (a)와 (b)에 대한 설명으로 옳지 않은 것은?

(a)

(b)

① (a)의 감지기는 할로겐 열시험기로 작동시킬 수 없다.
② (a)의 감지기는 2층에 설치되어 있다.
③ 2층에 화재가 발생했기 때문에 (b)의 발신기 응답표시등에도 램프가 점등되어야 한다.
④ (a)의 상태에서 (b)의 상태는 정상이다.

46 축압식 분말소화기의 점검결과 중 불량내용과 관련이 없는 것은?

①
②
③
④

47 그림은 옥내소화전설비의 방수압력 측정방법이다. ( ) 안에 들어갈 내용으로 옳은 것은?

① (A) 레벨메타, (B) 노즐구경의 $\frac{1}{3}$, (C) 0.25~0.7MPa

② (A) 방수압력측정계, (B) 노즐구경의 $\frac{1}{2}$, (C) 0.17~0.7MPa

③ (A) 레벨메타, (B) 노즐구경의 $\frac{1}{2}$, (C) 0.17~0.7MPa

④ (A) 방수압력측정계, (B) 노즐구경의 $\frac{1}{3}$, (C) 0.1~1.2MPa

48 다음 보기를 참고하여 습식 스프링클러설비의 작동순서를 올바르게 나열한 것은 어느 것인가?

㉠ 화재발생
㉡ 2차측 배관압력 저하
㉢ 헤드 개방 및 방수
㉣ 1차측 압력에 의해 습식 유수검지장치의 클래퍼 개방
㉤ 습식 유수검지장치의 압력스위치 작동 → 사이렌 경보, 감시제어반의 화재표시등, 밸브 개방표시등 점등
㉥ 배관 내 압력저하로 기동용 수압개폐장치의 압력스위치 작동 → 펌프기동

① ㉠ → ㉡ → ㉢ → ㉣ → ㉤ → ㉥
② ㉠ → ㉢ → ㉡ → ㉣ → ㉤ → ㉥
③ ㉠ → ㉣ → ㉤ → ㉢ → ㉡ → ㉥
④ ㉠ → ㉤ → ㉡ → ㉢ → ㉣ → ㉥

49 다음 중 자동심장충격기(AED)의 사용방법(순서로) 옳은 것은?

 ㉠ 전원켜기
 ㉡ 2개의 패드 부착
 ㉢ 심장리듬 분석 및 심장충격 실시
 ㉣ 심폐소생술 시행

① ㉠ – ㉡ – ㉢ – ㉣
② ㉠ – ㉡ – ㉣ – ㉢
③ ㉡ – ㉠ – ㉣ – ㉢
④ ㉡ – ㉠ – ㉢ – ㉣

50 다음의 시험밸브함을 열어 밸브 개방시 측정되어야 할 정상압력(MPa) 범위로 옳은 것은?

① 0.1MPa 이상 1.2MPa 이하
② 0.17MPa 이상 0.7MPa 이하
③ 0.25MPa 이상 0.7MPa 이하
④ 0.7MPa 이상 0.98MPa 이하

제 1 과목

01 주요구조부가 내화구조인 4m 미만의 소방대상물의 제1종 정온식 스포트형 감지기의 설치 유효면적은?

① 60m²
② 70m²
③ 80m²
④ 90m²

02 도통시험을 용이하게 하기 위한 감지기 회로의 배선방식은?

① 송배선식
② 비접지 배선방식
③ 3선식 배선방식
④ 교차회로 배선방식

03 비화재보의 원인과 대책으로 옳지 않은 것은?

① 원인 : 천장형 온풍기에 밀접하게 설치된 경우
   대책 : 기류흐름 방향 외 이격·설치
② 원인 : 담배연기로 인한 연기감지기 동작
   대책 : 흡연구역에 환풍기 등 설치
③ 원인 : 청소불량(먼지·분진)에 의한 감지기 오동작
   대책 : 내부 먼지 제거 후 복구스위치 누름 또는 감지기 교체
④ 원인 : 주방에 비적응성 감지기가 설치된 경우
   대책 : 적응성 감지기(차동식 감지기)로 교체

04 다음 중 물질이 격렬한 산화반응을 함으로써 열과 빛을 발생하는 현상을 무엇이라 하는가?
① 발화
② 인화
③ 연소
④ 화염

05 다음 중 3층인 노유자시설에 적합하지 않은 피난기구는?
① 미끄럼대
② 구조대
③ 피난교
④ 완강기

06 객석통로의 직선부분의 길이가 70m인 경우 객석유도등의 최소 설치개수는?
① 14개
② 15개
③ 16개
④ 17개

07 공기 중에 산소(체적비)는 약 몇 %가 존재하는가?
① 15
② 18
③ 21
④ 23

08 다음 중 제거소화 방법이 아닌 것은?
① 가스화재에서 밸브를 잠금
② 산림화재에서 화염이 진행하는 방향에 있는 나무 등 가연물을 미리 제거
③ 가연물 파괴
④ 불연성 기체의 방출

09 옥외소화전은 소방대상물의 각 부분으로부터 호스접결구까지의 수평거리가 몇 m 이하가 되도록 설치하여야 하며, 호스구경은 몇 mm의 것으로 하여야 하는가?

① 30m, 40mm
② 30m, 65mm
③ 40m, 40mm
④ 40m, 65mm

10 2급 소방안전관리대상물의 소방안전관리자로 선임될 수 있는 자격기준으로 알맞은 것은? (단, 2급 소방안전관리자 자격증을 받은 경우이다.)

① 전기기능사 자격을 가진 사람
② 소방공무원으로 3년 이상 근무한 경력이 있는 사람
③ 경찰공무원으로 2년 이상 근무한 경력이 있는 사람
④ 의용소방대원으로 2년 이상 근무한 경력이 있는 사람

11 해당 소방대상물의 주된 출입구에서 그 내부 전체가 보이는 건축물의 자동화재탐지설비 경계구역 설정 방법기준으로 옳은 것은?

① 하나의 경계구역의 면적은 500m² 이하로, 한 변의 길이는 60m 이하로 할 것
② 하나의 경계구역의 면적은 600m² 이하로, 한 변의 길이는 50m 이하로 할 것
③ 하나의 경계구역의 면적은 1000m² 이하로, 한 변의 길이는 50m 이하로 할 것
④ 하나의 경계구역의 면적은 1000m² 이하로, 한 변의 길이는 60m 이하로 할 것

12 다음 중 벌금이 가장 많은 사람은?

① 갑 : 나는 정당한 사유 없이 소방용수시설을 사용하였어.
② 을 : 나는 화재시 피난명령을 위반하였어.
③ 병 : 나는 불이 번질 우려가 있는 소방대상물의 강제처분을 방해하였어.
④ 정 : 나는 화재안전조사를 정당한 사유 없이 기피하였어.

13. 11층 이상인 다음 건물의 경보상황을 보고 유추할 수 있는 사항은?

① 발화층 및 직상 4개층 경보
② 일제경보
③ 구분경보
④ 직하발화 우선경보

14. 다음 중 점화원에 관한 설명으로 옳지 않은 것은?

① 단열압축 : 기체를 높은 압력으로 압축하면 온도가 상승하는데, 이때 상승한 열에 의한 가연물을 착화시킨다.
② 정전기불꽃 : 물체가 접촉하거나 결합한 후 떨어질 때 양(+)전하와 음(-)전하로 전하의 분리가 일어나 발생한 과잉전하가 물체(물질)에 축적되는 현상
③ 전기불꽃 : 장시간에 집중적으로 에너지가 방사되므로 에너지밀도가 높은 점화원이다.
④ 자연발화 : 물질이 외부로부터 에너지를 공급받지 않아도 온도가 상승하여 발화하는 현상이다.

15. 다음 조건을 참고하여 피난계단수 및 피난계단의 종류를 선정했을 때 옳은 것은?

- 건물의 서측 및 동측에 계단이 하나씩 설치되어 있다.
- 피난시 이동경로는 옥내 → 부속실 → 계단실 → 피난층이다.

① 총 계단수 : 1개, 옥내피난계단
② 총 계단수 : 2개, 옥내피난계단
③ 총 계단수 : 1개, 특별피난계단
④ 총 계단수 : 2개, 특별피난계단

16 다음 중 자체점검에 대한 설명으로 옳은 것은?

① 소방대상물의 규모·용도 및 설치된 소방시설의 종류에 의하여 자체점검자의 자격·절차 및 방법 등을 달리한다.
② 작동점검시 항시 소방시설관리사가 참여해야 한다.
③ 종합점검시 소방시설별 점검장비를 이용하여 점검하지 않아도 된다.
④ 종합점검시 특급, 1급은 연 1회만 실시하면 된다.

17 다음 조건을 참고하여 2단위 분말소화기의 설치개수를 구하면 몇 개인가?

- 용도 : 근린생활시설
- 바닥면적 : 3000m²
- 구조 : 건축물의 주요구조부가 내화구조이고, 내장마감재는 불연재료로 시공되었다.

① 8개
② 15개
③ 20개
④ 30개

18 펌프의 성능곡선에 관한 다음 (   ) 안에 올바른 명칭은?

① ㉠ 정격부하운전점, ㉡ 체절운전점, ㉢ 최대운전점
② ㉠ 체절운전점, ㉡ 정격부하운전점, ㉢ 최대운전점
③ ㉠ 최대운전점, ㉡ 정격부하운전점, ㉢ 체절운전점
④ ㉠ 체절운전점, ㉡ 최대운전점, ㉢ 정격부하운전점

19 다음 사진은 유도등의 점검내용 중 어떤 점검에 해당되는가?

① 예비전원(배터리)점검
② 3선식 유도등점검
③ 2선식 유도등점검
④ 상용전원점검

20 소방기본법에 따른 벌칙이 가장 무거운 것은?

① 정당한 사유 없이 소방대가 현장에 도착할 때까지 사람을 구출하는 조치 또는 불을 끄거나 불이 번지지 아니하도록 하는 조치를 하지 아니한 소방대상물 관계인
② 사람을 구출하는 일 또는 불을 끄거나 불이 번지지 아니하도록 하는 일을 방해한 사람
③ 피난명령을 위반한 자
④ 정당한 사유 없이 소방대의 생활안전활동을 방해한 자

21 소방안전관리자를 선임하지 아니하는 특정소방대상물의 관계인의 업무에 해당하지 않는 것은?

① 화기취급의 감독
② 소방시설 그 밖의 소방관련시설의 관리
③ 자위소방대 및 초기대응체계의 구성·운영·교육
④ 피난시설, 방화구획 및 방화시설의 관리

22 옥외소화전설비의 호스 구경은 몇 mm의 것으로 해야 하는가?

① 25mm
② 40mm
③ 45mm
④ 65mm

[23-25] 다음 소방안전관리대상물의 조건을 보고 다음 각 물음에 답하시오.

구 분	업무시설
용도	근린생활시설
규모	지상 5층, 지하 2층, 연면적 6000m²
설치된 소방시설	소화기, 옥내소화전설비, 자동화재탐지설비
소방안전관리자 현황	자격 : 2급 소방안전관리자 자격취득자
	강습수료일 : 2023년 3월 5일
건축물 사용승인일	2023년 3월 15일

23 소방안전관리자의 선임기간으로 옳은 것은?
① 2023년 4월 13일
② 2023년 4월 28일
③ 2023년 4월 29일
④ 2023년 4월 30일

24 소방안전관리대상물의 등급 및 소방안전관리보조자 선임인원으로 옳은 것은?
① 1급 소방안전관리대상물, 소방안전관리보조자 선임대상 아님
② 1급 소방안전관리대상물, 소방안전관리보조자 1명
③ 2급 소방안전관리대상물, 소방안전관리보조자 선임대상 아님
④ 2급 소방안전관리대상물, 소방안전관리보조자 1명

25 소방안전관리자가 건축물 사용승인일에 선임되었다면 실무교육 최대 이수기한은?
① 2023년 9월 4일
② 2023년 10월 4일
③ 2025년 3월 4일
④ 2025년 11월 4일

26 다음 중 수신기 그림의 화재복구방법으로 옳은 것은?

① 수신기 복구버튼을 누르기 전 발신기 누름스위치를 누르면 수신기가 정상상태로 된다.
② 수신기 내 발신기 응답표시등 소등을 위하여 발신기 누름스위치를 반드시 복구시켜야 한다.
③ 수신기 복구버튼을 누르면 주경종, 지구경종 음향이 멈춘다.
④ 스위치주의등은 발신기 응답표시등 소등시 동시에 소등된다.

27 다음 중 축압식 분말소화기 지시압력계의 정상상태로 옳은 것은?

①   ②

③   ④

28. 그림을 보고 각 내용에 맞게 ○ 또는 ×가 올바르지 않은 것은?

① 감시제어반은 정상상태로 유지관리 되고 있다. (○)
② 동력제어반에서 주펌프 ON버튼을 누르면 주펌프는 기동하지 않는다. (○)
③ 감시제어반에서 주펌프 스위치를 기동위치로 올리면 주펌프는 기동한다. (○)
④ 동력제어반에서 충압펌프를 자동위치로 돌리면 모든 제어반은 정상상태가 된다. (○)

29. 방수압력측정계의 측정된 방수압력과 점검표 작성(㉠~㉡)한 것으로 옳은 것은?

점검번호	점검항목	점검결과
2-C-002	옥내소화전 방수량 및 방수압력 적정 여부	㉠

설비명	점검번호	불량내용
소화설비	2-C-002	㉡

① 방수압력 : 0.1MPa, ㉠ ×, ㉡ 방수압력 미달
② 방수압력 : 0.1MPa, ㉠ ○, ㉡ 방수압력 초과
③ 방수압력 : 0.17MPa, ㉠ ○, ㉡ 방수압력 미달
④ 방수압력 : 0.17MPa, ㉠ ×, ㉡ 방수압력 초과

30. R형 수신기의 운영기록 중 스프링클러설비 밸브의 동작시간으로 옳은 것은?

```
2022.08.01 13:09:20 SVP수동기동스위치 동작
2022.08.01 13:09:23 솔레노이드밸브 동작
2022.08.01 13:09:28 밸브개방확인
2022.08.01 13:09:33 사이렌출력
2022.08.01 13:09:42 충압펌프 PS
2022.08.01 13:09:43 충압펌프 동작
2022.08.01 13:10:11 주펌프 PS
2022.08.01 13:10:12 주펌프 동작
```

① 13 : 09 : 23   ② 13 : 09 : 33
③ 13 : 09 : 28   ④ 13 : 09 : 42

31. 가스계 소화설비의 점검을 위하여 솔레노이드밸브를 분리한 수동조작함을 조작하였다. 다음 결과 중 옳지 않은 것은?

① 감시제어반 연동확인   ② 솔레노이드 격발
③ 방출표시등 점등   ④ 음향장치 작동

32. 그림에 대한 설명으로 옳지 않은 것은?

심장리듬 분석 및 심장충격 실시   즉시 심폐소생술 다시 시행

① 심장리듬 분석 중 심장충격이 필요한 경우 심장충격이 필요하다는 음성지시 후 스스로 설정된 에너지로 충전을 시작한다.
② 심장충격시 주변 사람에게 심장충격 버튼을 누르고 있도록 도움을 요청한다.
③ 심장충격시 심장충격 버튼을 누르기 전에 반드시 다른 사람이 환자에게서 떨어져 있는지 확인한다.
④ 심장충격을 실시한 뒤에는 즉시 가슴압박과 인공호흡을 30 : 2로 다시 시작한다.

33. 예비전원시험에 대한 정상적인 결과로 옳은 것은? (단, 수신기는 정상운영 상태이다.)

①
②
③
④

34. 다음 그림의 소화기 설명으로 옳은 것은?

① 철수 : 고무공장에서 발생하는 화재에 적응성을 갖기 위해서 제1인산암모늄을 주성분으로 하는 분말소화기를 비치하는 것이 맞아.
② 영희 : 소화기는 함부로 사용하지 못하도록 바닥으로부터 1.5m 이상의 위치에 비치해야 해.
③ 민수 : 축압식 분말소화기의 정상압력 범위는 0.6~0.98MPa이야.
④ 지영 : 소화기를 비치할 때는 해당 건물 전체 능력단위의 2분의 1을 넘어선 안돼.

35 그림의 옥내소화전설비 동력 및 감시제어반의 설명으로 옳은 것은?

┃동력제어반┃　　　　　　┃감시제어반┃

① 누군가 옥내소화전을 사용하여 주펌프가 기동하고 있다.
② 배관 내 압력저하가 발생하여 충압펌프가 자동으로 기동하였다.
③ 동력제어반에서 수동으로 충압펌프를 기동시켰다.
④ 감시제어반에서 수동으로 충압펌프를 기동시켰다.

36 다음은 준비작동식 스프링클러설비가 설치되어 있는 감시제어반이다. 그림과 같이 감시제어반에서 충압펌프를 수동기동 했을 경우 옳은 것은?

① 스프링클러헤드는 개방되었다.
② 현재 충압펌프는 자동으로 작동하고 있는 중이다.
③ 프리액션밸브는 개방되었다.
④ 주펌프는 기동하지 않는다.

37 가스계 소화설비의 점검에 대한 다음 물음에 답하시오.

(가) 가스계 소화설비 점검방법 중 그림 A의 솔레노이드밸브를 격발시킬 수 있는 방법으로 옳지 않은 것은?

|그림 A|

㉠ 감지기 A, B 동작
㉡ 솔로노이드 수동조작버튼 누름
㉢ 제어반에서 수동기동스위치 조작
㉣ 제어반에서 도통시험버튼 누름

(나) 가스계 소화설비 점검 중 그림 B 압력스위치를 동작시켰다. 제어반 상태를 보고 옳은 것은?

|그림 B|

|제어반|

① ㉡, ㉢, ㉧
② ㉡, ㉢, ㉥
③ ㉣, ㉢, ㉥, ㉧
④ ㉣, ㉢, ㉦, ㉧

38 다음 보기 중 빈칸의 내용으로 옳은 것은?

성인심폐소생술(가슴압박)
- 위치 : 환자의 가슴뼈(흉골)의 (㉠)절반 부위
- 자세 : 양팔을 쭉 편 상태로 체중을 실어서 환자의 몸과 수직이 되도록 가슴을 압박하고, 압박된 가슴은 완전히 이완되도록 한다.
- 속도 및 깊이 : 성인기준으로 속도는 (㉡)회/분, 깊이는 약 (㉢)cm

① ㉠ 아래쪽, ㉡ 80~100, ㉢ 5
② ㉠ 아래쪽, ㉡ 100~120, ㉢ 5
③ ㉠ 위쪽, ㉡ 80~100, ㉢ 7
④ ㉠ 위쪽, ㉡ 100~120, ㉢ 7

39. 안전관리자 A씨가 근무 중 수신기를 조작한 운영기록이다. 다음 설명 중 옳은 것은?

순번	일시	회선정보	회선설명	동작구분	메시지
1	2022.09.01. 22시 13분 00초	01-003-1	2F 감지기	화재	화재발생
2	2022.09.01. 22시 13분 05초	01-003-1	-	수신기	수신기복구
3	2022.09.01. 22시 17분 07초	01-003-1	2F 감지기	화재	화재발생
4	2022.09.01. 22시 17분 45초	01-003-1	-	수신기	주음향 정지
5	2022.09.01. 22시 17분 47초	01-003-1	-	수신기	지구음향 정지

① A씨는 2F 발신기 오작동으로 인한 화재를 복구한 적이 있다.
② 건물의 4층에서 빈번하게 화재감지기가 작동한다.
③ 운영기록을 보면 건물 2층 감지기 오작동을 예상할 수 있다.
④ 22년 9월 1일에는 주경종 및 지구경종의 음향이 멈추지 않았다.

40. 소화기를 아래 그림과 같이 배치했을 경우, 다음 설명으로 옳지 않은 것은?

① 전산실 : 소화기의 내용연수가 초과하여 소화기를 교체해야 한다.
② 사무실 : 가압식 소화기는 폐기하여야 하며, 축압식 소화기는 정상이다.
③ 공실 : 소화기 압력미달로 교체하여야 한다.
④ 창고 : 법적으로 면적미달로 소화기 미설치 구역이지만, 비치해도 관계없다.

41 평상시 제어반의 상태로 옳지 않은 것을 있는 대로 고른 것은? (단, 설비는 정상상태이며 제시된 조건을 제외하고 나머지 조건은 무시한다.)

|감시제어반 스위치|

|동력제어반 스위치|

① ㉠, ㉡
② ㉠, ㉢, ㉣
③ ㉠, ㉡, ㉣
④ ㉠, ㉡, ㉤

42 다음은 습식 스프링클러설비의 유수검지장치 및 압력스위치의 모습이다. 그림과 같이 압력스위치가 작동했을 때 작동하지 않는 기기는 무엇인가?

① 화재감지기 점등
② 밸브개방표시등 점등
③ 사이렌 동작
④ 화재표시등 점등

43. 다음 빈칸의 내용으로 옳은 것은?

- 환자의 (㉠)를 두드리면서 "괜찮으세요?"라고 소리쳐서 반응을 확인한다.
- 쓰러진 환자의 얼굴과 가슴을 (㉡) 이내로 관찰하여 호흡이 있는 지를 확인한다.

▎반응 및 호흡 확인▎

① ㉠ : 어깨, ㉡ : 1초
② ㉠ : 손바닥, ㉡ : 5초
③ ㉠ : 어깨, ㉡ : 10초
④ ㉠ : 손바닥, ㉡ : 10초

44. P형 수신기가 정상이라면, 평상시 점등상태를 유지하여야 하는 표시등은 몇 개소이고 어디인가?

① 2개소 : 교류전원, 전압지시(정상)
② 2개소 : 교류전원, 축적
③ 3개소 : 교류전원, 전압지시(정상), 축적
④ 3개소 : 교류전원, 전압지시(정상), 스위치주의

45 최상층의 옥내소화전 방수압력을 측정한 후 점검표를 작성했다. 점검표(㉠~㉡) 작성에 대한 내용으로 옳은 것은? (단, 방수압력 측정시 방수압력측정계의 압력은 0.3MPa로 측정되었고, 주펌프가 기동하였다.)

▮방수압력측정계▮   ▮옥내소화전함▮

점검번호	점검항목	점검결과
2-C	펌프방식	
2-C-002	옥내소화전 방수량 및 방수압력 적정 여부	㉠
2-F	함 및 방수구 등	
2-F-002	위치 기동표시등 적정설치 및 정상점등 여부	㉡

① ㉠ : ○, ㉡ : ○   ② ㉠ : ×, ㉡ : ×
③ ㉠ : ×, ㉡ : ○   ④ ㉠ : ○, ㉡ : ×

46 축압식 소화기의 압력게이지가 다음 상태인 경우 판단으로 맞는 것은?

① 압력이 부족한 상태이다.
② 정상압력보다 높은 상태이다.
③ 정상압력을 가르키고 있다.
④ 소화약제를 정상적으로 방출하기 어려울 것으로 보인다.

47. 다음 조건과 같이 주펌프의 압력스위치를 조정하였다. 이에 대한 설명으로 옳은 것은?

1. 가장 높이 설치된 헤드로부터 펌프중심선까지의 낙차를 압력으로 환산한 값 : 0.45MPa
2. 펌프의 양정 : 80m
3. RANGE 및 DIFF 설정값

① 펌프의 정지압력은 0.6MPa로 정상이나, 기동압력이 0.4MPa로 설정이 되어 있어 DIFF값을 0으로 설정해야 한다.
② 펌프의 기동압력은 0.2MPa로 정상이다.
③ RANGE 값을 0.6MPa로 조절해야 한다.
④ 기동압력과 정지압력이 모두 정상이다.

48. 다음 중 그림에 대한 설명으로 옳지 않은 것은?

(a)   (b)

① 철수 : (a) 절차에는 분당 100~120회의 속도로 약 5cm 깊이로 강하고 빠르게 시행해야 해.
② 영희 : 그림에서 보여지는 모습은 심폐소생술 관련 동작이야. 그리고 기본순서로는 가슴압박>기도유지>인공호흡으로 알고 있어.
③ 민수 : 환자 발견 즉시 (a)의 모습대로 30회의 가슴압박과 5회의 인공호흡을 119 구급대원이 도착할 때까지 반복해서 시행해야 해.
④ 지영 : (b)의 응급처치 기기를 사용 시 2개의 패드를 각각 오른쪽 빗장뼈 아래와 왼쪽 젖꼭지 아래의 중간겨드랑선에 부착해야 해.

49 그림과 같이 수신기의 스위치주의등이 점멸하고 있을 경우 수신기를 정상으로 복구하는 방법으로 옳은 것은?

① 수신기의 복구 버튼을 누른다.
② 조작스위치가 정상위치에 있지 않은 스위치를 찾아 정상위치 시킨다.
③ 스위치주의등이 복구될 때까지 기다린다.
④ 수신기의 예비전원 버튼을 누른다.

50 습식 스프링클러설비에서 알람밸브 2차측 압력이 저하되어 클래퍼가 개방(작동)되면 어떤 상황이 발생되는가?

① 압력수 유입으로 압력스위치가 동작된다.
② 다량의 물 유입으로 클래퍼 개방이 가속화된다.
③ 지연장치에 의해 설정시간지연 후 압력스위치가 작동된다.
④ 말단시험밸브를 개방하여 가압수를 배출시킨다.

" 다른 사람의 경주를 뛰지 말고, 자신만의 달리기를 완주하라.
- 조엘 오스틴 - "

2019년 기출문제

제 1 과목

01 방염의 필요성에 대한 설명으로 틀린 것은?
① 연소확대 방지와 지연
② 피난시간 확보
③ 실의 구획화
④ 인명 및 재산피해 감소

02 방염성능기준 이상의 실내장식물을 설치해야 할 장소를 모두 고른 것은?

㉠ 한방병원
㉡ 교육연구시설 중 합숙소
㉢ 근린생활시설 중 의원
㉣ 노유자시설
㉤ 문화 및 집회시설

① ㉠, ㉡
② ㉠, ㉡, ㉢
③ ㉠, ㉡, ㉣, ㉤
④ ㉠, ㉡, ㉢, ㉣, ㉤

03 실무교육을 받지 아니한 소방안전관리자 및 소방안전관리보조자의 벌칙은?
① 500만원 이하의 과태료
② 300만원 이하의 과태료
③ 200만원 이하의 과태료
④ 100만원 이하의 과태료

04 소방안전관리자의 선임 및 벌칙에 대한 설명으로 옳지 않은 것은?

① 소방안전관리자 또는 소방안전관리보조자를 선임하지 아니한 자는 300만원 이하의 벌금에 처한다.
② 선임된 날로부터 6개월 이내, 그 이후 2년마다 1회의 실무교육을 받아야 한다.
③ 소방안전관리자 선임신고를 하지 아니한 자는 300만원 이하의 과태료 부과대상이다.
④ 소방안전관리자가 실무교육을 받지 아니한 때 1년 이하의 기간을 정하여 자격을 정지시킬 수 있다.

05 정전기에 의한 재해를 방지하기 위한 예방대책으로 틀린 것은?

① 정전기의 발생이 우려되는 장소에 접지시설을 한다.
② 실내의 공기를 이온화하여 정전기의 발생을 예방한다.
③ 정전기는 습도가 높거나 압력이 낮을 때 많이 발생하므로 습도를 70% 이상으로 한다.
④ 전기저항이 큰 물질은 대전이 용이하므로 전도체 물질을 사용한다.

06 화재에서 화염의 접촉 없이 연소가 확산되는 현상으로 화재현장에서 인접건물을 연소시키는 주된 원인은 무엇인가?

① 전도
② 대류
③ 비화
④ 복사

07 물과 반응하여 강한 수소를 발생시키기 때문에 화재시 마른 모래(건조사) 등을 사용해야 하는 화재는?

① A급 화재
② B급 화재
③ C급 화재
④ D급 화재

08. 할론소화기의 소화방법으로 틀린 것은?

- ㉠ 제거소화
- ㉡ 질식소화
- ㉢ 냉각소화
- ㉣ 억제소화

① ㉠ ② ㉡, ㉢
③ ㉢, ㉣ ④ ㉣

09. 분말소화약제의 효과는?

① 냉각효과, 질식효과
② 질식효과, 억제(부촉매)효과
③ 냉각효과, 억제(부촉매)효과
④ 질식효과, 제거효과

10. 산소를 함유하거나 산소를 발생시키는 위험물을 모두 고른 것은?

- ㉠ 제1류 위험물
- ㉡ 제2류 위험물
- ㉢ 제3류 위험물
- ㉣ 제4류 위험물
- ㉤ 제5류 위험물
- ㉥ 제6류 위험물

① ㉠, ㉡, ㉤ ② ㉠, ㉣, ㉥
③ ㉠, ㉤, ㉥ ④ ㉡, ㉣, ㉤

11. 전기화재 예방요령으로 틀린 것을 모두 고른 것은?

- ㉠ 사용하지 않는 기구는 전원을 끄고 플러그를 꽂아둔다.
- ㉡ 과전류 차단장치를 설치한다.
- ㉢ 퓨즈를 사용하고 끊어질 경우 그 원인을 조치한다.
- ㉣ 비닐장판 밑으로 전선이 보이지 않게 정리하여 넣어둔다.

① ㉠ ② ㉠, ㉣
③ ㉡, ㉢ ④ ㉡, ㉢, ㉣

12 연료가스의 종류와 특성에 대한 설명으로 옳지 않은 것은?

① 액화석유가스는 연소기 또는 관통부로부터 수평거리 4m 이내의 위치에 가스누설경보기를 설치한다.
② 액화천연가스의 비중은 1.5~2이다.
③ 증기비중이 1보다 큰 가스의 경우 탐지기의 상단은 바닥면의 상방 30cm 이내의 위치에 설치한다.
④ 가스누설경보기는 가스의 누출현상이 나타나면 자동적으로 경보를 발한다.

13 판매시설의 용도로 사용하는 바닥면적이 2000m²이고, 내화구조로 되어 있고 벽 및 반자는 난연재료로 되어 있다. 소화기의 능력단위가 B2일 때 판매시설에 필요한 분말소화기의 개수는 최소 몇 개인가?

① 5개
② 10개
③ 15개
④ 20개

14 물분무등소화설비가 아닌 것은?

① 미분무소화설비
② 포소화설비
③ 분말소화설비
④ 옥외소화전설비

15 다음 중 소화용수설비의 설명으로 옳은 것은?

① 화재발생 사실을 통보하는 기계·기구 또는 설비
② 화재가 발생할 경우 피난하기 위하여 사용하는 기구 또는 설비
③ 화재를 진압하는 데 필요한 물을 공급하거나 저장하는 설비
④ 화재를 진압하거나 인명구조 활동을 위하여 사용하는 설비

16 스프링클러설비의 종류 중 화재감지기가 별도로 필요한 것은?

① 습식 스프링클러설비, 건식 스프링클러설비
② 건식 스프링클러설비, 준비작동식 스프링클러설비
③ 습식 스프링클러설비, 일제살수식 스프링클러설비
④ 준비작동식 스프링클러설비, 일제살수식 스프링클러설비

17 그림과 같은 주요구조부가 내화구조로 된 어느 건축물에 차동식 스포트형 1종 감지기를 설치하고자 한다. 감지기의 최소 설치개수는? (단, 감지기의 부착높이는 6m이다.)

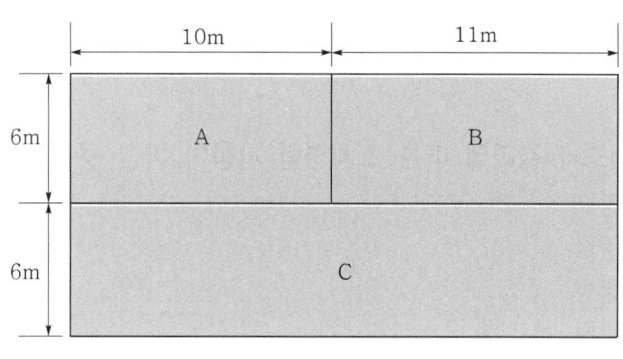

① 5 ② 6
③ 7 ④ 8

18 다음 보기는 준비작동식 스프링클러설비의 작동순서를 나타낸다. 작동순서로 옳은 것은?

㉠ 화재발생
㉡ 감지기 A and B 감지기 작동 또는 수동기동장치(SVP) 작동
㉢ 준비작동식 유수검지장치 작동
㉣ 교차회로방식의 A or B 감지기 작동(경종 또는 사이렌 경보, 화재표시등 점등)
㉤ 배관 내 압력저하로 기동용 수압개폐장치의 압력스위치 작동 → 펌프 기동
㉥ 2차측으로 급수
㉦ 헤드 개방, 방수

① ㉠ → ㉣ → ㉡ → ㉢ → ㉥ → ㉦ → ㉤
② ㉠ → ㉣ → ㉥ → ㉤ → ㉡ → ㉢ → ㉦
③ ㉠ → ㉡ → ㉢ → ㉥ → ㉣ → ㉦ → ㉤
④ ㉠ → ㉡ → ㉢ → ㉥ → ㉣ → ㉤ → ㉦

19 다음 중 이산화탄소소화설비의 장점이 아닌 것은?
① 가연물 외부에서 연소하는 표면화재에 적합하다.
② 화재진화 후 깨끗하다.
③ 피연소물에 피해가 적다.
④ 비전도성이므로 전기화재에 좋다.

20 다음 중 건식 스프링클러설비의 구성요소가 아닌 것은?

① 가속기
② 공기배출기
③ 압력스위치
④ 리타딩챔버

21 화재안전조사 결과에 따른 조치명령 사항이 아닌 것은?

① 재축명령
② 개수명령
③ 제거명령
④ 이전명령

22 유도등의 3선식 배선시 자동으로 점등되는 경우가 아닌 것은?

① 자동화재탐지설비의 감지기 또는 발신기가 작동되는 때
② 비상경보설비의 발신기가 작동되는 때
③ 상용전원이 정전되거나 전원선이 단락되는 때
④ 자동소화설비가 작동되는 때

23 5년 이하의 징역 또는 5천만원 이하의 벌금으로 옳지 않은 것은?

① 위력을 사용하여 출동한 소방대의 화재진압·인명구조 또는 구급활동을 방해하는 행위
② 화재가 발생하거나 불이 번질 우려가 있는 소방대상물의 강제처분을 방해한 자
③ 출동한 소방대원에게 폭행 또는 협박을 행사하여 화재진압·인명구조 또는 구급활동을 방해하는 행위
④ 출동한 소방대의 소방장비를 파손하거나 그 효용을 해하여 화재진압·인명구조 또는 구급활동을 방해하는 행위

24 다음 중 객석유도등 설치대상이 아닌 것은?

① 카바레
② 나이트클럽
③ 종교시설
④ 지하역사

25. 층수가 17층인 특정소방대상물(아파트 제외)의 소방안전관리대상물로서 옳지 않은 것은?

① 30층 이상(지하층 포함)인 아파트
② 지상으로부터 높이가 120m 이상인 아파트
③ 연면적 15000m² 이상인 특정소방대상물(아파트 제외)
④ 가연성 가스를 1000톤 이상 저장·취급하는 시설

26. 건물 내 2F에서 발신기 오작동이 발생하였다. 수신기의 상태로 볼 수 있는 것으로 옳은 것은? (단, 건물은 직상 4개층 경보방식이다.)

①

②

③

④

27 다음 중 옥내소화전설비의 방수압력 측정조건 및 방법으로 옳은 것은?

① 반드시 방사형 관창을 이용하여 측정해야 한다.
② 방수압력측정계는 노즐의 선단에서 근접$\left(노즐 구경의 \frac{1}{2}\right)$하여 측정한다.
③ 방수압력 측정시 정상압력은 0.15MPa 이하로 측정되어야 한다.
④ 방수압력측정계로 측정할 경우 물이 나가는 방향과 방수압력측정계의 각도는 상관없다.

28 습식 스프링클러설비 점검 그림이다. 점검시 스프링클러설비의 상태로 옳지 않은 것은? (단, 설비는 정상상태이며, 제시된 조건을 제외하고 나머지 조건은 무시한다.)

∥3층 말단시험밸브 모습∥

① 감지기 동작
② 알람밸브 동작
③ 주, 충압펌프 동작
④ 사이렌 동작

소방분야 NO.1 공하성 저자직강!

정확한 출제경향 분석으로
합격을 압도하라!

공하성 교수

23년 연속 판매 1위

성안당 e러닝 bm.cyber.co.kr

소방설비기사 전기X기계 자격증 모두 취득하고 싶다면?

소방설비기사 전기X기계 쌍기사 평생연장반
~~137만원~~ → **54만 9천원**

합격할 때까지 평생 수강

수강료 부담은 덜고, 수강기간은 x2배, 더 커진 혜택!

소방설비기사 x2 연장반
※ 전기 분야, 기계 분야 별도

수강료: **399,000원**
원 수강기간 180일 + 수강연장 180일 쿠폰 제공

총 360일 수강 가능

정확한 출제경향이 곧 합격의 지름길!

Package
소방설비기사 필기 [이론 및 과년도 문제풀이]

수강기간 100일 + 보너스 30일 = **총 130일 수강 가능**
수강료 : **180,000원**
(전기분야·기계분야 동일)

합격의 Key, 도면 완전 정복

Package
소방설비기사 실기 [이론 및 과년도 문제풀이]

수강기간 180일 + 보너스 30일 = **총 210일 수강 가능**
수강료 : **280,000원**
(전기분야·기계분야 동일)

통 큰 할인이 기다립니다. 단체교육(기업/기관) 문의 031-950-6332

성안당 e러닝에서 합격을 준비하세요!
합격이 쉬워집니다.

공하성 교수

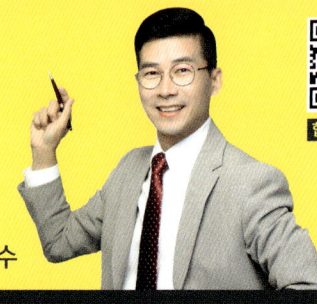
합격전략 보기

성안당 e러닝 bm.cyber.co.kr

소방설비산업기사

꼼꼼한 족집게 강좌로 한방에 합격하자!

Package
소방설비산업기사 필기+실기

수강기간 130일 + 보너스 30일 = **총 160일 수강 가능**
수강료 : **280,000원**
(전기분야·기계분야 동일)

과락 없는 시원한 합격!

Package
소방설비산업기사 필기 [이론 및 과년도 문제풀이]

수강기간 100일 + 보너스 30일 = **총 130일 수강 가능**
수강료 : **130,000원**
(전기분야·기계분야 동일)

어려운 도면도 술술 풀리는

소방설비산업기사 실기 [이론 및 과년도 문제풀이]

수강기간 100일 + 보너스 30일 = **총 130일 수강 가능**
수강료 : **200,000원**
(전기분야·기계분야 동일)

소방시설관리사

쉽다! 빠르다! 확실하다!

소방시설관리사 1차+2차 대비

합격할 때까지 평생 수강 가능!
수강료 : **850,000원**

기술이 있는 내일은 결코 두렵지 않다! 단체교육(기업/기관) 문의 031-950-6332

29. 다음 중 심폐소생술(CPR)과 자동심장충격기(AED) 사용 순서로 옳은 것은?

① 반응 확인 → 119 신고 → 심장리듬 분석 → 인공호흡
② 119 신고 → 인공호흡 → 심장리듬 분석 → 가슴압박
③ 119 신고 → 가슴압박 → 반응 확인 → 심장리듬 분석
④ 반응 확인 → 119 신고 → 가슴압박 → 심장리듬 분석

30 수신기의 예비전원시험을 진행한 결과 다음과 같이 수신기의 표시등이 점등되었을 때, 조치사항으로 옳은 것은?

① 축적스위치를 누름
② 복구스위치를 누름
③ 예비전원 시험스위치 불량여부 확인
④ 예비전원 불량여부 확인

31 동력제어반 상태를 확인하여 감시제어반의 예상되는 모습으로 옳은 것은? (단, 현재 감시제어반에서 펌프를 수동 조작하고 있음)

유사문제
24년 문37
23년 문49
22년 문30
22년 문36

교재
166
-167

①
②
③
④

32 다음 그림의 밸브가 개방(작동)되는 조건으로 옳지 않은 것은?

| 프리액션밸브 |

① 방화문 감지기 동작
② SVP(수동조작함) 수동조작 버튼 기동
③ 감시제어반에서 동작시험
④ 감시제어반에서 수동조작

33 다음 그림 중 심폐소생술(CPR) 순서로 옳은 것은?

34. 계단감지기 점검시 수신기에 나타나는 모습으로 옳은 것은?

유사문제
24년 문42
22년 문46
21년 문33
20년 문26

교재 219

①

②

③

④

35 아래와 같이 옥내소화전 설비의 감시제어반이 유지되고 있다. 다음 중 주펌프를 수동기동하는 방법(㉠, ㉡, ㉢)과 이때 감시제어반에서 작동되는 음향장치(㉣)를 올바르게 나열한 것은? (단, 설비는 정상상태이며 제시된 조건을 제외한 나머지 조건은 무시한다.)

① ㉠ 연동, ㉡ 기동, ㉢ 정지, ㉣ 사이렌
② ㉠ 연동, ㉡ 정지, ㉢ 정지, ㉣ 부저
③ ㉠ 수동, ㉡ 기동, ㉢ 정지, ㉣ 부저
④ ㉠ 수동, ㉡ 기동, ㉢ 정지, ㉣ 사이렌

36 다음은 인공호흡에 관한 내용이다. 보기 중 옳은 것을 있는 대로 고른 것은?

| 인공호흡 |

㉠ 턱을 목 아래쪽으로 내려 공기가 잘 들어가도록 해준다.
㉡ 머리를 젖혔던 손의 엄지와 검지로 환자의 코를 잡아서 막고, 입을 크게 벌려 환자의 입을 완전히 막은 후 가슴이 올라올 정도로 1초에 걸쳐서 숨을 불어 넣는다.
㉢ 숨을 불어 넣을 때에는 환자의 가슴이 부풀어 오르는지 눈으로 확인하고 공기가 배출되도록 해야 한다.
㉣ 인공호흡이 꺼려지는 경우에는 가슴압박만 시행할 수 있다.

① ㉠
② ㉡
③ ㉡, ㉣
④ ㉠, ㉢

37

그림 A의 밸브를 화살표 방향으로 내렸을 때 그림 B와 같이 감시제어반에 표시되었다. 감시제어반 상태에 대한 설명으로 옳은 것은? (단, 설비는 정상상태이며 제시된 조건을 제외한 나머지 조건은 무시한다.)

유사문제
24년 문45
23년 문35
22년 문43
19년 문28

교재 182

| 그림 A |

| 그림 B |

① 주펌프 및 충압펌프는 정상적으로 동작하고 있다.
② 화재표시등이 꺼져있다.
③ 알람밸브는 개방되어 있지 않다.
④ 자동/수동 선택스위치는 현재 수동에 위치하고 있다.

38

그림의 수신기에 대하여 올바르게 이해하고 있는 사람은?

유사문제
24년 문28
24년 문39
22년 문46
21년 문33
20년 문26
19년 문34

교재 223

① 김씨 : 현재 전력은 안정적으로 공급되고 있네요.
② 이씨 : 전력공급이 불안정할 때는 예비전원스위치를 눌러서 전원을 공급해야 해.
③ 박씨 : 예비전원 배터리에 문제가 있을 것으로 예상되므로 예비전원을 교체해야 해.
④ 최씨 : 정전, 화재 등 비상시 소방설비가 정상적으로 작동될거야.

39 다음 옥내소화전(감시 또는 동력)제어반에서 주펌프를 수동으로 기동시키기 위하여 보기에서 조작해야 할 스위치로 옳은 것은? (단, 설비는 정상상태이며 제시된 조건을 제외한 나머지 조건은 무시한다.)

| 감시제어반 | 동력제어반 |

① ㉠만 수동으로 조작
② ㉠은 연동에 두고 ㉡을 기동으로 조작
③ ㉢을 수동으로 두고 기동버튼 누름
④ ㉣을 수동으로 두고 기동버튼 누름

40 추운 곳에 설치하기 곤란한 스프링클러설비는?
① 습식
② 건식
③ 준비작동식
④ 일제살수식

41

그림은 자동화재탐지설비 수신기의 작동 상태를 나타낸 것이다. 보기 중 옳은 것을 있는 대로 고른 것은?

㉠ 도통시험을 실시하고 있으며 좌측 구역은 단선이다.
㉡ 화재통보기기는 발신기이다.
㉢ 스위치주의등이 점멸되지 않는 것은 조작 스위치가 눌러져 작동된 상태를 나타낸다.
㉣ 수신기의 전원상태는 이상이 없다.

① ㉠, ㉡ ② ㉡, ㉢
③ ㉢, ㉣ ④ ㉡, ㉣

42

펌프성능시험을 위해 그림과 같이 펌프를 작동하였다. 다음 그림에 대한 설명으로 옳지 않은 것은? (단, 설비는 정상상태이며 제시된 조건을 제외한 나머지 조건은 무시한다.)

① 기동용 수압개폐장치(압력챔버) 주펌프 압력스위치는 미작동 상태이다.
② 감시제어반의 주펌프 스위치를 정지위치로 내리면 주펌프는 정지한다.
③ 현재 주펌프는 자동으로, 충압펌프는 수동으로 작동하고 있다.
④ 감시제어반 충압펌프 기동확인등이 소등되어 있으므로 불량이다.

43.

그림은 P형 수신기의 도통시험을 위하여 도통시험 버튼 및 회로 3번 시험버튼을 누른 모습이다. 점검표 작성 내용으로 옳은 것은? (단, 회로 1, 2, 4, 5번의 점검결과는 회로 3번 결과와 동일하다.)

점검항목	점검내용	점검결과	
		결과	불량내용
수신기 도통시험	회로 정상 여부	㉠	㉡

① ㉠ ×, ㉡ 회로 1,2번의 단선 여부를 확인할 수 없음
② ㉠ ○, ㉡ 이상 없음
③ ㉠ ×, ㉡ 1번 회로 단선
④ ㉠ ○, ㉡ 회로 3번은 정상, 나머지 회선은 단선

44 다음 중 그림 A~C에 대한 설명으로 옳지 않은 것은?

| 그림 A |

| 그림 B |

| 그림 C |

① 그림 A를 봤을 때 2층의 도통시험 결과가 정상임을 알 수 있다.
② 그림 A를 봤을 때 스위치 주의표시등이 점등된 것은 정상이다.
③ 그림 B를 봤을 때 3층의 도통시험 결과 단선임을 알 수 있다.
④ 그림 C를 봤을 때 모든 경계구역은 단선이다.

45 다음 옥내소화전 감시제어반 스위치 상태를 보고 옳은 것을 고르시오.

① 충압펌프를 수동으로 기동 중이다.
② 주펌프를 수동으로 기동 중이다.
③ 충압펌프를 자동으로 기동 중이다.
④ 주펌프는 자동으로 기동 중이다.

46 그림은 옥내소화전 감시제어반 중 펌프제어를 위한 스위치의 예시를 나타낸 것이다. 평상시 및 펌프점검시 스위치 위치에 대한 설명으로 옳은 것만 보기에서 있는대로 고른 것은?

㉠ 평상시 펌프선택스위치는 '수동' 위치에 있어야 한다.
㉡ 평상시 주펌프스위치는 '기동' 위치에 있어야 한다.
㉢ 펌프 수동기동시 펌프 선택스위치는 '수동'에 있어야 한다.

① ㉠
② ㉢
③ ㉠, ㉡
④ ㉠, ㉡, ㉢

47 다음 중 수신기 그림의 설명을 옳은 것은?

① 스위치 주의표시등이 점등되어 있으므로 119에 신속히 신고한다.
② 스위치 주의표시등이 점등되어 있으므로 화재 위치를 확인하여 조치한다.
③ 스위치 주의표시등이 점등되어 있으므로 스위치상태를 확인하여 정상위치에 놓는다.
④ 스위치 주의표시등이 점등되어 있으므로 예비전원 상태를 확인한다.

48 옥내소화전 방수압력시험에 필요한 장비로 옳은 것은?

①

②

③

④

49 다음 자동화재탐지설비 점검시 5층의 선로 단선을 확인하는 순서로 옳은 것을 있는대로 고른 것은?

① 주경종 버튼 누름 → 5층 회로시험 누름
② 화재시험 버튼 누름 → 5층 회로시험 누름
③ 축적 버튼 누름 → 5층 회로시험 누름
④ 도통시험 버튼 누름 → 5층 회로시험 버튼 누름

50 그림과 같은 펌프를 기동하여 소화를 하려고 하는데 가압수가 나오지 않는 경우는 어떤 경우인가?

① ㉠ 개폐표시형 개폐밸브를 폐쇄하였을 때
② ㉡ 유량조절밸브를 폐쇄하였을 때
③ ㉢ 개폐밸브를 폐쇄하였을 때
④ ㉣ 배수밸브를 폐쇄하였을 때

2018년 기출문제

정답 및 해설은 여기로!
정답 및 해설 p. 2-106

제 **1** 과목

정답 및 해설은 여기로!
정답 및 해설 p. 2-106

01 다음 중 화기취급 작업절차 중 안전조치의 업무내용이 아닌 것은?
① 가연물 이동 및 보호조치
② 소방시설 작동 확인
③ 용접·용단장비·보호구 점검
④ 화기취급 감독

02 지정수량이란 위험물의 (　　)로 위험성을 고려하여 대통령령이 정하는 수량으로서 제조소 등의 설치허가 등에 있어서 (　　)이 되는 수량이다. (　　) 안에 들어갈 말로 옳게 짝지어진 것은?
① 종류별, 최고기준
② 수량별, 최저기준
③ 수량별, 최고기준
④ 종류별, 최저기준

03 LPG의 탐지기의 설치위치로 옳은 것은?
① 하단은 천장면의 하방 30cm 이내에 위치
② 상단은 천장면의 하방 30cm 이내에 위치
③ 하단은 바닥면의 상방 30cm 이내에 위치
④ 상단은 바닥면의 상방 30cm 이내에 위치

04 다음 중 방염성능기준 이상의 실내장식물을 설치하여야 할 장소로서 틀린 것은?
① 다중이용업소
② 숙박이 가능한 수련시설
③ 방송통신시설 중 전화통신용 시설
④ 근린생활시설 중 체력단련장

05 다음 중 200만원 이하의 과태료 처분에 해당되지 않는 것은?
① 소방자동차의 출동에 지장을 준 자
② 기간 내에 소방훈련 및 교육결과를 제출하지 아니한 자
③ 소방안전관리자 선임을 하지 아니한 자
④ 소방안전관리자의 성명 등을 게시하지 아니한 자

06 소방기본법 용어 정의 중 소방대상물이 아닌 것은?
① 건축물
② 차량
③ 선박(항해 중인 선박)
④ 선박건조구조물

07 종합점검 대상인 특정소방대상물의 작동점검을 실시하고자 한다. 이때 종합점검을 받은 달부터 몇 월이 되는 달에 실시하여야 하는가?
① 1월
② 6월
③ 8월
④ 10월

08 다음 중 제5류 위험물의 특성이 아닌 것은?
① 가연성으로 산소를 함유하여 자기연소
② 가열, 충격, 마찰 등에 의해 착화, 폭발
③ 연소속도가 매우 빨라서 소화 곤란
④ 주수소화가 불가능한 것이 대부분임

09 누전차단기를 설치하고 동작 여부 확인은 어떻게 해야 하는가?
① 월 1~2회 동작 여부를 확인한다.
② 월 3~4회 동작 여부를 확인한다.
③ 연 1~2회 동작 여부를 확인한다.
④ 연 3~4회 동작 여부를 확인한다.

10 연료가스 중 부탄의 폭발범위로 옳은 것은?
① 1.5~2%
② 1.8~8.4%
③ 2.1~9.5%
④ 5~15%

11 가연성 물질의 구비조건으로 옳은 것은?
① 화학반응을 일으킬 때 필요한 활성화에너지값이 커야 한다.
② 일반적으로 산화되기 쉬운 물질로서 산소와 결합할 때 발열량이 커야 한다.
③ 열의 축적이 용이하도록 열전도의 값이 커야 한다.
④ 산소와 접촉할 수 있는 표면적이 작은 물질이어야 한다.

12 화재에서 화염의 접촉 없이 연소가 확산되는 현상으로 화재현장에서 인접건물을 연소시키는 주된 원인은 무엇인가?
① 전도
② 대류
③ 복사
④ 비화

13 화재로 오인할 만한 우려가 있는 불을 피우거나 연막소독을 실시하고자 하는 자가 신고를 하지 아니하여 소방자동차를 출동하게 한 자의 벌칙은?
① 20만원 이하의 과태료
② 50만원 이하의 과태료
③ 100만원 이하의 벌금
④ 200만원 이하의 과태료

14. 발화점에 대한 설명으로 틀린 것은?

① 외부의 직접적인 점화원 없이 가열된 열의 축적에 의하여 발화에 이르는 최저의 온도를 말한다.
② 점화원이 없는 상태에서 가연성 물질을 공기 또는 산소 중에서 가열함으로써 발화되는 최저온도를 말한다.
③ 발화점이 높을수록 위험하다.
④ 발화점은 보통 인화점보다 수백도가 높은 온도이다.

15. 다음 중 제1류 위험물의 특성으로 옳은 것은?

① 강산화제로서 다량의 산소 함유
② 저온착화하기 쉬운 가연성 물질
③ 물과 반응하거나 자연발화에 의해 발열 또는 가연성 가스 발생
④ 대부분 물보다 가볍고, 증기는 공기보다 무거움

16. 다음 중 300만원 이하의 과태료 처분에 해당되지 않는 것은?

① 방염대상물품을 방염성능기준 이상으로 설치하여야 하는 규정을 위반한 자
② 소방훈련 및 교육을 하지 아니한 자
③ 소방안전관리자 선임신고를 하지 아니한 자 또는 소방안전관리자의 성명 등을 게시하지 아니한 자
④ 소방안전관리업무를 하지 아니한 특정소방대상물의 관계인 또는 소방안전관리자

17. 연소점은 일반적으로 인화점보다 대략 몇 도 정도 높은 온도에서 연소상태가 5초 이상 유지될 수 있는 온도를 말하는가?

① 5℃
② 10℃
③ 15℃
④ 20℃

18 소방관계법에 의한 무창층의 정의는 지상층 중 개구부면적의 합계가 해당층 바닥면적의 $\frac{1}{30}$ 이하가 되는 층을 말하는데, 여기서 말하는 개구부의 요건으로 틀린 것은?

① 크기는 지름 50cm 이상의 원이 내접할 수 있는 크기일 것
② 도로 또는 차량이 진입할 수 있는 빈터를 향할 것
③ 해당층의 바닥면으로부터 개구부 밑부분까지의 높이가 1.5m 이내일 것
④ 내부 또는 외부에서 쉽게 부수거나 열 수 있을 것

19 특정소방대상물의 소방안전관리에 관한 사항으로 소방안전관리자의 선임연기 신청 자격이 있는 사람을 모두 고른 것은?

> ㉠ 특급 소방안전관리대상물의 관계인
> ㉡ 1급 소방안전관리대상물의 관계인
> ㉢ 2급 소방안전관리대상물의 관계인
> ㉣ 3급 소방안전관리대상물의 관계인

① ㉠, ㉡
② ㉠, ㉢
③ ㉢, ㉣
④ ㉡, ㉢

20 다음 중 제2류 위험물의 특성으로 옳은 것은?

① 저온착화하기 쉬운 가연성 물질
② 가열, 충격, 마찰 등에 의해 분해, 산소방출
③ 용기 파손 또는 누출에 주의
④ 연소속도가 매우 빨라서 소화곤란

21 소방기본법에 따른 한국소방안전원의 설립목적 및 업무가 아닌 것은?

① 소방기술과 안전관리에 관한 교육
② 위험물안전관리법에 따른 탱크안전성능시험
③ 교육·훈련 등 행정기관이 위탁하는 업무의 수행
④ 소방안전에 관한 국제협력

22. 다음 중 화재의 종류와 소화방법이 올바른 것은?
① A급 화재 : 마른모래
② B급 화재 : 수계소화약제
③ C급 화재 : 이산화탄소소화약제
④ D급 화재 : 수계소화약제

23. 방염에 있어서 현장처리물품의 성능검사 실시기관은?
① 행정안전부장관
② 소방청장
③ 소방본부장
④ 관할소방서장

24. 다음 중 화재안전조사에 대한 설명으로 옳은 것은?
① 소방관서장으로 하여금 관할구역에 있는 소방대상물, 관계지역 또는 관계물에 대하여 소방시설 등이 소방관계법령에 적합하게 설치·관리되고 있는지 조사하는 것이다.
② 관계공무원으로 하여금 관리상황을 조사하게 할 수 있다.
③ 한국가스공사와 합동조사반을 편성하여 실시할 수 있다.
④ 화재안전조사 항목에 위험물 제조·저장·취급 등 안전관리에 관한 사항이 포함된다.

25. 다음 보기를 보고 옳은 것은? (단, 해당 소방안전관리자 자격증을 받은 경우이다.)

- 업무시설로서 연면적 40000m²
- 지하 1층, 지상 5층
- 3층에 옥내소화전설비가 설치되어 있음

① 소방안전관리자 1명, 소방안전관리보조자 3명이 필요하다.
② 위 건물은 관리의 권원이 분리된 특정소방대상물의 소방안전관리자가 필요하다.
③ 소방공무원으로 7년 이상된 경력자가 선임자격이 있다.
④ 가연성 가스를 100톤 이상 1000톤 미만 저장·취급하는 시설과 같은 소방안전관리자 선임대상물이다.

제 ② 과목

26 다음은 소화기점검 중 호수·혼·노즐에 대한 그림이다. 그림과 내용이 맞는 것은?

| 그림 A |

| 그림 B |

| 그림 C |

| 그림 D |

호스 탈락, 호스 파손, 노즐 파손, 혼 파손

① 호스 탈락－그림 A, 호스 파손－그림 B, 노즐 파손－그림 C, 혼 파손－그림 D
② 호스 탈락－그림 B, 호스 파손－그림 A, 노즐 파손－그림 C, 혼 파손－그림 D
③ 호스 탈락－그림 C, 호스 파손－그림 D, 노즐 파손－그림 A, 혼 파손－그림 B
④ 호스 탈락－그림 D, 호스 파손－그림 C, 노즐 파손－그림 A, 혼 파손－그림 B

27 화재시 일반적 피난행동으로 옳지 않은 것은?

① 유도등, 유도표지를 따라 대피한다.
② 출입문을 열기 전 손잡이가 뜨거우면 문을 열지 말고 다른 길을 찾는다.
③ 아파트의 경우 세대 밖으로 나가기 어려울 경우 세대 사이에 설치된 대피공간을 통해 옆세대로 대피한다.
④ 탈출한 경우에는 절대로 다시 화재건물로 들어가지 않는다.

28 화상의 분류 중 부분층화상(2도 화상)에 대한 설명으로 옳지 않은 것은?

① 피부의 두 번째 층까지 화상으로 손상되어 심한 통증과 발적이 생긴다.
② 수포가 발생하므로 표피가 얼룩얼룩하게 되고 진피의 모세혈관이 손상된다.
③ 물집이 터져 진물이 나고 감염의 위험이 있다.
④ 피부에 체액이 통하지 않아 화상부위는 건조하며 통증이 없다.

29 자동화재탐지설비에서 P형 수신기의 회로도통시험시 회로선택스위치가 로터리방식으로 전압계가 있는 경우 정상은 몇 V를 가리키는가?

① 0V
② 4~8V
③ 20~24V
④ 40~48V

30 소방교육 및 훈련의 원칙 중 동기부여의 원칙에 해당되지 않는 것은?

① 교육의 중요성을 전달해야 한다.
② 사회적 상호작용을 제공해야 한다.
③ 교육에 재미를 부여해야 한다.
④ 한 번에 한 가지씩 습득 가능한 분량을 교육시킨다.

31 소방계획의 수립절차에 관한 사항 중 2단계(위험환경분석)의 순서로 옳은 것은?

① 위험환경 식별 → 위험환경 분석·평가 → 위험경감대책 수립
② 위험환경 분석·평가 → 위험환경 식별 → 위험경감대책 수립
③ 위험환경 식별 → 위험경감대책 수립 → 위험환경 분석·평가
④ 위험경감대책 수립 → 위험환경 분석·평가 → 위험환경 식별

32 다음은 자동화재탐지설비 P형 수신기의 그림이다. 동작시험을 한 후 복구를 하려고 한다. 동작시험 복구순서로서 다음 중 회로시험스위치를 돌린 후 눌러야 할 버튼은?

① ㉠ 예비전원시험
② ㉡ 자동복구
③ ㉢ 복구
④ ㉣ 동작시험

33 그림과 같이 자동화재탐지설비 P형 수신기에 도통시험을 하려고 한다. 가장 처음으로 눌러야 하는 스위치는?

① ㉠ 자동복구
② ㉡ 복구
③ ㉢ 도통시험
④ ㉣ 동작시험

34. 유도등은 항상 점등상태를 유지하는 2선식 배선을 하는 것이 원칙이다. 다만 어떤 장소에는 3선식 배선으로도 가능하다. 다음 중 상시 충전되는 3선식 배선으로 가능한 장소에 해당되지 않는 것은?

① 외부의 빛에 의해 피난구 또는 피난방향을 쉽게 식별할 수 있는 장소
② 공연장, 암실 등으로서 어두워야 할 필요가 있는 장소
③ 특정소방대상물의 관계인 또는 종사원이 주로 사용하는 장소
④ 방재업무를 통제하는 곳 또는 전기실의 배전반에서 수동으로 점등하는 장소

35. 다음 중 3선식 유도등의 점검내용으로 올바른 것을 모두 고른 것은?

㉠ 유도등 절환스위치 수동전환 → 유도등 점등 확인
㉡ 유도등 절환스위치 자동전환 → 유도등 점등 확인
㉢ 유도등 절환스위치 수동전환 → 감지기, 발신기 동작 → 유도등 점등 확인
㉣ 유도등 절환스위치 자동전환 → 감지기, 발신기 동작 → 유도등 점등 확인

① ㉠
② ㉠, ㉡
③ ㉠, ㉣
④ ㉡, ㉢

36. 자위소방대의 초기대응체계의 인원편성에 관한 사항으로 틀린 것은?

① 근무자 또는 대상물관리인 등 상시근무자를 중심으로 구성한다.
② 근무자의 근무위치, 근무인원 등을 고려하여 편성한다.
③ 휴일 및 야간에 무인경비시스템을 통해 감시하는 경우에는 무인경비회사와 비상연락체계를 구축할 수 있다.
④ 소방안전관리자를 중심으로 지휘체계를 명확히 한다.

37. 펌프성능시험을 하고자 할 때 준비사항으로 옳지 않은 것은?

① 제어반에서 주·충압펌프 정지
② 펌프토출측 밸브(㉠) 개방
③ 설치된 펌프의 현황을 파악하여 펌프성능시험을 위한 표 작성
④ 유량계에 100%, 150% 유량 표시

38. 화재안전취약자의 장애유형별 피난보조 예시에 관한 사항으로 옳지 않은 것은?

① 휠체어 사용자는 평지보다 계단에서 주의가 필요하며, 많은 사람들이 보조하면 피난에 정체현상이 발생하므로 한 명이 보조한다.
② 청각장애인은 표정이나 제스처를 사용한다.
③ 시각장애인은 서로 손을 잡고 질서 있게 피난한다.
④ 노약자는 장애인에 준하여 피난보조를 실시한다.

39. 펌프성능시험에 관한 다음 ( ) 안에 알맞은 수치는?

체절운전은 체절압력이 정격토출압력의 (㉠)% 이하인지 확인하는 것이고, 최대운전은 유량계의 유량이 정격토출량의 (㉡)%가 되었을 때, 압력계의 압력이 정격양정의 (㉢)% 이상이 되는지 확인한다.

① ㉠ 65, ㉡ 140, ㉢ 150
② ㉠ 65, ㉡ 100, ㉢ 140
③ ㉠ 140, ㉡ 150, ㉢ 65
④ ㉠ 100, ㉡ 65, ㉢ 150

40 수원이 펌프보다 낮게 설치되어 있고, 토출량이 500L/min이고 양정이 100m인 펌프의 경우 펌프성능시험 결과표가 옳은 것은?

① 정격운전시 토출량의 이론치는 400L/min이다.
② 정격유량의 150% 운전시 토출량의 이론치는 500L/min이다.
③ 체절운전시 토출압의 이론치는 1.4MPa이다.
④ 정격유량의 150% 운전시 토출압의 이론치는 1MPa이다.

41 펌프성능시험시 유량계에 작은 기포가 통과해서는 안 된다. 이는 유량측정시 기포가 통과할 경우 정확한 유량측정이 곤란하기 때문인데 다음 중 기포가 통과하는 원인으로 옳지 않은 것은?

① 흡입배관의 이음부로 공기가 유입될 때
② 풋밸브와 수면 사이가 너무 가까울 때
③ 펌프에 공동현상이 발생할 때
④ 펌프에 맥동현상이 발생할 때

42 객석통로의 직선부분의 길이가 20m일 때, 객석유도등의 최소설치개수는?

① 4개
② 6개
③ 7개
④ 10개

43 지하 1층을 판매시설의 용도로 사용하는 바닥면적이 3000m²일 경우 이 장소에 분말소화기 1개의 소화능력단위가 A급 기준으로 3단위의 소화기로 설치할 경우 본 판매시설에 필요한 분말소화기의 개수는 최소 몇 개인가?

① 10개
② 20개
③ 30개
④ 40개

44 다음 중 대형피난구유도등을 설치하지 않아도 되는 장소는?

① 공연장
② 집회장
③ 오피스텔
④ 운동시설

45 다음 중 객석유도등의 설치장소로서 옳지 않은 것은?

① 객석의 통로
② 객석의 바닥
③ 객석의 천장
④ 객석의 벽

46 노유자시설의 5층에 피난기구를 설치하고자 한다. 소방대상물의 설치장소별 피난기구의 적응성으로 틀린 것은?

① 피난교
② 다수인 피난장비
③ 승강식 피난기
④ 피난용 트랩

47 건축 연면적이 5000m²이고 지하 4층, 지상 11층인 특정소방대상물에 자동화재탐지설비를 설치하였다. 지하 1층에서 화재가 발생한 경우 우선적으로 경보를 하여야 하는 층은?

① 건물 내 모든 층에 동시경보
② 지하 1·2·3·4층, 지상 1층
③ 지하 1층, 지상 1층
④ 지하 1·2층

48 자동심장충격기(AED) 패드 부착 위치로 옳은 것은?

〈두 개의 패드 부착 위치〉
- 패드1 : 오른쪽 빗장뼈 아래
- 패드2 : 왼쪽 젖꼭지 아래의 중간겨드랑선

①   ②

③   ④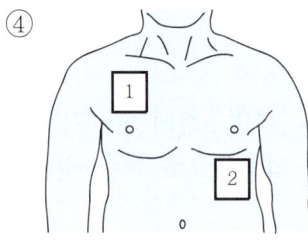

49 화재감지기가 (a), (b)와 같은 방식의 배선으로 설치되어 있다. (a), (b)에 대한 설명으로 옳지 않은 것은?

(a)   (b)

① (a)방식으로 설치된 선로를 도통시험할 경우 정상인지 단선인지 알 수 있다.
② (a)방식의 배선방식 목적은 독립된 실에 설치하는 감지기 사이의 단선 여부를 확인하기 위함이다.
③ (b)방식의 배선방식은 독립된 실내 감지기 선로 단선시 도통시험을 통하여 감지기 단선여부를 확인할 수 없다.
④ (b)방식의 배선방식을 송배선방식이라 한다.

50 유도등에 관한 설명으로 옳은 것은?

① 운동시설에는 중형피난구유도등을 설치한다.
② 피난구유도등은 바닥으로부터 높이 1.5m 이상에 설치한다.
③ 복도통로유도등은 바닥으로부터 높이 1.5m 이하에 설치한다.
④ 계단통로유도등은 바닥으로부터 높이 1m 이상에 설치한다.

" 가장 잘 견디는 사람이 무엇이든지 잘 할 수 있는 사람이다.
- 밀턴 - "

소방안전관리자 2급 합격노트+8개년 기출문제 무료강의

2022. 6. 20. 초 판 1쇄 발행
2023. 1. 5. 초 판 2쇄 발행
2023. 2. 22. 1차 개정증보 1판 1쇄 발행
2023. 5. 3. 1차 개정증보 1판 2쇄 발행
2024. 1. 3. 2차 개정증보 2판 1쇄 발행
2024. 1. 31. 2차 개정증보 2판 2쇄 발행
2024. 6. 5. 3차 개정증보 3판 1쇄 발행
2024. 10. 23. 3차 개정증보 3판 2쇄 발행
2025. 10. 1. 4차 개정증보 4판 1쇄 발행

지은이 | 공하성
펴낸이 | 이종춘
펴낸곳 | BM (주)도서출판 성안당

주소 | 04032 서울시 마포구 양화로 127 첨단빌딩 3층(출판기획 R&D 센터)
     | 10881 경기도 파주시 문발로 112 파주 출판 문화도시(제작 및 물류)
전화 | 02) 3142-0036
     | 031) 950-6300
팩스 | 031) 955-0510
등록 | 1973. 2. 1. 제406-2005-000046호
출판사 홈페이지 | www.cyber.co.kr
ISBN | 978-89-315-1388-2 (13530)
정가 | 23,000원

이 책을 만든 사람들
기획 | 최옥현
진행 | 박경희
교정·교열 | 최주연
전산편집 | 이다은
표지 디자인 | 박현정
홍보 | 김계향, 임진성, 김주승, 최정민, 이해솜
국제부 | 이선민, 조혜란
마케팅 | 구본철, 차정욱, 오영일, 나진호, 강호묵
마케팅 지원 | 장상범
제작 | 김유석

이 책의 어느 부분도 저작권자나 BM (주)도서출판 성안당 발행인의 승인 문서 없이 일부 또는 전부를 사진 복사나 디스크 복사 및 기타 정보 재생 시스템을 비롯하여 현재 알려지거나 향후 발명될 어떤 전기적, 기계적 또는 다른 수단을 통해 복사하거나 재생하거나 이용할 수 없음.

※ 잘못된 책은 바꾸어 드립니다.

소방안전관리자 2급

2025~2018년 기출문제 정답 및 해설

원퀵으로 기출문제를 보내고 원퀵으로 소방책을 받자!!

소방안전관리자 시험을 보신 후 기출문제를 재구성하여 성안당 출판사에 15문제 이상 보내주신 분에게 공하성 교수님의 소방시리즈 책 중 한 권을 무료로 보내드립니다.
독자 여러분들이 보내주신 재구성한 기출문제는 보다 더 나은 책을 만드는 데 큰 도움이 됩니다.

✉ 이메일 coh@cyber.co.kr(최옥현) ※메일을 보내실 때 성함, 연락처, 주소를 꼭 기재해 주시기 바랍니다.

- 독자분께서 보내주신 기출문제를 공하성 교수님이 검토 후 선별하여 무료로 책을 보내드립니다.
- 무료 증정 이벤트는 조기에 마감될 수 있습니다.

■ **도서 A/S 안내**

성안당에서 발행하는 모든 도서는 저자와 출판사, 그리고 독자가 함께 만들어 나갑니다.

좋은 책을 펴내기 위해 많은 노력을 기울이고 있습니다. 혹시라도 내용상의 오류나 오탈자 등이 발견되면 "좋은 책은 나라의 보배"로서 우리 모두가 함께 만들어 간다는 마음으로 연락주시기 바랍니다. 수정 보완하여 더 나은 책이 되도록 최선을 다하겠습니다.

성안당은 늘 독자 여러분들의 소중한 의견을 기다리고 있습니다. 좋은 의견을 보내주시는 분께는 성안당 쇼핑몰의 포인트(3,000포인트)를 적립해 드립니다.

잘못 만들어진 책이나 부록 등이 파손된 경우에는 교환해 드립니다.

저자 문의 : pf.kakao.com/_Cuxjxkb/chat (공하성)
cafe.naver.com/119manager

본서 기획자 e-mail : coh@cyber.co.kr(최옥현)

홈페이지 : http://www.cyber.co.kr   전화 : 031) 950-6300

최근 기출문제 정답 및 해설

2025년 기출문제

문제는 여기로! → 문제 p.1-1

01	02	03	04	05	06	07	08	09	10
③	④	④	④	②	③	③	①	①	④
11	12	13	14	15	16	17	18	19	20
③	②	③	④	④	②	②	③	③	③
21	22	23	24	25	26	27	28	29	30
②	①	③	①	②	①	④	④	④	④
31	32	33	34	35	36	37	38	39	40
④	①	④	③	①	④	③	①	③	①
41	42	43	44	45	46	47	48	49	50
③	①	①	①	②	①	②	③	①	②

제 1 과목

문제는 여기로! → 문제 p.1-1

01 ③

해설
③ 해당 없음

피난시설, 방화구획 및 방화시설의 변경행위
(1) 임의 구획으로 **무창층**을 발생하게 하는 행위 보기 ①
(2) 방화구획에 **개구부**를 **설치**하여 그 기능에 지장을 주는 행위 보기 ②
(3) **방화문**을 **철거**하고 목재, 유리문 등으로
   목재·유리문 등은 철거 ×
   변경하는 행위 보기 ④
(4) **객관적 판단**하에 누구라도 피난·방화시설을 변경하여 건축법령에 위반하였다고 볼 수 있는 행위

02 ④

해설
㉠ 꽂아둔다. → 뽑아둔다.
㉢ 묶거나 꼬아둔다. → 묶거나 꼬이지 않도록 한다.
㉣ 비닐장판 밑으로 전선이 보이지 않게 정리하여 넣어둔다. → 비닐장판이나 양탄자 밑으로는 전선이 지나지 않도록 한다.

전기화재 예방요령
(1) 사용하지 않는 기구는 전원을 끄고 플러그를 뽑아둔다. 보기 ㉠
(2) **과전류 차단장치**를 설치한다. 보기 ㉡
(3) 퓨즈를 사용하고 끊어질 경우 그 원인을 조치한다.
(4) 비닐장판이나 양탄자 밑으로는 전선이 지나지 않도록 한다. 보기 ㉣
(5) 누전차단기를 설치하고 **월 1~2회** 작동 여부를 확인한다.
(6) 전선이 쇠붙이나 움직이는 물체와 접촉되지 않도록 한다.
(7) 전선은 묶거나 꼬이지 않도록 한다. 보기 ㉢

03 ④

해설 **위험물류별 특성**

유별	성질	설명
제1류	산화성 고체 기억법 1산고(일산고)	① 강산화제로서 다량의 산소 함유 ② 가열, 충격, 마찰 등에 의해 분해, 산소 방출
제2류	가연성 고체 기억법 2가고(이가 고정)	① 저온착화하기 쉬운 가연성 물질 ② 연소시 유독가스 발생

제3류	자연발화성 물질 및 금수성 물질 기억법 3발(세발낙지)	① 물과 반응하거나 자연발화에 의해 발열 또는 가연성 가스 발생 ② 용기 파손 또는 누출에 주의
제4류	인화성 액체	① 인화가 용이 ② 대부분 물보다 가볍고, 증기는 공기보다 무거움 ③ 주수소화가 불가능한 것이 대부분임 ④ 대부분 물에 녹지 않음 ⑤ 증기는 공기와 혼합되어 연소·폭발
제5류	자기반응성 물질 보기 ④	① 가연성으로 산소를 함유하여 자기연소 ② 가열, 충격, 마찰 등에 의해 착화, 폭발 ③ 연소속도가 매우 빨라서 소화 곤란 ④ 자기반응성 물질 ⑤ 나이트로글리세린(NG), 셀룰로이드, 트리나이트로톨루엔(TNT) 교재 73 기억법 5산(오산지역)
제6류	산화성 액체 기억법 산액	① 조연성 액체 ② 산화제

04 ④

해설

④ 해당 없음

화기취급작업의 일반적인 절차
화재예방을 위하여 화기취급작업을 사전에 허가하고 관련 법령에 근거하여 화재감시자가 입회하여 감독하는 등 안전관리 업무를 수행하여야 하며, 사전허가, 안전조치 및 화기취급 작업 감독의 처리절차와 화기취급작업 신청서 작성, 화기취급

작업 허가서 교부 및 안전수칙 등의 사전 허가 절차 등을 준수하여야 한다.

처리절차		업무내용
사전 허가	① 작업허가	• 작업요청 • 승인 검토 및 허가서 발급
안전 조치	① 화재예방 조치 ② 안전교육	• 가연물 이동 및 보호 조치 보기 ② • 소방시설 작동 확인 보기 ① • 용접·용단 장비·보호구 점검 • 화재안전교육 보기 ③
작업· 감독	① 화재감시자 입회 및 감독 ② 최종 작업 확인	• 화재감시자 입회 • 화기취급감독 • 현장 상주 및 화재감시 • 작업 종료 확인

05 ②

해설

화재의 종류

종류	적응물질	소화약제
일반화재 (A급)	• 보통가연물(폴리에틸렌 등) • 종이 • 목재, 면화류, 석탄 • 재를 남김	① 물 ② 수용액
유류화재 (B급)	• 유류 • 알코올 • 재를 남기지 않음	① 포(폼)
전기화재 (C급)	• 변압기 • 배전반	① 이산화탄소 ② 분말소화약제 ③ 주수소화 금지
금속화재 (D급)	• 가연성 금속류 (나트륨 등)	① 금속화재용 분말소화약제 ② 마른 모래(건조사) 보기 ②

06 ③

 열전달

종 류	설 명
전도 (conduction)	• 하나의 물체가 다른 물체와 **직접 접촉**하여 전달되는 것
대류 (convection)	• **유체**의 흐름에 의하여 열이 전달되는 것
복사 (radiation)	• 화재시 열의 이동에 **가장 크게 작용**하는 열이동방식 • **화염**의 **접촉 없이** 연소가 확산되는 현상 • 화재현장에서 **인접건물**을 **연소**시키는 주된 원인 • 물질에 따라서 비교적 약한 복사열도 장시간 방사로 발화될 수 있다. 예를 들어 햇빛이 유리나 거울에 반사되어 가연성 물질에 장시간 노출시 열이 축적되어 발화될 수 있다. 보기 ③

07 ③

③ 바닥면적 → 건축면적

면적의 산정

용 어	설 명
건축 면적	건축물의 **외벽**의 중심선으로 둘러싸인 부분의 수평투영면적
바닥 면적	건축물의 **각 층** 또는 그 일부로서 벽, 기둥, 기타 이와 유사한 구획의 중심선으로 둘러싸인 부분의 수평투영면적
연면적	하나의 건축물의 각 층의 **바닥면적**의 합계
건폐율	대지면적에 대한 **건축면적**의 비율
용적률	대지면적에 대한 **연면적**의 비율

08 ①

 피난층

곧바로 지상으로 갈 수 있는 출입구가 있는 층 보기 ①

기억법 피곧(피곤)

09 ①

① 50cm 이하 → 50cm 이상

(1) **무창층**
지상층 중 개구부면적의 합계가 그 층의 바닥면적의 $\frac{1}{30}$ 이하가 되는 층

(2) **개구부 요건**
① 크기는 지름 **50cm** 이상의 원이 통과할 수 있을 것 보기 ①
② 해당층의 바닥면으로부터 개구부 밑부분까지의 높이가 **1.2m** 이내일 것 보기 ②
③ **도로** 또는 **차량**이 진입할 수 있는 **빈터**를 향할 것 보기 ③
④ 화재시 건축물로부터 쉽게 **피난**할 수 있도록 개구부에 **창살**이나 그 밖의 장애물이 설치되지 않을 것
⑤ 내부 또는 외부에서 **쉽게 부수거나 열** 수 있을 것 보기 ④

10 ④

④ 100만원 이하의 과태료

100만원 이하의 벌금 교재 17
(1) 정당한 사유 없이 소방대가 현장에 도착할 때까지 사람을 **구**출하는 조치 또는 불을 끄거나 불이 번지지 않도록 하는 조치를 하지 아니한 사람 보기 ③
(2) **피**난명령을 위반한 사람 보기 ①
(3) 정당한 사유 없이 **물**의 사용이나 **수도**의 **개폐장치**의 사용 또는 **조**작을 하지 못하게 하거나 방해한 자 보기 ②

(4) 정당한 사유 없이 **소방대**의 **생활안전 활동**을 방해한 자
(5) 긴급조치를 정당한 사유 없이 방해한 자

기억법 구피조1

비교 100만원 이하의 과태료
(1) **소방자동차 전용구역**에 주차하거나 전용구역에의 진입을 가로막는 등의 방해행위를 한 자 보기 ④
(2) **실무교육**을 받지 아니한 **소방안전관리자 및 소방안전관리보조자**

11 ③

해설

③ 300만원 이하의 과태료

300만원 이하의 벌금
(1) **화재안전조사**를 정당한 사유 없이 **거부·방해·기피**한 자 보기 ①
(2) 화재예방조치 조치명령을 정당한 사유 없이 따르지 아니하거나 방해한 자
(3) **소방안전관리자, 총괄소방안전관리자, 소방안전관리보조자**를 **선임**하지 아니한 자 보기 ②
(4) **소방시설·피난시설·방화시설** 및 **방화구획** 등이 법령에 위반된 것을 발견하였음에도 필요한 조치를 할 것을 요구하지 아니한 소방안전관리자
(5) **소방안전관리자**에게 **불이익**한 처우를 한 관계인 보기 ④
(6) 자체점검 결과 **소화펌프 고장** 등 중대위반사항이 발견된 경우 필요한 조치를 하지 않은 관계인 또는 관계인에게 중대위반사항을 알리지 아니한 관리업자 등

12 ②

해설

선임일자가 2023년 3월 15일이고 강습수료일로부터 1년 이내에 취업한 경우에 해당되어 강습수료일(2022년 4월 5일)부터 2년마다 실무교육을 받아야 하므로 ②가 정답이다. ①번도 답이 될 수 있지만 문제에서 최대이수기한이라고 했으므로 ②번 정답.

│소방안전관리자의 실무교육│

실시기관	실무교육주기
한국소방안전원	선임된 날부터 6개월 이내, 그 이후 2년마다 1회

선임된 날부터 6개월 이내, 그 이후 2년마다(최초 실무교육을 받은 날을 기준일로 하여 매 2년이 되는 해의 기준일과 같은 날 전까지) 1회 실무교육을 받아야 한다.
(1) 소방안전관리 강습 또는 실무교육을 받은 후 1년 이내에 소방안전관리자로 선임된 경우 해당 강습교육을 수료하거나 실무교육을 이수한 날에 당해 실무교육을 이수한 것으로 본다.

│실무교육주기│

강습수료일로부터 1년 이내 취업한 경우	강습수료일로부터 1년 넘어서 취업한 경우
강습수료일로부터 2년마다 1회 보기 ②	선임된 날부터 6개월 이내, 그 이후 2년마다 1회

(2) 소방안전관리보조자의 경우, 소방안전관리자 강습교육 또는 실무교육이나 소방안전관리보조자 실무교육을 받은 후 1년 이내에 선임된 경우 해당 강습교육을 수료하거나 실무교육을 이수한 날에 실무교육을 이수한 것으로 본다.

비교 실무교육

소방안전 관련업무 경력보조자	소방안전관리자 및 소방안전관리보조자
선임된 날로부터 **3개월** 이내, 그 이후 **2년**마다 **1회** 실무교육을 받아야 한다.	선임된 날로부터 **6개월** 이내, 그 이후 **2년**마다 **1회** 실무교육을 받아야 한다.

13 ③

해설

연면적 4500m² 로서 15000m² 이상이 안 되므로 2급 소방안전관리대상물에 해당하며, 소방안전관리보조자 선임대상 아님

(1) 2급 소방안전관리대상물
  ① 지하구
  ② 가스제조설비를 갖추고 도시가스사업 허가를 받아야 하는 시설 또는 가연성 가스를 **100톤 이상 1000톤** 미만 저장·취급하는 시설
  ③ **스프링클러설비** 또는 **물분무등소화설비**(호스릴방식 제외) 설치대상물
  ④ **옥내소화전설비** 설치대상물
  ⑤ 공동주택(옥내소화전설비 또는 스프링클러설비가 설치된 공동주택에 한함)
  ⑥ 목조건축물(국보·보물)

(2) **최소 선임기준**

소방안전관리자	소방안전관리보조자
• 특정소방대상물마다 1명	• **300세대 이상** 아파트 : **1명**(단, 300세대 **초과마다 1명** 이상 **추가**) • 연면적 **15000m² 이상** : 1명(단, 15000m² **초과마다 1명** 이상 **추가**) 보기 ③ • **공동주택**(기숙사), **의료시설, 노유자시설, 수련시설 및 숙박시설**(바닥면적 합계 **1500m²** 미만이고, 관계인이 24시간 상시 근무하고 있는 숙박시설 제외) : **1명**

14 ④

해설 **소방대**
화재를 **진압**하고 화재, 재난·재해, 그 밖의 위급한 상황에서의 **구조·구급**활동 등을 하기 위하여 구성된 조직체
(1) **소**방공무원 보기 ①
(2) **의**무소방원 보기 ②
(3) **의**용소방대원 보기 ③

 소의(소의 가죽)

15 ④

해설 **선임신고**
14일 이내에 **소방본부장·소방서장**에게 신고
(1) 소방안전관리자
(2) 위험물안전관리자

비교 **30일 이내**
(1) 소방안전관리자의 **재선임**(다시 선임)
(2) 위험물안전관리자의 **재선임**(다시 선임)

16 ②

해설
② 가능 → 불가능

화재의 종류

종 류	적응물질	소화약제
일반화재 (A급)	• 보통가연물(폴리에틸렌 등) • 종이 • 목재, 면화류, 석탄 • **재를 남김**	① 물 ② 수용액
유류화재 (B급)	• 유류 • 알코올 • **재를 남기지 않음**	① 포(폼)
전기화재 (C급)	• 변압기 • 배전반	① 이산화탄소 ② 분말소화약제 ③ 주수소화 금지
금속화재 (D급)	• 가연성 금속류(나트륨 등) 보기 ③ 보기 ①	① 금속화재용 분말소화약제 ② 마른 모래(건조사) 보기 ④
주방화재 (K급)	• 식용유 • 동·식물성 유지	① 강화액

17 ②

해설
② 주수소화와 이산화탄소소화약제는 냉각에 의한 소화작용을 한다.

소화방법의 예 〔교재 84~85〕

제거소화 보기 ③	• 가스밸브의 **폐쇄**(차단) • 가연물 직접 **제거** 및 **파괴** • **촛불**을 입으로 불어 가연성 증기를 순간적으로 날려 보내는 방법 • 산불화재시 진행방향의 나무 제거	연소의 3요소를 이용한 소화방법
질식소화 보기 ①	• 불연성 기체로 연소물을 덮는 방법 • 불연성 포로 연소물을 덮는 방법 • 불연성 고체로 연소물을 덮는 방법	
냉각소화 보기 ②	• 주수에 의한 냉각작용 • 이산화탄소소화약제에 의한 냉각작용	
억제소화 (부촉매 소화) 보기 ④	• 화학적 작용에 의한 소화방법 • 할론, 할로겐화합물 소화약제에 의한 억제(부촉매)작용 • 분말소화약제에 의한 억제(부촉매)작용	연소의 4요소를 이용한 소화방법

18 ③

해설

③ 주요 화재원인이 아님

전기화재의 주요 화재원인
(1) 전선의 **합선**(단락)에 의한 발화 보기 ④
    단선 ×
(2) **누전**에 의한 발화 보기 ①
(3) **과전류**(과부하)에 의한 발화 보기 ②
(4) 기타 **규격 미달**의 전선 또는 전기기계기구 등의 과열, 배선 및 전기기계기구 등의 절연불량 또는 정전기로부터의 불꽃

19 ③

해설

③ 소방안전관리자의 업무

관계인 및 소방안전관리자의 업무

특정소방대상물 (관계인)	소방안전관리대상물 (소방안전관리자)
① 피난시설·방화구획 및 방화시설의 관리 보기 ④	① 피난시설·방화구획 및 방화시설의 관리
② 소방시설, 그 밖의 소방관련시설의 관리 보기 ②	② 소방시설, 그 밖의 소방관련시설의 관리
③ 화기취급의 감독 보기 ①	③ **화기취급**의 감독
④ 소방안전관리에 필요한 업무	④ 소방안전관리에 필요한 업무
⑤ 화재발생시 초기대응	⑤ **소방계획서**의 작성 및 시행(대통령령으로 정하는 사항 포함)
	⑥ **자위소방대** 및 **초기대응체계**의 구성·운영·교육 보기 ③
	⑦ 소방훈련 및 교육
	⑧ 소방안전관리에 관한 업무 수행에 관한 기록·유지
	⑨ 화재발생시 **초기대응**

20 ③

해설

③ 장시간 → 단시간

점화원

종류	설명
전기불꽃 보기 ③	**단시간**에 집중적으로 에너지가 방사되므로 에너지밀도가 높은 점화원이다.
충격 및 마찰	두 개 이상의 물체가 서로 **충격·마찰**을 일으키면서 작은 불꽃을 일으키는데, 이러한 마찰불꽃에 의하여 가연성 가스에 착화가 일어날 수 있다.
단열압축 보기 ①	기체를 높은 압력으로 **압축**하면 온도가 상승하는데, 이때 상승한 열에 의한 가연물을 착화시킨다.
불꽃	항상 화염을 가지고 있는 열 또는 화기로서 위험한 화학물질 및 가연물이 존재하고 있는 장소에서 **불꽃**의 사용은 대단히 위험하다.

고온표면	작업장의 화기, 가열로, 건조장치, 굴뚝, 전기·기계 설비 등으로서 항상 화재의 위험성이 내재되어 있다.
정전기 불꽃 보기 ②	물체가 접촉하거나 결합한 후 떨어질 때 양(+)전하와 음(-)전하로 **전하의 분리**가 일어나 발생한 **과잉전하**가 물체(물질)에 **축적**되는 현상이다.
자연발화 보기 ④	물질이 **외부로부터 에너지를 공급받지 않아도** 자체적으로 온도가 상승하여 발화하는 현상이다.
복사열	물질에 따라서 비교적 약한 복사열도 장시간 방사로 발화될 수 있다.

21 ②

해설

① · ③ · ④ 해당 없음

2급 소방안전관리대상물의 소방안전관리자 선임조건

자격	경력	비고
• 위험물기능장·위험물산업기사·위험물기능사	경력 필요 없음	2급 소방안전관리자 자격증을 받은 사람
• 소방공무원 보기 ②	3년	
• 소방청장이 실시하는 2급 소방안전관리대상물의 소방안전관리에 관한 시험에 합격한 사람	경력 필요 없음	
• 「기업활동 규제완화에 관한 특별조치법」에 따라 소방안전관리자로 선임된 사람(소방안전관리자로 선임된 기간으로 한정)		
• 특급 또는 1급 소방안전관리대상물의 소방안전관리자 자격이 인정되는 사람		

22 ③

해설 **공기 중 산소**

체적비	중량비
21%	23%

23 ③

해설 **연소** : 열+빛=산화

가연물이 공기 중에 있는 산소 또는 산화제와 반응하여 **열**과 **빛**을 발생하면서 **산화**하는 현상

24 ①

해설

② · ③ · ④ 제외

주요구조부
(1) 내력**벽**(그 밖에 이와 유사한 부분 제외)
(2) **보**(작은 보 제외)
(3) **지**붕틀(차양 제외)
(4) **바**닥(최하층 바닥 제외)
(5) **주**계단(옥외계단 제외)
(6) **기**둥(사이기둥 제외)

기억법 벽보지 바주기

25 ②

해설 **소화방법**

제거소화	질식소화	냉각소화	억제소화
가연물 제거	산소공급원 차단 (산소농도 15% 이하)	**열**을 뺏음 (**착화온도** 낮춤)	연쇄반응 약화

‖질식소화‖

제 2 과목

문제는 여기로! → 문제 p.1-6

26 ①

해설

① 포괄적 → 종합적

소방계획의 주요 원리
(1) **종**합적 안전관리
(2) **통**합적 안전관리
(3) **지**속적 발전모델

기억법 계종 통지(개종하도록 통지)

종합적 안전관리	통합적 안전관리		지속적 발전모델
• 모든 형태의 위험을 포괄 보기 ① • 재난의 전주기적(예방·대비 → 대응 → 복구)단계의 위험성 평가 보기 ③	내부	협력 및 파트너십 구축, 전원 참여 보기 ④	• PDCA Cycle (계획 : Plan, 이행/운영 : Do, 모니터링 Check, 개선 : Act) 보기 ②
	외부	거버넌스(정부-대상처-전문기관 및 안전관리 네트워크 구축	

27 ④

해설

④ 보기를 볼 때 심폐소생술(CPR) 실시 후 자동심장충격기(AED)를 사용하는 경우이므로 보기 ④ 정답

심폐소생술(CPR) 순서	자동심장충격기(AED) 사용 순서
① 반응 확인 순서 ① ② 119 신고 순서 ② ③ 호흡 확인 ④ 가슴압박 30회 시행 순서 ③ ⑤ 인공호흡 2회 시행 ⑥ 가슴압박과 인공호흡의 반복 ⑦ 회복 자세	① 전원 켜기 ② 두 개의 패드 부착 ③ 심장리듬 분석 순서 ④ ④ 심장충격 실시 ⑤ 심폐소생술 실시

28 ④

해설

예비전원시험 적부 판정

전압계인 경우 정상	램프방식인 경우 정상
19~29V 보기 ④	녹색

비교 회로도통시험 적부 판정   교재 225

구 분	전압계가 있는 경우	도통시험확인등이 있는 경우
정상	4~8V	정상확인등 점등(녹색)
단선	0V	단선확인등 점등(적색)

29 ④

해설

④ 이론의 원칙 → 실습의 원칙

소방교육 및 훈련의 원칙

원칙	설 명
현실의 원칙	• 학습자의 능력을 고려하지 않은 훈련은 비현실적이고 불완전하다.
학습자 중심의 원칙 보기 ③	• **한** 번에 **한** 가지씩 습득 가능한 분량을 교육 및 훈련시킨다. • **쉬운 것**에서 **어려운 것**으로 교육을 실시하되 기능적 이해에 비중을 둔다. • 학습자에게 감동이 있는 교육이 되어야 한다.
	기억법 학한
동기부여의 원칙	• **교육**의 **중요성**을 **전달**해야 한다. • 학습을 위해 적절한 스케줄을 적절히 배정해야 한다. • 교육은 시기적절하게 이루어져야 한다. • 핵심사항에 교육의 포커스를 맞추어야 한다. • 학습에 대한 보상을 제공해야 한다. • 교육에 재미를 부여해야 한다. • 교육에 있어 다양성을 활용해야 한다. • 사회적 상호작용을 제공해야 한다. • 전문성을 공유해야 한다. • 초기성공에 대해 격려해야 한다.

목적의 원칙 보기 ①	• 어떠한 기술을 어느 정도까지 익혀야 하는가를 명확하게 제시한다. • 습득하여야 할 기술이 활동 전체에서 어느 위치에 있는가를 인식하도록 한다.
실습의 원칙 보기 ④	• **실습**을 통해 지식을 습득한다. • 목적을 생각하고, 적절한 방법으로 정확하게 하도록 한다.
경험의 원칙	• 경험했던 사례를 들어 현실감 있게 하도록 한다.
관련성의 원칙 보기 ②	• 모든 교육 및 훈련 내용은 **실무적**인 **접목**과 **현장성**이 있어야 한다.

기억법 현학동 목실경관교

30 ④

해설
 단서에 따라 방수압력측정계 압력이 0.3MPa이므로 0.17~0.7MPa 이하이기 때문에 ○
ⓛ 단서에 따라 주펌프가 기동하였지만 기동표시등이 점등되지 않았으므로 ✕

P형 발신기기동표시등

옥내소화전 방수압력 측정
(1) 측정장치 : 방수압력측정계(피토게이지)

(2)
방수량	방수압력
130L/min	0.17~0.7MPa 이하 보기 ⑦

(3) 방수압력 측정방법 : 방수구에 호스를 결속한 상태로 노즐의 선단에 방수압력측정계(피토게이지)를 근접$\left(\dfrac{D}{2}\right)$시켜서 측정하고 방수압력측정계의 압력계상의 눈금을 확인한다.

‖ 방수압력 측정 ‖

31 ④

해설
④ 방출표시등은 이산화탄소소화설비, 할론소화설비에 해당하는 것으로서 스프링클러설비와는 관련 없음

시험밸브 개방시 작동 또는 점등되어야 할 것
(1) 펌프 작동
(2) 감시제어반 밸브개방표시등(습식 : 알람밸브표시등) 점등
(3) 음향장치(사이렌) 작동
(4) 화재표시등 점등

‖ 시험밸브함 ‖

32 ①

해설
① 많은 사람들이 보조하면 피난에 정체현상이 발생하므로 한 명이 보조한다.
→ 많은 사람들이 보조할수록 상대적으로 쉬운 대피가 가능하다.

일반휠체어 사용자	전동휠체어 사용자
뒤쪽으로 기울여 손잡이를 잡고 뒷바퀴보다 한 계단 아래에서 무게중심을 잡고 이동한다. 2인이 보조시 다른 1인은 장애인을 마주 보며 손잡이를 잡고 동일한 방법으로 이동	전동휠체어에 탑승한 상태에서 계단 이동시는 일반휠체어와 동일한 요령으로 보조할 수도 있으나 무거워 많은 인원과 공간이 필요하므로 전원을 끈 후 업거나 안아서 피난을 보조하는 것이 가장 효과적

33 ④

① 그림 A : 2층 지구표시등이 점등되어 있고, 도통시험 정상램프가 점등되어 있으므로 옳다. (O)

② 그림 A : 도통시험스위치가 눌러져 있으므로 스위치주의표시등이 점등되는 것은 정상이므로 옳다. (O)

③ 그림 B : 3층 **회로시험**버튼이 눌려 있고, 도통시험 단선램프가 점등되어 있으므로 옳다. (O)

④ 그림 C : 2~5층 **회로시험**버튼이 눌려 있고, 도통시험 단선램프가 점등되어 있으므로 1층은 단서유무를 알 수 없고, 2~5층은 도통시험결과 단선이다. 그러므로 틀린 답 (×)

34 ③

③ 솔레노이드밸브를 분리하면 수동조작함을 조작하여도 약제가 방출되지 않으므로 방출표시등은 점등되지 않는다.

35 ①

① 예비전원(배터리)점검 : 외부에 있는 점검스위치(배터리상태 점검스위치)를 당겨보는 방법 또는 점검버튼을 눌러서 점등상태 확인
④ 상용전원점검 : 교류전원(전원등)램프의 점등 여부로 확인

(1) **예비전원(배터리)점검** : 외부에 있는 **점검스위치**(배터리상태 점검스위치)를 **당겨보는 방법** 또는 **점검버튼**을 눌러서 점등상태 확인 보기 ①

∥예비전원 점검스위치∥

∥예비전원 점검버튼∥

(2) **2선식** 유도등점검 : 유도등이 **평상시 점등**되어 있는지 확인

∥평상시 점등이면 정상∥

┃평상시 소등이면 비정상┃

(3) **3선식** 유도등점검
① 수동전환 : 수신기에서 수동으로 점등 스위치를 ON하고 건물 내의 점등이 안 되는 유도등을 확인

 ➡

┃유도등 절환스위치 수동전환┃ ┃유도등 점등 확인┃

② 연동(자동)전환 : 감지기·발신기·중계기·스프링클러설비 등을 현장에서 작동(동작)과 동시에 유도등이 점등되는지를 확인

 ➡

┃유도등 절환스위치연동(자동)전환┃

 ➡

┃감지기, 발신기 동작┃ ┃유도등 점등 확인┃

36 ①

해설

① 작다. → 크다.

이산화탄소소화설비의 장단점

장 점	단 점
• **심부화재**에 적합하다. 보기 ②	• 사람에게 질식의 우려가 있다.
• 화재진화 후 깨끗하다.	• 방사시 동상의 우려와 **소음**이 **크다**. 보기 ①
• 피연소물에 피해가 적다.	
• 비전도성이므로 **전기화재**에 좋다. 보기 ③	• 설비가 고압으로 특별한 주의와 관리가 필요하다. 보기 ④

37 ①

해설

① 응급처치는 사전예방 불가능

응급처치의 중요성
(1) 긴급한 환자의 생명 유지 보기 ②
(2) 환자의 고통 경감 보기 ③
(3) 위급한 부상부위의 응급처치로 치료기간 단축
(4) 현장처치의 원활화로 의료비 절감 보기 ④

38 ③

해설

③ 현황 확인

작동점검 전 준비 및 현황확인 사항

점검 전 준비사항	현황확인
① 협의나 협조 받을 건물 **관계인** 등 연락처를 사전확보 보기 ④	① **건축물대장**을 이용하여 건물개요 확인 보기 ③
② 점검의 목적과 필요성에 대하여 건물 관계인에게 사전 안내 보기 ②	② 도면 등을 이용하여 설비의 개요 및 설치위치 등을 파악
③ 음향장치 및 각 실별 방문점검을 미리 공지 보기 ①	③ 점검사항을 토대로 점검순서를 계획하고 점검장비 및 공구를 준비
	④ 기존의 점검자료 및 조치결과가 있다면 점검 전 참고
	⑤ 점검과 관련된 각종 법규 및 기준을 준비하고 숙지

39 ①

해설

① ㉠ 안전밸브 ㉡ 압력계 ㉢ 압력스위치 ㉣ 배수밸브

펌프성능시험

▎기동용 수압개폐장치(압력챔버)▎

(1) 제어반에서 주·충압펌프 정지

감시제어반	동력제어반
선택스위치 **정지**위치	선택스위치 **수동**위치

(2) 펌프토출측 밸브(개폐표시형 개폐밸브) 폐쇄
(3) 설치된 펌프의 현황을 파악하여 펌프성능시험을 위한 표 작성
(4) 유량계에 **100%**, **150%** 유량 표시

40 ③

  (1) 경계구역의 설정 기준
① 1경계구역이 2개 이상의 **건축물**에 미치지 않을 것

▎하나의 경계구역으로 설정불가▎

② 1경계구역이 2개 이상의 **층**에 미치지 않을 것(단, **500m²** 이하는 2개층을 1경계구역으로 할 수 있다.)
③ 1경계구역의 면적은 **600m²** 이하로 하고, 1변의 길이는 **50m** 이하로 할 것(단, 내부 전체가 보이면 한변의 길이가 50m의 범위 내에서 **1000m²** 이하로 할 수 있다.) 그림 (a)

▎내부 전체가 보이면 1경계구역 면적 1000m² 이하, 1변의 길이 50m 이하▎

(2) 건축물 (a)의 경계구역수
$40m \times 25m = 1000m^2$
건축물 (a)는 내부 전체가 보이는 구조로 한 변의 길이가 50m의 범위 내에서 $1000m^2$ 이하이므로 1경계구역

(3) 건축물 (b)의 경계구역수

① 1경계구역의 면적은 **600m²** 이하로 하여야 하므로 바닥면적을 **600m²**로 나누어주면 된다.

㉠ 1층 : $\dfrac{700m^2}{600m^2} = 1.1 ≒ 2$개(소수점 올림)

㉡ 2층 : $\dfrac{600m^2}{600m^2} = 1$개

② 500m² 이하는 2개층을 1경계구역으로 할 수 있으므로 2개층의 합이 500m² 이하일 때는 **500m²**로 나누어 주면 된다.

3~4층 : $\dfrac{(300+200)m^2}{500m^2} = 1$개

∴ 2개+1개+1개=4개
∴ (a)+(b)=1개+4개=5개

41 ③

해설 유도등의 설치높이

복도통로유도등, 계단통로유도등 보기 ③	피난구유도등, 거실통로유도등
바닥으로부터 높이 1m 이하	피난구의 바닥으로부터 높이 1.5m 이상
기억법 1복(일복 터졌다.)	기억법 피유15상

42 ①

해설 점등램프

주펌프만 수동으로 기동 보기 ①	충압펌프만 수동으로 기동	주펌프 · 충압펌프 수동으로 기동
① 선택스위치 : 수동	① 선택스위치 : 수동	① 선택스위치 : 수동
② 주펌프 : 기동	② 주펌프 : 정지	② 주펌프 : 기동
③ 충압펌프 : 정지	③ 충압펌프 : 기동	③ 충압펌프 : 기동

43 ①

해설 준비작동식 스프링클러설비의 작동순서
(1) ㉠ **화**재발생
(2) ㉣ **교**차회로방식의 A or B 감지기 작동(경종 또는 사이렌 경보, 화재표시등 점등)
(3) ㉡ **감**지기 A and B 감지기 작동 또는 수동기동장치(SVP) 작동
(4) ㉢ **준**비작동식 유수검지장치 작동
(5) ㉥ **2**차측으로 급수
(6) ㉦ **헤**드 개방, 방수
(7) ㉤ **배**관 내 압력저하로 기동용 수압개폐장치의 압력스위치 작동 → 펌프 기동

기억법 화교감 준2헤배

비교 습식 스프링클러설비의 작동순서
교재 176
1. **화**재발생
2. **헤**드 개방 및 방수
3. **2**차측 배관 압력저하
4. **1**차측 압력에 의해 습식 유수검지장치의 클래퍼 개방
5. **습**식 유수검지장치의 압력스위치 작동 → 사이렌 경보, 감시제어반의 화재표시등 점등 및 밸브개방표시등 점등
6. **배**관 내 압력저하로 기동용 수압개폐장치의 압력스위치 작동 → 펌프 기동

기억법 화헤 21습배

44 ①

해설
① 적응화재가 ABC급이므로 제1인산암모늄($NH_4H_2PO_4$) 정답

분말소화기

적응화재	소화약제의 주성분	소화효과
BC급	탄산수소나트륨 ($NaHCO_3$)	• 질식효과 • 부촉매(억제)효과
BC급	탄산수소칼륨 ($KHCO_3$)	
ABC급	제1인산암모늄 ($NH_4H_2PO_4$)	
BC급	탄산수소칼륨($KHCO_3$) + 요소(($NH_2)_2CO$)	

45 ②

해설 소화기구
소화능력 단위기준 및 보행거리

소화기 분류	능력단위	보행거리
소형소화기	1단위 이상 보기 ㉠	20m 이내 보기 ㉡

기억법 보3대, 대2B(데이빗!)

46 ①

해설 송배선식
도통시험(선로의 정상연결 유무 확인)을 원활히 하기 위한 배선방식

∥송배선식∥

47 ②

해설
② 없다. → 있다.

자위소방대 초기대응체계의 인원편성
(1) 소방안전관리보조자, 경비(보안)근무자 또는 대상물관리인 등 **상시근무자**를 **중심**으로 구성한다. 보기 ④

∥자위소방대 인력편성∥

자위소방 대장	자위소방 부대장
① 소방안전관리대상물의 소유주 ② 법인의 대표 ③ 관리기관의 책임자	소방안전관리자

(2) 소방안전관리대상물의 근무자의 **근무위치**, **근무인원** 등을 고려하여 편성한다. 이 경우 소방안전관리보조자(보조자가 없는 대상처는 선임대원)를 운영책임자로 지정한다. 보기 ③
(3) 초기대응체계 편성시 **1명** 이상은 수신반(또는 종합방재실)에 근무해야 하며 화재상황에 대한 모니터링 또는 지휘통제가 가능해야 한다.
(4) **휴일** 및 **야간**에 **무인경비시스템**을 통해 감시하는 경우에는 무인경비회사와 비상연락체계를 구축할 수 있다. 보기 ①

중요 — 자위소방대 개별 임무 부여

각 팀별로 기능에 기초하여 자위소방대원별 개별 임무를 부여한다. 이 경우 대원별 임무를 복수로 하거나 중복하여 지정할 수 있다. 보기 ②

48 ③

해설
압력이 부족한 상태이므로 불량이다.

지시압력계
(1) 노란색(황색) : 압력부족
(2) 녹색 : 정상압력
(3) 적색 : 정상압력 초과

∥소화기 지시압력계∥

● 동력제어반 선택스위치가 자동이고, 기동램프가 점등되어 있으므로 동력제어반 상태는 자동기동, 점검결과 불량내용이 이상 없으므로 정상이다.

49 ①

해설 (1) 종합점검(최초점검 제외)
   ① 건축물을 사용승인 후 그 다음 해부터 실시
   ② 연 1회 이상 실시

   - 사용승인 후 그 다음 해부터 실시하므로 2024년도에 실시하고 연 1회 이상 실시해야 하므로 2024년 8월 9일 이내에 실시해야 한다. 그러므로 종합점검은 2024년 8월 4일이 정답
   - 최초점검일은 신경쓸 필요 없다.

(2) 작동점검
   종합점검(최초점검 제외)을 받은 달부터 6개월이 되는 달에 실시

   - 종합점검일이 2024년 8월 4일이므로 작동점검은 6개월 되는 달이 2025년 2월이다. 그러므로 작동점검은 2025년 2월 3일 정답

50 ②

해설 (1) 옥내소화전설비 vs 옥외소화전설비

구 분	옥내소화전설비	옥외소화전설비
방수량	• 130L/min 이상	• 350L/min 이상
방수압	• 0.17~0.7MPa 이하 보기 ②	• 0.25~0.7MPa 이하
최소 방출 시간	• 20분 : 29층 이하 • 40분 : 30~49층 이하 • 60분 : 50층 이상	• 20분
소화전 최대 개수	• 저층건축물 : 최대 2개 • 고층건축물 : 최대 5개	

(2) 옥내소화전설비 호스구경

구 분	호 스
호스릴	25mm 이상
일 반	40mm 이상

기억법 내호25, 내4(내사 종결)

2024년 기출문제

문제는 여기로! → 문제 p.1-19

01	02	03	04	05	06	07	08	09	10
④	①	②	③	③	②	①	④	③	④
11	12	13	14	15	16	17	18	19	20
③	②	④	③	①	②	③	②	③	①
21	22	23	24	25	26	27	28	29	30
④	①	③	②	③	②	④	③	①	①
31	32	33	34	35	36	37	38	39	40
③	①	③	②	④	②	①	①	④	④
41	42	43	44	45	46	47	48	49	50
④	②	①	③	④	③	②	①	④	③

제 1 과목

문제는 여기로! → 문제 p.1-19

01 ④

해설 **100만원 이하의 과태료**
실무교육을 받지 아니한 소방안전관리자 및 소방안전관리보조자 보기 ④

02 ①

해설
① ㉠ 제거소화는 해당 없음

소화약제의 종류별 소화효과

소화약제의 종류	소화효과
• 물소화약제	① 냉각효과 ② 질식효과
• 포소화약제 • 이산화탄소소화약제	① 질식효과 ② 냉각효과
• 분말소화약제 문제 16	① 질식효과 ② 부촉매효과(억제효과)
• 할론소화약제 문제 02	① **부**촉매효과(억제소화) 보기 ㉣ ② **질**식효과(질식소화) 보기 ㉡ ③ **냉**각효과(냉각소화) 보기 ㉢

기억법 할부냉질

03 ②

해설
㉠ 꽂아둔다. → 뽑아둔다.
㉣ 비닐장판 밑으로 전선이 보이지 않게 정리하여 넣어둔다. → 비닐장판이나 양탄자 밑으로는 전선이 지나지 않도록 한다.

전기화재 예방요령
(1) 사용하지 않는 기구는 전원을 끄고 플러그를 뽑아둔다. 보기 ㉠
(2) **과전류 차단장치**를 설치한다. 보기 ㉡
(3) 퓨즈를 사용하고 끊어질 경우 그 원인을 조치한다. 보기 ㉢
(4) 비닐장판이나 양탄자 밑으로는 전선이 지나지 않도록 한다. 보기 ㉣
(5) 누전차단기를 설치하고 **월 1~2회** 작동 여부를 확인한다.
(6) 전선이 쇠붙이나 움직이는 물체와 접촉되지 않도록 한다.
(7) 전선은 묶거나 꼬이지 않도록 한다.

04 ③

해설 **방염의 필요성**
(1) **연소확대 방지**와 **지연** 보기 ①
(2) **피난시간** 확보 보기 ②
(3) **인명** 및 **재산피해 감소** 보기 ④

05 ③

해설 **감지기의 바닥면적**
(단위 : m²)

부착높이 및 소방대상물의 구분		감지기의 종류				
		차동식·보상식 스포트형		정온식 스포트형		
		1종	2종	특종	1종	2종
4m 미만	내화구조	90	70	70	60	20
	기타구조	50	40	40	30	15
4m 이상 8m 미만	내화구조	45	35	35	30	-
	기타구조	30	25	25	15	-

> [기억법] 차 보 정
> 9 7 7 6 2
> 5 4 4 3 ①
> ④ ③ ③ 3 ×
> 3 ② ② ① ×
> ※ 동그라미(○) 친 부분은 뒤에 5가 붙음

- 기타구조=비내화구조

실	산출내역	개 수
A	$\dfrac{10\text{m} \times 6\text{m}}{45\text{m}^2}=1.3=2$개 (소수점 올림)	2개
B	$\dfrac{11\text{m} \times 6\text{m}}{45\text{m}^2}=1.4=2$개 (소수점 올림)	2개
C	$\dfrac{(10+11)\text{m} \times 6\text{m}}{45\text{m}^2}=2.8$ $=3$개	3개
합계	2+2+3=7개	7개

06 ②

해설

② 1.5~2 → 0.6

LPG vs LNG

구 분	LPG (액화석유가스)	LNG (액화천연가스)
용 도	가정용	도시가스용
증기비중	1보다 큰 가스	1보다 작은 가스
비 중	1.5~2	0.6 보기②
탐지기의 설치위치	탐지기의 **상단**은 **바닥면**의 **상방 30cm** 이내에 설치 보기③	탐지기의 **하단**은 **천장면**의 **하방 30cm** 이내에 설치
가스누설 경보기의 설치위치	연소기 또는 관통부로부터 수평거리 **4m** 이내의 위치에 설치 보기①	연소기로부터 수평거리 **8m** 이내의 위치에 설치

> [용어] 가스누설경보기
> 가스의 누출현상이 나타나면 자동적으로 경보를 발하는 기기

07 ①

해설

① 외부 → 내부, 표면화재 → 심부화재

이산화탄소소화설비의 장단점

장 점	단 점
• 가연물 **내부**에서 연소하는 **심부화재**에 적합하다. 보기① • 화재진화 후 **깨끗**하다. 보기② • **피연소물**에 피해가 적다. 보기③ • **비전도성**이므로 **전기화재**에 좋다. 보기④	• 사람에게 **질식**의 우려가 있다. • 방사시 **동사**의 우려와 **소음**이 크다. • 설비가 **고압**으로 특별한 주의와 관리가 필요

08 ④

해설 방염성능기준 이상의 실내장식물 등을 설치하여야 할 장소
(1) **11층** 이상의 층(**아파트** 제외)
(2) **체**력단련장, 공연장 및 종교집회장
(3) 문화 및 집회시설(옥내에 있는 시설) 보기 ⑩
(4) 운동시설(**수영장** 제외)
(5) **숙**박시설·**노**유자시설 보기 ㉣
(6) 의원, 치과의원, 한의원, 조산원, 산후조리원 보기 ㉢
(7) 의료시설(종합병원, 한방병원, 정신의료기관) 보기 ㉠
(8) 수련시설(**숙**박시설이 있는 것)
(9) **방**송국·촬영소
(10) 다중이용업소(단란주점영업, 유흥주점영업, 노래연습장의 영업장 등)

(11) 종교시설
(12) 합숙소 보기 ⓒ

 방숙체노

| 의료시설 |

구 분	종 류
병원	• 종합병원 • 병원 • 치과병원 • 한방병원 • 요양병원
격리병원	• 전염병원 • 마약진료소
정신의료기관	–
장애인의료재활시설	–

09 ③

③ 높거나 → 낮거나, 낮을 때 → 높을 때

정전기에 의한 재해 방지 예방대책
(1) 정전기의 발생이 우려되는 장소에 **접지시설**을 한다. 보기 ①
(2) 실내의 **공기**를 **이온화**하여 정전기의 발생을 예방한다. 보기 ②
(3) 정전기는 **습도**가 **낮거나** 압력이 **높을 때** 많이 발생하므로 습도를 **70% 이상**으로 한다. 보기 ③
(4) **전기저항**이 **큰** 물질은 **대전**이 **용이**하므로 **전도체 물질**을 사용한다. 보기 ④

10 ④

화재의 종류

종 류	적응물질	소화약제
일반화재 (A급)	• 보통가연물(폴리에틸렌 등) • 종이 • 목재, 면화류, 석탄 • **재를 남김**	① 물 ② 수용액
유류화재 (B급)	• 유류 • 알코올 • **재를 남기지 않음**	① 포(폼)
전기화재 (C급)	• 변압기 • 배전반	① 이산화탄소 ② 분말소화약제 ③ 주수소화 금지
금속화재 (D급)	• 가연성 금속류 (나트륨 등) 보기 ④	① 금속화재용 분말소화약제 ② 마른 모래(건조사)
주방화재 (K급)	• 식용유 • 동·식물성 유지	① 강화액

11 ③

③ 300만원 이하의 과태료 → 200만원 이하의 과태료

✓ **중요**

(1) **300만원 이하의 벌금** 교재 37, 49
① **화재안전조사**를 정당한 사유 없이 **거부·방해·기피**한 자
② 화재예방조치 조치명령을 정당한 사유 없이 따르지 아니하거나 방해한 자
③ **소방안전관리자, 총괄소방안전관리자, 소방안전관리보조자를 선임**하지 아니한 자 보기 ①
④ **소방시설·피난시설·방화시설** 및 **방화구획** 등이 법령에 위반된 것을 발견하였음에도 필요한 조치를 할 것을 요구하지 아니한 소방안전관리자
⑤ **소방안전관리자**에게 **불이익**한 처우를 한 관계인
⑥ 자체점검 결과 소화펌프 고장 등 중대위반사항이 발견된 경우 필요한 조치를 하지 않은 관계인 또는 관계인에게 중대위반사항을 알리지 아니한 관리업자 등

(2) 소방안전관리자 교재 36
① 선임된 날로부터 **6개월** 이내, 그 이후 **2년**마다 **1회**의 **실무교육**을 받아야 한다. 보기 ②
② 소방안전관리자가 실무교육을 받지 아니한 때 1년 이하의 기간을 정하여 자격을 정지시킬 수 있다. 보기 ④

(3) 200만원 이하의 과태료 교재 18, 38
① 소방자동차의 **출동**에 **지장**을 준 자
② 기간 내에 소방안전관리자 **선임신고**를 하지 아니한 자 또는 소방안전관리자의 성명 등을 게시하지 아니한 자 보기 ③
③ 기간 내에 **소방훈련** 및 **교육결과**를 제출하지 아니한 자

기억법 과2(과외)

12 ③

해설

① 경보설비
② 피난구조설비
④ 소화활동설비

소방시설

소방시설	정 의
경보설비 보기 ①	화재발생 사실을 통보하는 기계·기구 또는 설비
피난구조설비 보기 ②	화재가 발생할 경우 피난하기 위하여 사용하는 기구 또는 설비
소화용수설비 보기 ③	화재를 진압하는 데 필요한 물을 공급하거나 저장하는 설비
소화활동설비 보기 ④	화재를 진압하거나 인명구조 활동을 위하여 사용하는 설비

13 ④

해설 **열전달**

종 류	설 명
전도 (conduction)	• 하나의 물체가 다른 물체와 **직접 접촉**하여 전달되는 것
대류 (convection)	• **유체**의 흐름에 의하여 열이 전달되는 것
복사 (radiation)	• 화재시 열의 이동에 **가장 크게 작용**하는 열이동방식 • **화염의 접촉 없이** 연소가 확산되는 현상 보기 ④ • 화재현장에서 **인접건물**을 **연소**시키는 주된 원인

14 ③

해설 **위험물**
산소를 함유하거나 발생시키는 위험물
(1) 제**1**류 위험물 보기 ㉠
(2) 제**5**류 위험물 보기 ㉣
(3) 제**6**류 위험물 보기 ㉥

기억법 156

15 ①

해설 **화재안전조사 결과에 따른 조치명령**
(1) 명령권자 : **소방관서장**(소방청**장** · 소방**본**부장 · 소방**서**장)
(2) 명령사항
① **개수**명령 보기 ②
② **이전**명령 보기 ④
③ **제거**명령 보기 ③
④ **사용**의 **금지** 또는 제한명령, 사용폐쇄
⑤ **공사**의 **정지** 또는 중지명령

기억법 장본서

16 ②

해설

② 분말소화약제 : 질식효과, 억제(부촉매) 효과

문제 02 참조

17 ①

특정소방대상물별 소화기구의 능력단위 기준

특정소방대상물	소화기구의 능력단위	건축물의 주요 구조부가 내화구조이고, 벽 및 반자의 실내에 면하는 부분이 불연재료·준불연재료 또는 난연재료로 된 특정소방대상물의 능력단위
• **위**락시설 기억법 위3(위상)	바닥면적 30m²마다 1단위 이상	바닥면적 60m²마다 1단위 이상
• **공연**장 • **집**회장 • **관람**장 • **문**화재 • **장**례식장 및 **의**료시설 기억법 5공연장 문의 집관람(손오공 연장 문의 집관람)	바닥면적 50m²마다 1단위 이상	바닥면적 100m²마다 1단위 이상
• **근**린생활시설 • **판**매시설 • **운수**시설 • **숙**박시설 • **노**유자시설 • **전**시장 • 공동**주**택(아파트 등) • **업**무시설(사무실 등) • **방**송통신시설 • **공**장 • **창**고시설 • **항**공기 및 자동**차**관련시설 및 **관광**휴게시설 기억법 근판숙노전 주업 방차창 1항 관광 (근판숙노전 주업 방차창 일본항 관광)	바닥면적 100m²마다 1단위 이상	바닥면적 200m²마다 1단위 이상

• 그 밖의 것	바닥면적 200m²마다 1단위 이상	바닥면적 400m²마다 1단위 이상

판매시설로서 **내화구조, 난연재료**로 된 경우로 바닥면적 200m²마다 1단위 이상 이므로

$$\frac{2000\text{m}^2}{200\text{m}^2} = 10\text{단위}$$

2단위 소화기를 설치하므로

소화기개수 = $\frac{10\text{단위}}{2\text{단위}}$ = 5개

• 10단위를 10개라고 쓰면 틀린다. 특히 주의!

18 ④

스프링클러설비의 구성요소

습식	① 자동경보밸브(Alarm check valve) ② 압력스위치 ③ 템퍼스위치 ④ 리타딩챔버
건식	① **건**식 밸브(Dry valve) ② **가**속기(Accelerator) 보기 ① ③ **공**기배출기(Exhauster) ④ 공기**압**축기(Air compressor) ⑤ **압**력스위치 보기 ③ ⑥ **템**퍼스위치 기억법 건가공 압템
준비 작동식	① 준비작동밸브(Pre-action valve) ② 수동조작함(Supervisory panel) ③ 압력스위치 ④ 화재감지기 ⑤ 수동기동장치(긴급해제밸브)
일제 살수식	① 일제개방밸브(Deluge valve) ② 화재감지기 ③ 수동기동장치 ④ 템퍼스위치

19 ④

해설 물분무등소화설비
(1) **물**분무소화설비
(2) **분**말소화설비 보기 ③
(3) **포**소화설비 보기 ②
(4) **할**론소화설비
(5) **이**산화탄소소화설비
(6) **할**로겐화합물 및 불활성 기체 소화설비
(7) **강**화액소화설비
(8) **미**분무소화설비 보기 ①
(9) **고**체에어로졸소화설비

기억법 분포할이 할강미고

20 ①

해설 준비작동식 스프링클러설비의 작동순서
(1) ㉠ **화**재발생
(2) ㉣ **교**차회로방식의 A or B 감지기 작동 (경종 또는 사이렌 경보, 화재표시등 점등)
(3) ㉡ **감**지기 A and B 감지기 작동 또는 수동기동장치(SVP) 작동
(4) ㉢ **준**비작동식 유수검지장치 작동
(5) ㉥ **2**차측으로 급수
(6) ㉦ **헤**드 개방, 방수
(7) ㉤ **배**관 내 압력저하로 기동용 수압개폐장치의 압력스위치 작동 → 펌프 기동

기억법 화교감 준2헤배

비교 습식 스프링클러설비의 작동순서 교재 170

1. **화**재발생
2. **헤**드 개방 및 방수
3. **2**차측 배관 압력저하
4. **1**차측 압력에 의해 습식 유수검지장치의 클래퍼 개방
5. **습**식 유수검지장치의 압력스위치 작동 → 사이렌 경보, 감시제어반의 화재표시등 점등 및 밸브개방표시등 점등
6. **배**관 내 압력저하로 기동용 수압개폐장치의 압력스위치 작동 → 펌프 기동

기억법 화헤 21습배

21 ④

해설 화재감지기가 필요한 스프링클러설비
(1) **준**비작동식 스프링클러설비 보기 ④
(2) **일**제살수식 스프링클러설비 보기 ④

기억법 준일

22 ①

해설
① 지하층 포함 → 지하층 제외

● 17층으로서 11층 이상(아파트 제외)이므로 1급 소방안전관리대상물

소방안전관리자 및 소방안전관리보조자를 선임하는 특정소방대상물

소방안전관리 대상물	특정 소방대상물
특급 소방안전관리대상물 (동식물원, 철강 등 불연성 물품 저장·취급창고, 지하구, 위험물 제조소 등 제외)	● **50층** 이상(지하층 제외) 또는 지상 **200m** 이상 **아파트** ● **30층** 이상(지하층 포함) 또는 지상 **120m** 이상(아파트 제외) ● 연면적 **10만m²** 이상(아파트 제외)
1급 소방안전관리대상물 (동식물원, 철강 등 불연성 물품 저장·취급창고, 지하구, 위험물 제조소 등 제외)	● **30층** 이상(지하층 제외) 또는 지상 **120m** 이상 **아파트** 보기 ①② ● 연면적 **15000m²** 이상인 것(아파트 및 연립주택 제외) 보기 ③ ● **11층** 이상(아파트 제외) ● 가연성 가스를 **1000톤** 이상 저장·취급하는 시설 보기 ④

2급 소방안전관리 대상물	• 지하구 • 가스제조설비를 갖추고 도시가스사업 허가를 받아야 하는 시설 또는 가연성 가스를 **100톤 이상 1000톤 미만** 저장·취급하는 시설 • 옥내소화전설비·**스프링클러설비** 설치대상물 • **물분무등소화설비**(호스릴방식만을 설치한 경우 제외) 설치대상물 • 공동주택 • 목조건축물(국보·보물)
3급 소방안전관리 대상물	• **자동화재탐지설비** 설치대상물 • **간이스프링클러설비** 설치대상물

23 ③

해설

③ 단락 → 단선

유도등의 3선식 배선시 자동으로 점등되는 경우
(1) 자동화재**탐**지설비의 **감지기** 또는 **발신기**가 작동되는 때 보기 ①
(2) 비상**경**보설비의 **발신기**가 작동되는 때 보기 ②
(3) **상**용전원이 **정전**되거나 **전원선**이 **단선**되는 때 보기 ③
(4) **방**재업무를 통제하는 곳 또는 전기실의 배전반에서 **수동**으로 점등하는 때
(5) **자**동소화설비가 작동되는 때 보기 ④

기억법 경탐 상방자

비교	단선 vs 단락
단선	단락
선이 끊어진 것	두 선이 붙은 것

24 ②

해설

② 3년 이하의 징역 또는 3천만원 이하의 벌금

5년 이하의 징역 또는 5000만원 이하의 벌금
(1) **위력**을 사용하여 출동한 소방대의 화재진압·인명구조 또는 구급활동을 **방해**하는 행위 보기 ①
(2) 소방대가 화재진압·인명구조 또는 구급활동을 위하여 **현장**에 **출동**하거나 현장에 출입하는 것을 고의로 **방해**하는 행위
(3) 출동한 소방대원에게 폭행 또는 협박을 행사하여 화재진압·인명구조 또는 구급활동을 **방해**하는 행위 보기 ③
(4) 출동한 소방대의 **소방장비**를 **파손**하거나 그 효용을 해하여 화재진압·인명구조 또는 구급활동을 **방해**하는 행위 보기 ④
(5) 소방자동차의 **출동**을 **방해**한 사람
(6) 사람을 **구출**하는 일 또는 불을 끄거나 불이 번지지 아니하도록 하는 일을 **방해**한 사람
(7) 정당한 사유 없이 소방용수시설 또는 비상소화장치를 사용하거나 소방용수시설 또는 비상소화장치의 효용을 해하거나 그 정당한 사용을 **방해**한 사람
(8) 소방시설의 폐쇄·차단

기억법 5방5000

25 ④

해설

④ 공기호흡기 등 설치대상

객석유도등 설치대상
(1) **유**흥주점영업(카바레, 나이트클럽 등) 보기 ①②
(2) **문**화 및 집회시설
(3) **종**교시설 보기 ③
(4) **운**동시설

기억법 유문종 운(유문종 운전해)

제 2 과목

문제는 여기로! → 문제 p.1-25

26 ②

해설

② 선택스위치 : **수동**, 주펌프 : **기동**이므로 주펌프를 **수동**으로 기동 중임

감시제어반

평상시 상태	수동기동 상태	점검시 상태
① 선택스위치 : **연동**	① 선택스위치 : **수동**	① 선택스위치 : **정지**
② 주펌프 : **정지**	② 주펌프 : **기동**	② 주펌프 : **정지**
③ 충압펌프 : **정지**	③ 충압펌프 : **기동**	③ 충압펌프 : **정지**

27 ④

해설

④ 예비전원감시램프가 점등되어 있으므로 예비전원 불량여부를 확인해야 한다.

예비전원감시

28 ③

해설

① 안정 → 불안정
전압지시가 **낮음**으로 표시되어 있으므로 전력이 **불안정**

전압지시
○ 높음
◉ 정상
● 낮음

② 예비전원스위치는 예비전원 이상 유무를 확인하는 버튼으로 전원을 공급하지는 않는다.
③ 예비전원감시램프가 점등되어 있으므로 예비전원배터리가 문제있다는 뜻임

예비전원감시

④ 예비전원감시 : **점등**되어 있으므로 예비전원이 불량이자 소방설비가 작동되지 않을 가능성이 높다.

29 ①

해설

① 펌프토출측에 있는 ㉠ **개폐표시형 개폐밸브**를 폐쇄하면 배관이 막히게 되어 가압수가 나오지 않아 소화를 할 수 없게 된다.

가압수가 나오지 않는 경우
(1) **개폐표시형 개폐밸브**가 폐쇄된 경우
　보기 ①
(2) **체크밸브**가 막힌 경우

30 ①

해설

2F(2층)에서 발신기 오작동이 발생하였으므로 2층이 발화층이 되어 **지구표시등은 2층**에만 점등된다. 경보층은 발화층 (2층), 직상 4개층(3~6층)이므로 경종은 2~6층이 울린다.

자동화재탐지설비의 직상 4개층 우선경보방식 적용대상물

11층(공동주택 16층) 이상의 특정소방대상물의 경보

자동화재탐지설비 직상 4개층 우선경보방식			
발화층	경보층		
	11층(공동주택 16층) 미만	11층(공동주택 16층) 이상	
2층 이상 발화	전층 일제경보	• 발화층 • 직상 4개층	
1층 발화		• 발화층 • 직상 4개층 • 지하층	
지하층 발화		• 발화층 • 직상층 • 기타의 지하층	

31 ③

① **주펌프 기동확인**램프가 **점등**되어 있지만, **주펌프 P/S**(압력스위치)는 **소등**되어 있으므로 주펌프 압력스위치는 미작동 상태이다. 그러므로 옳다.

② 감시제어반 선택스위치 : **수동**, 주펌프 : **기동**으로 되어있으므로 주펌프는 기동하고 있다. 이 상태에서 주펌프 : **정지**로 내리면 주펌프는 정지하므로 옳다.

③ 자동으로 → 수동으로
감시제어반 선택스위치 : **수동**, 주펌프 : **기동**, 충압펌프 : **기동**으로 되어있으므로 현재 주펌프, 충압펌프 모두 **수동**으로 작동하고 있다.

④ 기동확인등은 펌프가 기동될 때 점등되므로 감시제어반 선택스위치 : **수동**, 충압펌프 : **기동**으로 되어있으므로 충압펌프 기동확인램프가 점등되어야 한다. 소등되어있다면 불량이 맞다.

32 ①

① 습식 스프링클러설비는 감지기를 사용하지 않음으로 감지기 동작과는 무관

감지기 사용유무

습식 · 건식 스프링클러설비	준비작동식 · 일제살수식 스프링클러설비
감지기 ×	감지기 ○

시험밸브 개방시 작동 또는 점등되어야 할 것
(1) 펌프 작동
(2) 감시제어반 밸브개방표시등(습식 : 알람밸브표시등) 점등
(3) 음향장치(사이렌) 작동
(4) 화재표시등 점등

33 ③

주펌프 수동기동방법	
감시제어반	동력제어반
① 선택스위치 : **수동** 보기 ㉠	① 주펌프 선택스위치 : **수동** 보기 ㉢
② 주펌프 : **기동** 보기 ㉡	② 주펌프기동버튼(기동스위치) : **누름** 보기 ㉢

충압펌프 수동기동방법	
감시제어반	동력제어반
① 선택스위치 : **수동**	① 충압펌프 선택스위치 : **수동** 보기 ㉣
② 충압펌프 : **기동**	② 충압펌프기동버튼(기동스위치) : **누름** 보기 ㉣

34 ②

① 방사형 → 직사형
③ 0.15MPa 이하 → 0.17~0.7MPa 이하
④ 상관없다. → 수직방향으로 해야 한다.

옥내소화전 방수압력 측정
(1) 측정장치 : 방수압력측정계(피토게이지)
(2)

방수량	방수압력
130L/min	0.17~0.7MPa 이하 보기 ③

(3) 방수압력 측정방법 : 방수구에 호스를 결속한 상태로 노즐의 선단에 방수압력 측정계(피토게이지)를 근접 $\left(\dfrac{D}{2}\right)$시켜서 측정하고 방수압력측정계의 압력계상의 눈금을 확인한다. 보기 ②

┃방수압력 측정┃

(3) 방수압력 측정방법 : 방수구에 호스를 결속한 상태로 노즐의 선단에 방수압력 측정계(피토게이지)를 근접 $\left(\dfrac{D}{2}\right)$시켜서 측정하고 방수압력측정계의 압력계상의 눈금을 확인한다.

┃방수압력 측정┃

35 ④

④ 보기를 볼 때 심폐소생술(CPR) 실시 후 자동심장충격기(AED)를 사용하는 경우이므로 보기 ④ 정답

심폐소생술(CPR) 순서	자동심장충격기(AED) 사용 순서
① 반응 확인 순서 ①	① 전원 켜기
② 119 신고 순서 ②	② 두 개의 패드 부착
③ 호흡 확인	③ 심장리듬 분석 순서 ④
④ 가슴압박 30회 시행 순서 ③	④ 심장충격 실시
⑤ 인공호흡 2회 시행	⑤ 심폐소생술 실시
⑥ 가슴압박과 인공호흡의 반복	
⑦ 회복 자세	

36 ②

 옥내소화전 방수압력 측정
(1) 측정장치 : 방수압력측정계(피토게이지)
(2)

방수량	방수압력
130L/min	0.17~0.7MPa 이하

37 ①

동력제어반에 주펌프의 **기동표시등**과 **펌프기동표시등**이 **점등**되어 있으므로 **감시제어반**에서 펌프를 **수동**조작하고 있는 것으로 판단된다. 그러므로 **선택스위치 : 수동, 주펌프 : 기동, 충압펌프 : 정지**

감시제어반	동력제어반
① 선택스위치 : **수동**	① POWER 램프 : **점등**
② 주펌프 : **기동**	② 주펌프 선택스위치 : 어느 위치든 관계 없음
③ 충압펌프 : **정지**	③ 주펌프 기동램프 : **점등**
	④ 주펌프 정지램프 : **소등**
	⑤ 주펌프 펌프기동램프 : **점등**

38 ①

① 프리액션밸브는 방화문 감지기와는 무관함

프리액션밸브 개방조건
(1) SVP(수동조작함) 수동조작 버튼 기동 보기 ②

(2) 감시제어반에서 동작시험 보기 ③
(3) 감시제어반에서 수동조작 보기 ④
(4) 해당 방호구역의 감지기 **2개회로** 작동
(5) 밸브 자체에 부착된 **수동기동밸브** 개방

39 ④

[해설]

㉠ 도통시험버튼이 눌러져 있지 않으므로 도통시험을 실시하는 것이 아님

㉡ 발신기램프가 점등되어 있으므로 화재통보기기는 발신기이다.

㉢ 점멸되지 않는 것은 → 점멸되는 것은

스위치주의
○

㉣ 전압지시 정상램프가 점등되어 있으므로 수신기의 전원상태는 이상이 없다.

전압지시
○ 높음
● 정상
○ 낮음

40 ④

[해설] 심폐소생술(CPR) 순서

(1) 반응의 확인   (2) 119 신고

(3) 가슴압박   (4) 인공호흡
   30회 시행   2회 시행

[중요] 올바른 심폐소생술 시행방법 보기 ④

반응의 확인 → 119 신고 → 호흡확인 → 가슴압박 30회 시행 → 인공호흡 2회 시행 → 가슴압박과 인공호흡의 반복 → 회복자세

41 ④

[해설] 5층 선로 단선 확인순서

(1) 도통시험스위치 버튼 누름

(2) 5층 회로시험 버튼 누름

[용어] 회로도통시험

수신기에서 감지기 사이 회로의 단선 유무와 기기 등의 접속 상황을 확인하기 위한 시험

[중요] P형 수신기의 동작시험

구분	순서
동작시험순서	① 동작시험스위치 누름 ② 자동복구스위치 누름 ③ 회로시험스위치 돌림
동작시험복구 순서	① 회로시험스위치 돌림 ② 동작시험스위치 누름 ③ 자동복구스위치 누름
회로도통시험 순서	① 도통시험스위치를 누름 ② 각 경계구역 동작버튼을 차례로 누름(회로시험스위치를 각 경계구역별로 차례로 회전)
예비전원시험 순서	① 예비전원시험스위치 누름 ② 예비전원 결과 확인

42 ②

> ② 계단감지기 점검시에는 계단램프가 점등되어야 하므로 ②번 정답

① 아무것도 점등되지 않음

② 계단램프 점등(계단감지기 점검시 점등)

③ E/V(엘리베이터) 램프, 계단램프 2개 점등(E/V 및 계단감지기 점검시 점등)

④ E/V(엘리베이터) 램프 점등(E/V 점검시 점등)

43 ①

> ① 습식 스프링클러설비: 동결 우려 장소(추운 곳) 사용제한

스프링클러설비의 종류

구분		장점	단점
폐쇄형 헤드 사용	습식	• **구조**가 **간단**하고 **공사비 저렴** • 소화가 신속 • 타방식에 비해 유지·관리 용이	• **동결** 우려 장소 **사용제한** 보기 ① • 헤드 오작동시 수손피해 및 배관 부식 촉진
	건식	• 동결 우려 장소 및 옥외 사용 가능	• 살수개시시간 지연 및 복잡한 구조 • 화재 초기 **압축공기**에 의한 화재 촉진 우려 • 일반헤드인 경우 **상향형**으로 시공하여야 함
	준비작동식	• 동결 우려 장소 사용 가능 • 헤드 오작동(개방)시 수손피해 우려 없음 • 헤드개방 전 경보로 조기 대처 용이	• 감지장치로 감지기별도 시공 필요 • 구조 복잡, 시공비 고가 • 2차측 배관 부실시공 우려
개방형 헤드 사용	일제살수식	• **초기화재**에 신속 대처 용이 • 층고가 높은 장소에서도 소화 가능	• 대량살수로 수손피해 우려 • 화재감지장치 별도 필요

44 ③

주펌프 수동기동방법 보기 ③	충압펌프 수동기동방법
① 선택스위치: **수동** ② 주펌프: **기동** ③ 충압펌프: **정지** ④ 음향장치: **부저**	① 선택스위치: **수동** ② 주펌프: **정지** ③ 충압펌프: **기동** ④ 음향장치: **부저**

45 ③

① 작동하고 있다. → 작동하고 있지 않다. 주펌프, 충압펌프 램프가 소등되어 있으므로 주펌프 및 충압펌프는 작동하고 있지 않다.

② 꺼져있다. → 켜져있다.

③ 알람밸브 개방램프가 소등되어 있으므로 알람밸브는 개방되어 있지 않다. 그러므로 옳다.

④ 수동 → 자동

자동/수동 선택스위치
이것은 표시등으로 선택스위치가 정지위치에 있으면 꺼지고, 자동이나 수동위치에 있으면 켜진다. 수동위치에만 있을 때 켜지는 것이 아니다.

시험밸브 개방시 작동 또는 점등되어야 할 것
(1) 펌프 작동
(2) 감시제어반 밸브개방표시등(습식: 알람밸브표시등)
(3) 음향장치(사이렌) 작동
(4) 화재표시등 점등

46 ③

㉠ 턱을 목 아래쪽으로 → 턱을 들어올려
㉢ 공기가 배출되도록 해야 한다. → 숨을 불어넣은 후에는 입을 떼고 코도 놓아 주어서 공기가 배출되도록 한다.

47 ②

도통시험 정상램프가 점등되어 있으므로 회로 단선 여부는 ○이고, 불량내용은 이상 없음

48 ②

㉠ 수동 → 연동
㉡ 기동 → 정지

평상시 상태	수동기동 상태	점검시 상태
① 선택스위치 : **연동**	① 선택스위치 : **수동**	① 선택스위치 : **정지**
② 주펌프 : **정지**	② 주펌프 : **기동**	② 주펌프 : **정지**
③ 충압펌프 : **정지**	③ 충압펌프 : **기동**	③ 충압펌프 : **정지**

49 ④

① 그림 A : 2층 지구표시등이 점등되어 있고, 도통시험 정상램프가 점등되어 있으므로 옳다. (○)

② 그림 A : 도통시험스위치가 눌러져 있으므로 스위치주의표시등이 점등되는 것은 정상이므로 옳다. (○)

③ 그림 B : 3층 **회로시험**버튼이 눌러 있고, 도통시험 단선램프가 점등되어 있으므로 옳다. (○)

④ 그림 C : 2~5층 **회로시험**버튼이 눌러 있고, 도통시험 단선램프가 점등되어 있으므로 1층은 단선유무를 알 수 없고, 2~5층은 도통시험결과 단선이다. 그러므로 틀린 답 (×)

50 ③

① 스위치 주의표시등이 점등되어 있으므로 눌러져 있는 주경종, 지구경종 정지스위치 등을 **정상위치**로 **복구**시켜야 한다. 119에 신고할 필요는 없으므로 틀린 답 (×)
② 스위치 주의표시등이 점등되어 있으므로 눌러져 있는 주경종, 지구경종 정지스위치등을 정상위치로 복구시켜야 한다. 화재가 발생한 경우는 아니므로 화재위치를 확인할 필요는 없다. 그러므로 틀린 답 (×)
④ 스위치 주의표시등은 주경종, 지구경종 정지스위치 등이 눌러져 있을 때 점등되는 것으로 예비전원 상태와는 무관하다. 그러므로 틀린 답 (×)

2023년 기출문제

문제는 여기로! → 문제 p.1-39

01	02	03	04	05	06	07	08	09	10
③	②	④	②	④	①	③	①	③	③
11	12	13	14	15	16	17	18	19	20
②	①	④	③	④	①	②	④	④	③
21	22	23	24	25	26	27	28	29	30
①	①	②	④	③	③	④	②	②	④
31	32	33	34	35	36	37	38	39	40
④	③	③	②	①	②	④	②	③	①
41	42	43	44	45	46	47	48	49	50
④	③	②	①	④	③	①	④	④	②

제 **1** 과목

문제는 여기로! → 문제 p.1-39

01 ③

해설 관계인
(1) **소**유자 보기 ①
(2) **관**리자 보기 ②
(3) **점**유자 보기 ④

기억법 소관점

02 ②

해설
② 한국소방산업기술원의 업무

한국소방안전원

한국소방안전원의 설립목적	한국소방안전원의 업무
① 소방기술과 안전관리기술의 향상 및 홍보 ② 교육·훈련 등 행정기관이 위탁하는 업무의 수행 보기 ③ ③ **소방관계종사자**의 기술 향상	① 소방기술과 안전관리에 관한 **교육 및 조사·연구** 보기 ① ② 소방기술과 안전관리에 관한 각종 **간행물 발간** ③ 화재예방과 안전관리 의식 고취를 위한 **대국민 홍보** ④ 소방업무에 관하여 **행정기관이 위탁**하는 업무 ⑤ 소방안전에 관한 **국제협력** 보기 ④ ⑥ 회원에 대한 **기술지원** 등 정관으로 정하는 사항

03 ④

해설
④ 30cm 이하 → 50cm 이상

무창층
지상층 중 다음에 해당하는 개구부면적의 합계가 그 층의 바닥면적의 $\frac{1}{30}$ 이하가 되는 층

개구부 : '창문'을 말해요.

3개 창문의 합이 1m² 이하
바닥면적 30m²

┃무창층┃

(1) 크기는 지름 **50cm 이상**의 원이 통과할 수 있을 것 보기 ④
   (이하 ✗)

비교	
개구부	소화수조·저수조
지름 **50cm** 이상	지름 **60cm** 이상

(2) 해당층의 바닥면으로부터 개구부 밑부분까지의 높이가 **1.2m** 이내일 것 보기 ②
   1.5m ✗

화재발생시 사람이 통과할 수 있는 어깨너비, 키 등의 최소기준을 생각해 봐요.

나! 창문
지름 50cm 이상, 통과
1.2m 이내
바닥면

(3) **도로** 또는 **차량**이 진입할 수 있는 **빈터**를 향할 것 보기 ③
(4) 화재시 건축물로부터 쉽게 **피난**할 수 있도록 개구부에 **창살**이나 그 밖의 장애물이 설치되지 않을 것
(5) 내부 또는 외부에서 **쉽게 부수거나 열** 수 있을 것 보기 ①

04 ②

해설 자체점검 후 결과조치
자체점검 결과 보관 : **2년**

05 ④

해설

①·②·③ 작다 → 크다

가연성 물질의 구비조건
(1) 화학반응을 일으킬 때 필요한 **활성화에너지값**이 **작아야** 한다.
(2) 일반적으로 산화되기 쉬운 물질로서 산소와 결합할 때 **발열량**이 **커야** 한다. 보기 ③
(3) 열의 축적이 용이하도록 **열전도**의 값(열전도율)이 **작아야** 한다. 보기 ④

〈가연물질별 열전도〉
- 철 : 열전도 빠르다(크다).
  → 불에 잘 타지 않는다.
- 종이 : 열전도 느리다(작다).
  → 불에 잘 탄다.

┃열전도┃

(4) 지연성 가스인 **산소·염소**와의 **친화력**이 **강해야** 한다. 보기 ①
(5) 산소와 접촉할 수 있는 **표면적**이 **큰 물질**이어야 한다. 보기 ②
(6) **연쇄반응**을 일으킬 수 있는 물질이어야 한다.

용어 **활성화에너지(최소 점화에너지)**
가연물이 처음 연소하는 데 필요한 열

┃활성화에너지┃

06 ①

해설 화재안전조사 항목
(1) 화재의 **예방조치** 등에 관한 사항 보기 ③
(2) **소방안전관리 업무** 수행에 관한 사항 보기 ②
(3) 피난계획의 수립 및 시행에 관한 사항
(4) 소화·통보·피난 등의 훈련 및 소방안전관리에 필요한 교육에 관한 사항
(5) **소방자동차 전용구역** 등에 관한 사항
(6) 소방시설공사업법에 따른 시공, 감리 및 **감리원** 배치 등에 관한 사항
(7) **소방시설**의 **설치** 및 **관리** 등에 관한 사항
(8) 건설현장 **임시소방시설**의 설치 및 관리에 관한 사항
(9) **피난시설**, 방화구획 및 방화시설의 관리에 관한 사항
(10) **방염**에 관한 사항
(11) 소방시설 등의 **자체점검**에 관한 사항 보기 ④
(12) 「다중이용업소의 안전관리에 관한 특별법」, 「위험물안전관리법」 및 「초고층 및 지하연계 복합건축물 재난관리에 관한 특별법」의 안전관리에 관한 사항
(13) 그 밖에 화재 발생 위험 등 **소방관서장**이 화재안전조사의 목적을 달성하기 위하여 필요하다고 인정하는 사항

07 ②

해설 화재의 종류

종 류	적응물질	소화약제
일반화재 (A급)	• 보통가연물(폴리에틸렌 등) • 종이 • 목재, 면화류, 석탄 • **재를 남김**	① 물 ② 수용액
유류화재 (B급)	• 유류 • 알코올 • **재를 남기지 않음** 보기 ②	① 포(폼)
전기화재 (C급)	• 변압기 • 배전반	① 이산화탄소 ② 분말소화약제 ③ 주수소화 금지
금속화재 (D급)	• 가연성 금속류 (나트륨 등)	① 금속화재용 분말소화약제 ② 마른 모래(건조사)
주방화재 (K급)	• 식용유 • 동·식물성 유지	① 강화액

08 ③

해설 열전달

종 류	설 명
전도 (conduction)	• 하나의 물체가 다른 물체와 **직접 접촉**하여 전달되는 것
대류 (convection)	• 유체의 흐름에 의하여 열이 전달되는 것
복사 (radiation) 보기 ③	• 화재시 열의 이동에 **가장 크게 작용**하는 열이동방식 • **화염의 접촉 없이** 연소가 확산되는 현상 보기 ③ • 화재현장에서 **인접건물**을 연소시키는 주된 원인

용어 비화

불씨가 날아가서 다른 곳에 또 화재를 일으키는 것

09 ①

해설 연기의 확산속도

구 분	확산속도
수평방향	0.5~1.0m/sec 보기 ①
수직방향	**2~3**m/sec
계단실 내의 수직이동속도	**3~5**m/sec

기억법 수23, 계35

10 ③

해설 위험물

인화성 또는 **발화성** 등의 성질을 가지는 것으로서 **대통령령**이 정하는 물품

11 ②

해설

② CH_4 → C_3H_8 또는 C_4H_{10}

LPG vs LNG

구분\종류	액화석유가스 (LPG)	액화천연가스 (LNG)
주성분	• **프**로판(C_3H_8) 보기 ② • **부**탄(C_4H_{10}) 보기 ② **기억법** P프부	• **메**탄(CH_4) **기억법** N메
비중	• 1.5~2(누출시 낮은 곳 체류) 보기 ④	• 0.6(누출시 천장 쪽 체류)
폭발범위 (연소범위)	• 프로판 : 2.1~9.5% 보기 ③ • 부탄 : 1.8~8.4%	• 5~15%
용도 보기 ①	• 가정용 • 공업용 • 자동차연료용	• 도시가스

증기 비중	● 1보다 큰 가스	● 1보다 작은 가스
탐지기의 위치	● 탐지기의 **상단**은 바닥면의 **상방 30cm** 이내에 설치	● 탐지기의 **하단**은 천장면의 **하방 30cm** 이내에 설치
	LPG 탐지기 위치	LNG 탐지기 위치
가스누설 경보기의 위치	● 연소기 또는 관통부로부터 수평거리 **4m** 이내에 설치	● 연소기로부터 수평거리 **8m** 이내에 설치
공기와 무게 비교	● 공기보다 무겁다.	● 공기보다 가볍다.

12 ①

해설 단독주택 및 공동주택(아파트 및 기숙사 제외)에 설치하는 소방시설
(1) 소화기
(2) 단독경보형 감지기

13 ④

해설 피난시설, 방화구획 및 방화시설 관련 금지행위
(1) 건축법령에 의거 설치한 피난·방화시설을 화재시 사용할 수 없도록 폐쇄하는 행위
(2) **계단**, **복도** 등에 **방범철책(창)** 등을 설치하여 화재시 피난할 수 없도록 하는 행위
(3) 비상구 등에 잠금장치(고정식 잠금장치 등)를 설치하여 누구나 쉽게 열 수 없도록 하는 행위
(4) 용접, 조적, 쇠창살, 석고보드 또는 합판 등으로 비상(탈출)구의 개방이 불가능하도록 하는 행위

(5) 방화문에 시건장치를 하여 폐쇄하는 행위 보기 ①
(6) 방화문에 고임장치(도어스톱) 등을 설치하는 행위 보기 ②
(7) 비상구에 물건을 쌓아두는 행위 보기 ③
(8) 기타 객관적인 판단하에 누구라도 폐쇄라고 볼 수 있는 행위

14 ①

해설 현장처리물품

방염 현장처리물품의 성능검사 실시기관	방염 선처리물품의 성능검사 실시기관
시·도지사(관할소방서장) 보기 ①	한국소방산업기술원

15 ③

해설

③ 전체 능력단위를 → 전체 능력단위의 $\frac{1}{2}$을

소화기구
(1) 소화능력 단위기준 및 보행거리 보기 ①

소화기 분류		능력단위	보행거리
소형소화기		1단위 이상	20m 이내
대형 소화기	A급	10단위 이상	30m 이내
	B급	20단위 이상	

기억법 보3대, 대2B(데이빗!)

(2) 분말소화기

소화약제 및 적응화재

적응화재	소화약제의 주성분	소화효과
BC급	탄산수소나트륨 ($NaHCO_3$)	● 질식 효과 ● 부촉매 (억제) 효과
	탄산수소칼륨 ($KHCO_3$)	
ABC급 보기 ②	제1인산암모늄 ($NH_4H_2PO_4$)	
BC급	탄산수소칼륨($KHCO_3$) + 요소($NH_2)_2CO$	

(3) 내용연수 보기 ④
소화기의 내용연수를 **10년**으로 하고 내용연수가 지난 제품은 교체 또는 성능확인을 받을 것

내용연수 경과 후 10년 미만	내용연수 경과 후 10년 이상
3년	1년

(4) 능력단위가 **2단위** 이상이 되도록 소화기를 설치하여야 할 특정소방대상물 또는 그 부분에 있어서는 **간이소화용구**의 능력단위가 전체능력단위의 $\frac{1}{2}$ 초과금지(**노유자시설** 제외) 보기 ③

16 ④

[해설] 특정소방대상물별 소화기구의 능력단위 기준

특정소방대상물	소화기구의 능력단위	건축물의 주요 구조부가 **내화구조**이고, 벽 및 반자의 실내에 면하는 부분이 **불연재료·준불연재료** 또는 난연재료로 된 특정소방대상물의 능력단위
• **위**락시설 기억법 위3(위상)	바닥면적 **30m²**마다 1단위 이상	바닥면적 **60m²**마다 1단위 이상
• **공**연장 • **집**회장 • **관**람장 • **문**화재 • **장**례식장 및 의료시설 기억법 5공연장 문의 집관람(손오공 연장 문의 집관람)	바닥면적 **50m²**마다 1단위 이상	바닥면적 **100m²**마다 1단위 이상
• **근**린생활시설 • **판**매시설 • **운**수시설 • **숙**박시설 • **노**유자시설 • **전**시장 • 공동**주**택(아파트 등) • **업**무시설(사무실 등) • **방**송통신시설 • 공장 • **창**고시설 • **항**공기 및 자동**차**관련시설, **관**광휴게시설 기억법 근판숙노전 주업 방차창 1항 관광 (근판숙노전 주업 방차창 일본항 관광)	바닥면적 **100m²**마다 1단위 이상	바닥면적 **200m²**마다 1단위 이상
• 그 밖의 것	바닥면적 **200m²**마다 1단위 이상	바닥면적 **400m²**마다 1단위 이상

의료시설로서 **내화구조**이고 **불연재료**이므로 바닥면적 **100m²**마다 1단위 이상이므로 $\frac{600m^2}{100m^2}=6$단위

17 ①

[해설]
② 350L/min → 130L/min
③ 0.8m~1.5m → 1.5m
④ 25mm → 40mm

(1) 옥내소화전설비 vs 옥외소화전설비

구 분	방수량	방수압	최소방출시간	소화전 최대개수
옥내소화전설비	• 130L/min 이상 보기 ②	• 0.17~0.7MPa 이하 보기 ①	• **20분**: 29층 이하 • **40분**: 30~49층 이하 • **60분**: 50층 이상 보기 ①	• 저층건축물: 최대 **2개** • 고층건축물: 최대 **5개** 보기 ①

| 옥외소화전설비 | • 350L/min 이상 | • 0.25~0.7MPa 이하 | • 20분 |

(2) 옥내소화전설비 호스구경

구 분	호 스
호스릴	25mm 이상
일 반	40mm 이상 보기 ④

기억법 내호25, 내4(내사 종결)

비교 설치높이 1.5m 이하 교재 148, 161
(1) 소화기
(2) 옥내소화전 방수구 보기 ③

18 ②

해설 옥내소화전설비 수원의 저수량

$Q = 2.6N$ (30층 미만, N : 최대 2개)
$Q = 5.2N$ (30~49층 이하, N : 최대 5개)
$Q = 7.8N$ (50층 이상, N : 최대 5개)

여기서, Q : 수원의 저수량[m³]
       N : 가장 많은 층의 소화전개수

수원의 **저수량** Q는
$Q = 2.6N = 2.6 \times 2 = 5.2 \text{m}^3$

19 ④

해설 ④ 2급 소방안전관리자 선임조건

(1) 1급 소방안전관리대상물의 소방안전관리자 선임조건

자 격	경 력	비 고
• 소방설비기사 보기 ① • 소방설비산업기사 보기 ②	경력 필요 없음	1급 소방안전관리자 자격증을 받은 사람
• 소방공무원 보기 ③	7년	
• 소방청장이 실시하는 1급 소방안전관리대상물의 소방안전관리에 관한 시험에 합격한 사람	경력 필요 없음	
• 특급 소방안전관리대상물의 소방안전관리자 자격이 인정되는 사람		

(2) 2급 소방안전관리대상물의 소방안전관리자 선임조건

자 격	경 력	비 고
• 위험물기능장 보기 ④ • 위험물산업기사 • 위험물기능사	경력 필요 없음	2급 소방안전관리자 자격증을 받은 사람
• 소방공무원	3년	
• 「기업활동 규제완화에 관한 특별조치법」에 따라 소방안전관리자로 선임된 사람(소방안전관리자로 선임된 기간으로 한정)	경력 필요 없음	
• 소방청장이 실시하는 2급 소방안전관리대상물의 소방안전관리에 관한 시험에 합격한 사람		
• 특급 또는 1급 소방안전관리대상물의 소방안전관리자 자격이 인정되는 사람		

20 ③

해설 폐쇄형 헤드의 기준 개수

특정소방대상물		폐쇄형 헤드의 기준 개수
지하가·지하역사		
11층 이상		
10층 이하	공장(**특수가연물**), 창고시설	30 보기 ③
	판매시설(슈퍼마켓, 백화점 등), 복합건축물(판매시설이 설치된 것)	
	근린생활시설·운수시설	20
	8m 이상	
	8m 미만	10
공동주택(아파트등)		10(각 동이 주차장으로 연결된 주차장 30)

21 ①

해설 알람밸브 2차측 압력이 저하되어 **클래퍼가 개방**되면 클래퍼 개방에 따른 **압력수 유입**으로 **압력스위치가 작동**된다. 보기 ①

22 ①

해설 화재안전조사 결과에 따른 조치명령
(1) 명령권자 : **소방관서장**(소방청장 · 소방본부장 · 소방서장)
(2) 명령사항
  ① **개수**명령 보기 ②
  ② **이전**명령 보기 ④
  ③ **제거**명령 보기 ③
  ④ **사용**의 **금지** 또는 제한명령, 사용폐쇄
  ⑤ **공사**의 **정지** 또는 중지명령

기억법 장본서

23 ②

해설
> ② 3년 이하의 징역 또는 3천만원 이하의 벌금

5년 이하의 징역 또는 5000만원 이하의 벌금
(1) **위력**을 사용하여 출동한 소방대의 화재진압 · 인명구조 또는 구급활동을 **방해**하는 행위 보기 ①
(2) 소방대가 화재진압 · 인명구조 또는 구급활동을 위하여 **현장**에 **출동**하거나 현장에 출입하는 것을 고의로 **방해**하는 행위
(3) 출동한 소방대원에게 폭행 또는 협박을 행사하여 화재진압 · 인명구조 또는 구급활동을 **방해**하는 행위 보기 ③
(4) 출동한 소방대의 **소방장비**를 **파손**하거나 그 효용을 해하여 화재진압 · 인명구조 또는 구급활동을 **방해**하는 행위 보기 ④
(5) 소방자동차의 **출동**을 **방해**한 사람
(6) 사람을 **구출**하는 일 또는 불을 끄거나 불이 번지지 아니하도록 하는 일을 **방해**한 사람
(7) 정당한 사유 없이 소방용수시설 또는 비상소화장치를 사용하거나 소방용수시설 또는 비상소화장치의 효용을 해하거나 그 정당한 사용을 **방해**한 사람
(8) 소방시설의 폐쇄 · 차단

기억법 5방5000

24 ④

해설 최소 경계구역수
(1) 1층 : 1경계구역의 면적은 **600m²** 이하로 하여야 하므로 바닥면적을 600m²로 나누어주면 된다.

1층 : $\dfrac{700\text{m}^2}{600\text{m}^2} = 1.1 ≒ 2$개(소수점 올림)

(2) 2층 : 바닥면적이 600m² 이하이지만 한 변의 길이가 **50m**를 **초과**하므로 **2개**로 나눈다. 면적길이가 모두 주어진 경우 면적, 길이 2가지를 모두 고려해서 큰 값을 적용한다.

2층 : $\dfrac{50\text{m} + 10\text{m} + 10\text{m}}{50\text{m}} = 1.4 ≒ 2$개
(소수점 올림)

(3) 3~4층 : 500m² 이하는 2개층을 1경계구역으로 할 수 있으므로 2개층의 합이 500m² 이하일 때는 500m²로 나누어주면 된다.

3~4층 : $\dfrac{(300+200)\text{m}^2}{500\text{m}^2} = 1$개

∴ 2개+2개+1개=5개

25 ③

해설 감지기의 구조

정온식 스포트형 감지기	차동식 스포트형 감지기
① **바이메탈**, 감열판, 접점 등으로 구분 **기억법** 바정(봐줘)	① **감열실**, 다이어프램, 리크구멍, 접점 등으로 구성
② **보일러실**, 주방 설치 보기 ③	② **거실**, **사무실** 설치
③ 주위 온도가 일정 온도 이상이 되었을 때 작동	③ 주위 온도가 일정 상승률 이상이 되는 경우에 작동

제 ② 과목

문제는 여기로! → 문제 p.1-45

26 ④

㉠ 지시압력계가 녹색범위를 가리키고 있으므로 적정여부는 (○)이다.

지시압력계의 색표시에 따른 상태

노란색(황색)	녹 색	적 색
압력이 부족한 상태	정상압력 상태	정상압력보다 높은 상태

- 용기 내 압력을 확인할 수 있도록 지시압력계가 부착되어 사용가능한 범위가 녹색(**0.7~0.98MPa**)으로 되어있음

㉡ 제조연월 : 2008.6이고 내용연수가 10년이므로 유효기간은 2018.6까지이다. 내용연수가 초과되었으므로 (×)이다.
㉢ 불량내용은 내용연수 초과이다.
- 소화기의 내용연수를 10년으로 하고 내용연수가 지난 제품은 교체 또는 성능확인을 받을 것

내용연수

내용연수 경과 후 10년 미만	내용연수 경과 후 10년 이상
3년	1년

27 ②

① 정상 → 불량
③ 교류전원 → 예비전원
예비전원이 0V를 가리키고 있으므로 예비전원을 점검하여야 한다.
④ 높다 → 낮다

0V를 가리킴

예비전원시험 　교재 223

전압계인 경우 정상	램프방식인 경우 정상
19~29V	녹색

예비전원시험

24V를 가리킴

28 ③

㉢ 말단시험밸브는 습식·건식 스프링클러설비에만 있으므로 프리액션밸브(준비작동식)은 해당 없음
㉥ 도통시험회로 단선여부는 유수검지장치 작동과 무관함
㉦ 발신기 응답표시등은 자동화재탐지설비에 적용되므로 준비작동식에는 관계 없음

말단시험밸브 여부

습식·건식 스프링클러설비	준비작동식·일제살수식 스프링클러설비
말단시험밸브 ○	말단시험밸브 ×

29 ②

기동용기함의 솔레노이드밸브의 점검 전 안전조치 순서
㉢ 안전핀 체결 → ㉡ 솔레노이드 분리 → ㉠ 안전핀 제거

30 ④

성인의 가슴압박
(1) 환자의 **어깨**를 두드린다.

(2) 쓰러진 환자의 얼굴과 가슴을 <u>10초 이내로</u> 10초 이상 ×
관찰하여 호흡이 있는지를 확인한다.
(3) 구조자의 체중을 이용하여 압박한다.
(4) 인공호흡에 자신이 없으면 가슴압박만 시행한다.

구 분	설 명
속 도	분당 100~120회
깊 이	약 5cm(소아 4~5cm)

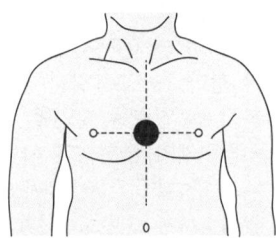

┃가슴압박 위치┃ 보기 ④

31 ④

해설 작동점검표

자동화재탐지설비 (양호○, 불량×, 해당 없음/)

구분	점검 번호	점검 항목	점검 결과
수신기	15-B-002	●<u>조작스위치가 정상위치에</u> 스위치주의등 확인 <u>있는지</u> 여부	○
수신기	15-B-006	●수신기 음향기구의 음량·음색 구별 가능 여부	○
감지기	15-D-009	●감지기 변형·손상 확인 및 작동시험 적합 여부	○
전원	15-H-002	●<u>예비전원 성능 적정 및 상용</u> 예비전원 및 예비전원감시등 확인 전원 차단시 예비전원 자동 전환 여부	×
배선	15-ㅣ-003	●수신기 <u>도통시험회로 정상</u> 회로 단선여부 <u>여부</u>	○

32 ③

해설
③ ㉠ 주경종 정지스위치, ㉡ 지구경종 정지 스위치를 누르면 경종(음향장치)이 울리지 않는다.

33 ③

해설
㉠ 호스가 파손되었고 소화기가 부식되었으므로 외관의 이상이 있기 때문에 ×
㉡ 지시압력계가 녹색범위를 가리키고 있으므로 적정여부는 ○
㉢ 불량내용은 외관부식과 호스파손이다.
※ 양호 ○, 불량 ×로 표시하면 됨

34 ②

해설 옥내소화전 방수압력 측정
(1) 측정장치 : 방수압력측정계(피토게이지)
(2)

방수량	방수압력
130L/min	0.17~0.7MPa 이하

(3) 방수압력 측정방법 : 방수구에 호스를 결속한 상태로 노즐의 선단에 방수압력 측정계(피토게이지)를 근접$\left(\dfrac{D}{2}\right)$시켜서 측정하고 방수압력측정계의 압력계상의 눈금을 확인한다.

┃방수압력 측정┃

35 ①

해설 시험밸브 개방시 작동 또는 점등되어야 할 것
(1) 펌프 작동
(2) 감시제어반 밸브개방표시등(습식 : 알람밸브표시등) 점등
(3) 음향장치(사이렌) 작동
(4) 화재표시등 점등

36 ②

해설 가스계 소화설비의 점검 전 안전조치
ⓒ 연결된 조작동관 분리 → ⓒ 감시제어반 연동 정지 → ⓐ 솔레노이드밸브 분리 → ⓔ 솔레노이드밸브 안전핀 제거

37 ④

해설 성인의 가슴압박
(1) 환자의 **어깨**를 두드린다.
(2) 쓰러진 환자의 얼굴과 가슴을 10초 이내로 관찰하여 호흡이 있는지를 확인한다.
    (10초 이상 ✕)
(3) 구조자의 체중을 이용하여 압박
(4) 인공호흡에 자신이 없으면 가슴압박만 시행

구 분	설 명 |보기 ④|
속 도	분당 100~120회
깊 이	약 5cm(소아 4~5cm)

▮가슴압박 위치▮

38 ②

해설 비화재보 복구순서
㉠ 수신기 확인 - ㉣ 실제 화재 여부 확인 - ㉢ 음향장치 정지 - ㉤ 발신기 복구 - ㉡ 수신반 복구 - ㉥ 음향장치 복구 - 스위치주의등 확인

39 ③

해설
① 부족한 상태 → 정상상태
② 0.7MPa → 0.7~0.98MPa, 교체하여야 한다. → 교체하지 않아도 된다.
③ 용기 내 압력을 확인할 수 있도록 지시압력계가 부착되어 사용 가능한 범위가 녹색(0.7~0.98MPa)으로 되어 있음
④ 어려울 것으로 보인다. → 용이한 상태이다.

지시압력계
(1) 노란색(황색) : 압력부족
(2) 녹색 : 정상압력
(3) 적색 : 정상압력 초과

▮소화기 지시압력계▮

▮지시압력계의 색표시에 따른 상태▮

노란색(황색)	녹 색	적 색
▮압력이 부족한 상태▮	▮정상압력 상태▮	▮정상압력보다 높은 상태▮

40 ①

해설 점등램프

주펌프만 수동으로 기동	충압펌프만 수동으로 기동	주펌프·충압펌프 수동으로 기동
보기 ①		
① 선택스위치 : 수동	① 선택스위치 : 수동	① 선택스위치 : 수동
② 주펌프 : 기동	② 주펌프 : 정지	② 주펌프 : 기동
③ 충압펌프 : 정지	③ 충압펌프 : 기동	③ 충압펌프 : 기동

41 ④

해설 준비작동식 스프링클러설비 밸브개방시험 전에는 1차측은 개방, 2차측은 폐쇄되어 있어야 스프링클러헤드를 통해 물이 방사되지 않아서 안전하다.

42 ③

해설 ③ 압력스위치를 작동시키면 방출등(방출표시등)이 점등되므로 방출등 점등을 확인하는 것이 맞음

43 ②

해설 ② 위쪽 → 아래쪽

일반인 심폐소생술 시행방법
(1) 환자의 **어깨**를 두드린다.
(2) 쓰러진 환자의 얼굴과 가슴을 <u>10초 이내</u>로 관찰하여 호흡이 있는지를 확인한다. (10초 이상 ×)
(3) 환자를 바닥이 단단하고 **평평한 곳**에 등을 대고 눕힌다. 보기 ①
(4) 가슴압박시 가슴뼈(흉골) **아래쪽**의 절반 부위에 깍지를 낀 두 손의 손바닥 뒤꿈치를 댄다. 보기 ②
(5) 구조자는 양팔을 쭉 편 상태로 체중을 실어서 환자의 몸과 **수직**이 되도록 가슴을 압박한다. 보기 ③
(6) 구조자의 체중을 이용하여 압박한다.
(7) 인공호흡에 자신이 없으면 가슴압박만 시행한다.

구 분	설 명 보기 ④
속 도	분당 100~120회
깊 이	약 5cm(소아 4~5cm)

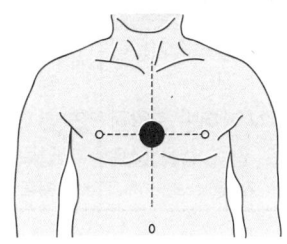

┃가슴압박 위치┃

44 ①

해설 왼쪽그림은 2층 감지기 작동시험을 하는 그림이다.
2층 감지기가 작동되면 ㉠ 화재표시등, ㉡ 2층 지구표시등이 점등된다.

45 ①

해설 ① 적응화재가 ABC급이므로 제1인산암모늄($NH_4H_2PO_4$) 정답

분말소화기

적응화재	소화약제의 주성분	소화효과
BC급	탄산수소나트륨 (NaHCO₃)	• 질식효과 • 부촉매(억제)효과
BC급	탄산수소칼륨 (KHCO₃)	
ABC급	제1인산암모늄 (NH₄H₂PO₄)	
BC급	탄산수소칼륨(KHCO₃)+요소((NH₂)₂CO)	

46 ③

③ 충압펌프가 작동되었으므로 동력제어반 기동램프 점등 보기 ㉠, 감시제어반에서 충압펌프 압력스위치 램프 점등 보기 ㉢

충압펌프 작동	주펌프 작동
① 동력제어반 기동램프 : 점등 ② 감시제어반 충압펌프 압력스위치램프 : 점등	① 동력제어반 기동램프 : 점등 ② 감시제어반 주펌프 압력스위치램프 : 점등

47 ③

스프링클러설비의 기동점, 정지점

기동점(기동압력)	정지점(양정, 정지압력)
기동점 = RANGE−DIFF = 자연낙차압+0.15MPa	정지점 = RANGE

정지점(양정) = RANGE = 70m = 0.7MPa
기동점 = 자연낙차압+0.15MPa
= 0.3MPa+0.15MPa = 0.45MPa
= RANGE−DIFF
DIFF = RANGE−기동점
= 0.7MPa−0.45MPa = 0.25MPa

중요 P형 수신기의 동작시험

(1) 압력스위치

DIFF(Difference)	RANGE
펌프의 작동정지점에서 기동점과의 압력차이	펌프의 작동정지점

(a) 압력스위치 (b) DIFF, RANGE의 설정 예

(2) 충압펌프 기동점

충압펌프 기동점 = 주펌프 기동점 +0.05MPa

용어 자연낙차압

가장 높이 설치된 헤드로부터 펌프 중심점까지의 낙차를 압력으로 환산한 값

48 ①

일반인 구조자에 대한 기본소생술 흐름도

49 ④

ⓒ 기동 위치에 있으므로 잘못, **정지** 위치에 있어야 함
ⓓ 정지 위치에 있으므로 잘못, **자동** 위치에 있어야 함

▮감시제어반▮

평상시 상태	수동기동시 상태	점검시 상태
① 선택스위치 : 연동	① 선택스위치 : 수동	① 선택스위치 : 정지
② 주펌프 : 정지	② 주펌프 : 기동	② 주펌프 : 정지
③ 충압펌프 : 정지	③ 충압펌프 : 기동	③ 충압펌프 : 정지

▮동력제어반▮

평상시 상태	수동기동시 상태	점검시 상태
① POWER : 점등	① POWER : 점등	① POWER : 점등
② 선택스위치 : 자동	② 선택스위치 : 수동	② 선택스위치 : 정지
③ 기동램프 : 소등	③ 기동램프 : 점등	③ 기동램프 : 소등
④ 정지램프 : 점등	④ 정지램프 : 소등	④ 정지램프 : 점등
⑤ 펌프기동램프 : 소등	⑤ 펌프기동램프 : 점등	⑤ 펌프기동램프 : 소등

50 ②

(1) **성인의 가슴압박**
① 환자의 **어깨**를 두드린다.
② 쓰러진 환자의 얼굴과 가슴을 <u>10초 이내</u> (10초 이상 ×) 로 관찰하여 호흡이 있는지를 확인한다.
③ 구조자의 체중을 이용하여 압박
④ 인공호흡에 자신이 없으면 가슴압박만 시행

구 분	설 명
속 도	분당 100~120회 보기 ㉠
깊 이	약 5cm(소아 4~5cm) 보기 ㉡

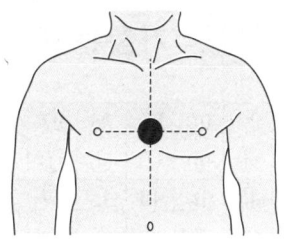

▮가슴압박 위치▮

(2) **자동심장충격기(AED) 사용방법**
① 자동심장충격기를 심폐소생술에 방해가 되지 않는 위치에 놓은 뒤 전원버튼을 누른다.
② 환자의 상체를 노출시킨 다음 패드 포장을 열고 2개의 패드를 환자의 가슴에 붙인다.
③ 패드는 **왼쪽 젖꼭지 아래의 중간겨드랑선**에 설치하고 **오른쪽 빗장뼈**(쇄골) 바로 **아래**에 붙인다. 보기 ㉢, ㉣

▮패드의 부착위치▮

패드 1	패드 2
오른쪽 빗장뼈(쇄골) 바로 아래	왼쪽 젖꼭지 아래의 중간겨드랑선

▮패드 위치▮

④ 심장충격이 필요한 환자인 경우에만 제세동버튼이 깜박이기 시작하며, 깜박일 때 심장충격버튼을 눌러 심장충격을 시행한다.
⑤ 심장충격버튼을 <u>누르기 전</u>에는 반드시 (누른 후에는 ×) 주변사람 및 구조자가 환자에게서 떨어져 있는지 다시 한 번 확인한 후에 실시하도록 한다.
⑥ 심장충격이 필요 없거나 심장충격을 실시한 이후에는 즉시 **심폐소생술**을 다시 시작한다.
⑦ **2분**마다 심장리듬을 분석한 후 반복 시행한다.

2022년 기출문제

문제는 여기로! → 문제 p.1-59

01	02	03	04	05	06	07	08	09	10
③	④	④	④	①	④	①	④	③	①
11	12	13	14	15	16	17	18	19	20
④	①	②	②	③	③	④	③	①	④
21	22	23	24	25	26	27	28	29	30
③	①	②	①	③	④	①	②	②	③
31	32	33	34	35	36	37	38	39	40
③	④	①	③	①	②	④	④	③	③
41	42	43	44	45	46	47	48	49	50
②	④	③	④	③	②	①	④	④	③

제 1 과목

문제는 여기로! → 문제 p.1-59

01 ③

 소화기의 설치기준

구 분	설 명
보행거리 20m 이내 보기 ③	소형소화기
보행거리 30m 이내 보기 ③	대형소화기

기억법 대3(대상을 받다.)

02 ④

 가연물질의 구비조건
(1) 화학반응을 일으킬 때 필요한 **활성화 에너지값이 작아야** 한다. 보기 ㉠
(2) 일반적으로 산화되기 쉬운 물질로서 산소와 결합할 때 **발열량이 커야** 한다.
(3) 열의 축적이 용이하도록 **열전도**의 **값**이 **작아야** 한다. 보기 ㉡
(4) 지연성 가스인 산소·염소와의 **친화력**이 **강해야** 한다.
(5) 산소와 접촉할 수 있는 **표면적**이 큰 물질이어야 한다.
(6) **연쇄반응**을 일으킬 수 있는 물질이어야 한다.

03 ④

 간이소화용구
(1) **에어로졸식** 소화용구 보기 ㉠
(2) **투척용** 소화용구 보기 ㉡
(3) 소공간용 소화용구 및 소화약제 외의 것 (**팽창질석, 팽창진주암, 마른모래**)
보기 ㉢ ㉣ ㉤

04 ④

 분말소화기 내용연수
소화기의 내용연수를 **10년**으로 하고 내용연수가 지난 제품은 교체 또는 성능확인을 받을 것 보기 ④

내용연수 경과 후 10년 미만	내용연수 경과 후 10년 이상
3년	1년

05 ①

② 점화원이 있는 → 점화원이 없는
③ 높을수록 → 낮을수록
④ 낮은 → 높은

발화점
(1) 외부로부터의 직접적인 에너지 공급 없이(**점화원 없이**) 물질 자체의 열축적에 의하여 착화되는 **최저온도** 보기 ①
(2) 점화원이 **없는** 상태에서 가연성 물질을 공기 또는 산소 중에서 가열함으로써 발화되는 **최저온도** 보기 ②
(3) 발화점=착화점=발화온도
(4) 발화점이 **낮을수록** 위험하다. 보기 ③
(5) 발화점은 보통 인화점보다 수백도가 높은 온도이다. 보기 ④

06 ④

 소방대
화재를 **진압**하고 화재, 재난·재해, 그 밖의 위급한 상황에서의 **구조·구급**활동 등을 하기 위하여 구성된 조직체

(1) **소**방공무원 보기 ①
(2) **의**무소방원 보기 ②
(3) **의**용소방대원 보기 ③

기억법 소의(소의 가죽)

07 ①

해설

① 습식 : 동결 우려 장소(추운 곳) 사용제한

스프링클러설비의 종류

구 분		장 점	단 점
폐쇄형 헤드 사용	습식	• **구조**가 간단하고 **공사비 저렴** • 소화가 신속 • 타방식에 비해 유지·관리 용이	• **동결** 우려 장소 사용**제한** 보기 ① • 헤드 오작동시 수손피해 및 배관 부식 촉진
	건식	• 동결 우려 장소 및 옥외 사용 가능	• 살수개시시간 지연 및 복잡한 구조 • 화재 초기 **압축공기**에 의한 화재 촉진 우려 • 일반헤드인 경우 **상향형**으로 시공하여야 함
	준비작동식	• 동결 우려 장소 사용 가능 • 헤드 오작동(개방)시 수손피해 우려 없음 • 헤드개방 전 경보로 조기 대처 용이	• 감지장치로 감지기 별도 시공 필요 • 구조 복잡, 시공비 고가 • 2차측 배관 부실 시공 우려
개방형 헤드 사용	일제살수식	• **초기화재**에 신속 대처 용이 • 층고가 높은 장소에서도 소화 가능	• 대량살수로 수손피해 우려 • 화재감지장치 별도 필요

08 ④

해설 LPG vs LNG

구 분	LPG	LNG
용 도	가정용	도시가스용
증기비중	1보다 큰 가스	1보다 작은 가스
비 중	1.5~2	0.6
탐지기의 설치위치	탐지기의 **상단**은 바닥면의 **상방 30cm** 이내에 설치 보기 ④	탐지기의 **하단**은 **천장면**의 **하방 30cm** 이내에 설치
가스누설경보기의 설치위치	연소기 또는 관통부로부터 수평거리 **4m** 이내의 위치에 설치	연소기로부터 수평거리 **8m** 이내의 위치에 설치

09 ③

해설 **객**석유도등 산정식

객석유도등 설치개수

$$= \frac{\text{객석통로의 직선부분의 길이[m]}}{4} - 1 \text{(소수점 올림)}$$

$$\frac{30}{4} - 1 = 6.5 ≒ 7개$$

기억법 객4

10 ①

해설

① 감지기 사이의 회로배선은 **송배선식**이다. 보기 ①

용어 송배선식

도통시험을 원활히 하기 위한 시험방식으로 전선 **중간**에서 **분기**하지 **않는** 방식

11 ④

해설

④ K급 - 주방화재

화재의 종류

종 류	적응물질	소화약제
일반화재 (A급) 보기 ①	• 보통가연물(폴리에틸렌 등) • 종이 • 목재, 면화류, 석탄 • 재를 남김	① 물 ② 수용액
유류화재 (B급) 보기 ②	• 유류 • 알코올 • 재를 남기지 않음	① 포(폼)
전기화재 (C급) 보기 ③	• 변압기 • 배전반	① 이산화탄소 ② 분말소화약제 ③ 주수소화 금지
금속화재 (D급) 보기 ④	• 가연성 금속류 (나트륨 등)	① 금속화재용 분말소화약제 ② 마른 모래(건조사)
주방화재 (K급) 보기 ④	• 식용유 • 동·식물성 유지	① 강화액

12 ①

해설

① 블라인드 제외 → 블라인드 포함

방염대상물품

제조 또는 가공공정에서 방염처리를 한 물품	건축물 내부의 천장·벽에 부착·설치하는 것
① 창문에 설치하는 **커튼류**(블라인드 포함) 보기 ① ② 카펫 ③ 벽지류(두께 2mm 미만인 종이벽지 제외) ④ 전시용 합판·목판·섬유판 보기 ② ⑤ 무대용 합판·목판·섬유판 보기 ② ⑥ 암막·무대막(영화상영관·가상체험 체육시설업의 스크린 포함) 보기 ③	① 종이류(두께 2mm 이상), 합성수지류 또는 섬유류를 주원료로 한 물품 ② 합판이나 목재 ③ 공간을 구획하기 위하여 설치하는 간이 칸막이 ④ 흡음·방음을 위하여 설치하는 **흡음재**(흡음용 커튼 포함) 또는 **방음재**(방음용 커튼 포함)

⑦ 섬유류 또는 합성수지류 등을 원료로 하여 제작된 **소파·의자**(단란주점·유흥주점·노래연습장에 한함) 보기 ④

※ **가구류**(옷장, 찬장, 식탁, 식탁용 의자, 사무용 책상, 사무용 의자 및 계산대)와 너비 **10cm 이하**인 **반자돌림대, 내부 마감재료** 제외

13 ②

해설 (1) **자체점검실시 결과보고서 보관**

작동점검·종합점검 결과 **보관: 2년** 보기 ②

기억법 보2(보이차)

(2) **자체점검 결과의 조치 등**

구 분	제출기간	제출처
관리업자 또는 소방안전관리자로 선임된 소방시설관리사·소방기술사	10일 이내	관계인
관계인	15일 이내	소방본부장·소방서장

14 ④

해설 **무창층**

(1) **무창층**의 정의

지상층 중 개구부면적의 합계가 그 층의 바닥면적의 $\frac{1}{30}$ **이하**가 되는 층 보기 ④

(2) **개구부**의 요건

① 크기는 지름 **50cm** 이상의 원이 통과할 수 있을 것
② 해당층의 바닥면으로부터 개구부 밑부분까지의 높이가 **1.2m** 이내일 것
③ **도로** 또는 **차량**이 **진입**할 수 있는 **빈터**를 향할 것

④ 화재시 건축물로부터 쉽게 피난할 수 있도록 개구부에 **창살**이나 그 밖의 장애물이 설치되지 않을 것
⑤ **내부** 또는 **외부**에서 **쉽게** 부수거나 열 수 있을 것

15 ③

해설 제3류 위험물(자연발화성 물질 및 금수성 물질)
(1) 물과 반응하거나 **자연발화**에 의해 발열 또는 가연성 가스 발생 보기 ③
(2) 용기 파손 또는 누출에 주의

16 ③

해설
③ 조직체이다. → 조직체가 아니다.

소방대 보기 ③
화재를 **진압**하고 화재, 재난·재해, 그 밖의 위급한 상황에서의 **구조·구급**활동 등을 하기 위하여 구성된 조직체
(1) **소**방공무원
(2) **의**무소방원
(3) **의**용소방대원

기억법 소의(소의 가죽)

비교
1. 소방대상물 보기 ① 교재 14
   (1) **건**축물
   (2) **차**량
   (3) **선**박(항구에 **매어둔 선박**)
   (4) 선박건조구조물
   (5) **산**림
   (6) **인**공구조물 또는 **물**건

   기억법 건차선 산인물

2. 관계인 보기 ② 교재 14
   (1) **소**유자
   (2) **관**리자
   (3) **점**유자

   기억법 소관점

3. 소방대장 보기 ④ 교재 14
   현장에서 소방대를 지휘하는 사람

17 ④

해설
④ 해당 없음

한국소방안전원의 업무
(1) 소방기술과 안전관리에 관한 **교육** 및 **조사·연구** 보기 ①
(2) 소방기술과 안전관리에 관한 각종 **간행물 발간** 보기 ②
(3) 화재예방과 안전관리의식 고취를 위한 **대국민 홍보**
(4) 소방업무에 관하여 **행정기관**이 **위탁**하는 업무 보기 ③
(5) 소방안전에 관한 국제협력
(6) **회원**에 대한 **기술지원** 등 정관으로 정하는 사항

18 ③

해설
③ 해당 없음

회원의 자격
(1) 「**소방시설 설치 및 관리에 관한 법률**」·「**소방시설공사업법**」·「**위험물안전관리법**」에 따라 **등록**을 하거나 허가를 받은 사람으로서 회원이 되려는 사람
(2) 「화재의 예방 및 안전관리에 관한 법률」·「소방시설공사업법」·「위험물안전관리법」에 따라 **소방안전관리자·소방기술자** 또는 **위험물안전관리자**로 선임되거나 채용된 사람으로서 회원이 되려는 사람 보기 ①②④
(3) 그 밖에 소방에 관한 학식과 경험이 풍부한 사람으로서 **대통령령**으로 정하는 사람 가운데 회원이 되려는 사람

19 ②

해설
② 300만원 이하의 벌금

5년 이하의 징역 또는 5000만원 이하의 벌금
(1) **위력**을 사용하여 출동한 소방대의 화재진압·인명구조 또는 구급활동을 **방해**하는 행위 보기 ①

(2) 소방대가 화재진압·인명구조 또는 구급활동을 위하여 **현장**에 **출동**하거나 현장에 출입하는 것을 고의로 **방해**하는 행위
(3) 출동한 소방대원에게 폭행 또는 협박을 행사하여 화재진압·인명구조 또는 구급활동을 **방해**하는 행위 보기 ③
(4) 출동한 소방대의 **소방장비**를 **파손**하거나 그 효용을 해하여 화재진압·인명구조 또는 구급활동을 **방해**하는 행위 보기 ④
(5) 소방자동차의 **출동**을 **방해**한 사람
(6) 사람을 **구출**하는 일 또는 불을 끄거나 불이 번지지 아니하도록 하는 일을 **방해**한 사람
(7) 정당한 사유 없이 소방용수시설 또는 비상소화장치를 사용하거나 소방용수시설 또는 비상소화장치의 효용을 해하거나 그 정당한 사용을 **방해**한 사람

기억법 5방5000

비교 300만원 이하의 벌금 교재 37, 49
1. **화재안전조사**를 정당한 사유 없이 **거부**·방해·기피한 자 보기 ②
2. 화재예방조치 조치명령을 정당한 사유 없이 따르지 아니하거나 방해한 자
3. **소방안전관리자, 총괄소방안전관리자, 소방안전관리보조자**를 **선임**하지 아니한 자
4. **소방시설**·피난시설·방화시설 및 방화구획 등이 **법령**에 **위반**된 것을 발견하였음에도 필요한 조치를 할 것을 요구하지 아니한 **소방안전관리자**
5. **소방안전관리자**에게 **불이익**한 처우를 한 **관계인**
6. 자체점검 결과 소화펌프 고장 등 중대위반사항이 발견된 경우 필요한 조치를 하지 않은 관계인 또는 관계인에게 중대위반사항을 알리지 아니한 관리업자 등

20 ④

20만원 이하의 과태료
화재로 **오인**할 만한 우려가 있는 불을 피우거나 **연막소독**을 실시하고자 하는 자가 신고를 하지 아니하여 소방자동차를 출동하게 한 자 보기 ④

21 ③

① 3년 이하의 징역 또는 3000만원 이하의 벌금
②·④ 100만원 이하의 벌금
③ 200만원 이하의 과태료

양벌규정의 적용
(1) **5년** 이하의 징역 또는 **5000만원** 이하의 벌금
(2) **3년** 이하의 징역 또는 **3000만원** 이하의 벌금
(3) **300만원** 이하의 **벌금**
(4) **100만원** 이하의 **벌금**

중요
(1) **5년** 이하의 징역 또는 **5000만원** 이하의 벌금 교재 16, 49
① 위력을 사용하여 출동한 소방대의 화재진압·인명구조 또는 구급활동을 **방해**하는 행위
② 소방대가 화재진압·인명구조 또는 구급활동을 위하여 현장에 출동하거나 현장에 출입하는 것을 고의로 **방해**하는 행위
③ 출동한 소방대원에게 폭행 또는 협박을 행사하여 화재진압·인명구조 또는 구급활동을 **방해**하는 행위
④ 출동한 소방대의 소방장비를 파손하거나 그 효용을 해하여 화재진압·인명구조 또는 구급활동을 **방해**하는 행위
⑤ 소방자동차의 **출동**을 **방해**한 사람

⑥ 사람을 **구출**하는 일 또는 불을 끄거나 불이 번지지 아니하도록 하는 일을 **방해**한 사람
⑦ 정당한 사유 없이 소방용수시설 또는 비상소화장치를 사용하거나 소방용수시설 또는 비상소화장치의 효용을 해하거나 그 정당한 사용을 **방해**한 사람
⑧ 소방시설의 폐쇄·**차**단

기억법 5방5000, 5차(오차범위)

(2) 3년 이하의 징역 또는 3000만원 이하의 벌금   교재 17, 36, 49
① 소방대상물 및 **토지**를 일시적으로 사용하거나 그 사용의 제한 또는 소방활동에 필요한 처분 방해 보기 ①
② 정당한 사유 없이 **화재안전조사** 결과에 따른 **조치명령**을 위반한 자
③ 화재예방안전진단 결과에 따른 보수·보강 등의 조치명령을 정당한 사유 없이 위반한 자
④ 소방시설이 **화재안전기준**에 따라 설치·관리되고 있지 아니한 때 관계인에게 필요한 조치명령을 정당한 사유 없이 위반한 자
⑤ **피난시설**, **방화구획** 및 **방화시설**의 관리를 위하여 필요한 조치명령을 정당한 사유 없이 위반한 자
⑥ 소방시설 자체점검 결과에 따른 이행계획을 완료하지 않아 필요한 조치의 이행명령을 하였으나, 명령을 정당한 사유 없이 위반한 자

(3) 300만원 이하의 벌금   교재 37, 49
① 화재안전조사를 정당한 사유 없이 **거부·방해·기피**한 자
② 화재예방조치 조치명령을 정당한 사유 없이 따르지 아니하거나 방해한 자
③ **소방안전관리자, 총괄소방안전관리자, 소방안전관리보조자**를 선임하지 아니한 자

④ **소방시설·피난시설·방화시설** 및 **방화구획** 등이 법령에 위반된 것을 발견하였음에도 필요한 조치를 할 것을 요구하지 아니한 소방안전관리자
⑤ **소방안전관리자**에게 **불이익**한 처우를 한 관계인
⑥ 자체점검 결과 **소화펌프 고장** 등 중대위반사항이 발견된 경우 필요한 조치를 하지 않은 관계인 또는 관계인에게 중대위반사항을 알리지 아니한 관리업자 등

(4) **100만원** 이하의 벌금   교재 17
① 정당한 사유 없이 소방대가 현장에 도착할 때까지 사람을 **구**출하는 조치 또는 불을 끄거나 불이 번지지 않도록 하는 조치를 하지 아니한 사람
② **피**난명령을 위반한 사람 보기 ④
③ 정당한 사유 없이 **물**의 사용이나 **수도**의 **개폐장치**의 사용 또는 **조**작을 하지 못하게 하거나 방해한 자
④ 정당한 사유 없이 **소방대**의 **생활안전활동**을 방해한 자 보기 ②
⑤ 긴급조치를 정당한 사유 없이 방해한 자

기억법 구피조1

22 ①

해설
① 50cm 이하 → 50cm 이상

(1) **무창층**
지상층 중 개구부면적의 합계가 그 층의 바닥면적의 $\frac{1}{30}$ 이하가 되는 층

(2) **개구부 요건**
① 크기는 지름 **50cm** 이상의 원이 통과할 수 있을 것

② 해당층의 바닥면으로부터 개구부 밑부분까지의 높이가 **1.2m** 이내일 것 보기 ②
③ **도로** 또는 **차량**이 진입할 수 있는 **빈터**를 향할 것 보기 ③
④ 화재시 건축물로부터 쉽게 **피난**할 수 있도록 개구부에 **창살**이나 그 밖의 장애물이 설치되지 않을 것
⑤ 내부 또는 외부에서 **쉽게 부수거나 열** 수 있을 것 보기 ④

23 ①

 피난층
곧바로 지상으로 갈 수 있는 출입구가 있는 층 보기 ①

기억법 피곧(피곤)

24 ③

① 3명 → 2명
② 필요하다. → 필요없다.
④ 100톤 이상 1000톤 미만 → 1000톤 이상

(1) **소방안전관리자 및 소방안전관리보조자를 선임하는 특정소방대상물** 교재 23-25

소방안전관리 대상물	특정 소방대상물
특급 소방안전 관리대상물 (동식물원, 철강 등 불연성 물품 저장·취급창고, 지하구, 위험물 제조소 등 제외)	• 50층 이상(지하층 제외) 또는 지상 200m 이상 아파트 • 30층 이상(지하층 포함) 또는 지상 120m 이상(아파트 제외) • 연면적 10만m² 이상(아파트 제외)
1급 소방안전 관리대상물 (동식물원, 철강 등 불연성 물품 저장·취급창고, 지하구, 위험물 제조소 등 제외)	• **30층 이상(지하층 제외)** 또는 **지상 120m 이상 아파트** • 연면적 **15000m² 이상**인 것(아파트 및 연립주택 제외) • **11층 이상**(아파트 제외) • 가연성 가스를 **1000톤 이상** 저장·취급하는 시설
2급 소방안전 관리대상물	• 지하구 • 가스제조설비를 갖추고 도시가스사업 허가를 받아야 하는 시설 또는 가연성 가스를 **100톤 이상 1000톤 미만** 저장·취급하는 시설 보기 ④ • 옥내소화전설비·**스프링클러설비** 설치대상물 • **물분무등소화설비**(호스릴방식만을 설치한 경우 제외) 설치대상물 • 공동주택 • 목조건축물(국보·보물)
3급 소방안전 관리대상물	• **자동화재탐지설비** 설치대상물 • **간이스프링클러설비** 설치대상물

보기에서 연면적 40000m²로서 15000m² 이상이므로 **1급 소방안전관리대상물**

④ 100톤 이상 1000톤 미만은 2급 소방안전관리대상물이므로 틀림

(2) **최소 선임기준** 보기 ① 교재 26

소방안전관리자	소방안전관리보조자
• 특정소방대상물마다 1명	• 300세대 이상 아파트 : 1명(단, 300세대 초과마다 1명 이상 추가) • 연면적 15000m² 이상 : 1명(단, 15000m² 초과마다 1명 이상 추가) • 공동주택(기숙사), 의료시설, 노유자시설, 수련시설 및 숙박시설(바닥면적 합계 1500m² 미만이고, 관계인이 24시간 상시 근무하고 있는 숙박시설 제외) : 1명

소방안전관리보조자수
$= \dfrac{연면적}{15000\text{m}^2}$ (소수점 버림)
$= \dfrac{40000\text{m}^2}{15000\text{m}^2} = 2.6 ≒ 2$명(소수점 버림)

∴ 소방안전관리자 1명, 소방안전관리보조자 2명

(3) **관리의 권원**이 **분리된 특정소방대상물**의 **소방안전관리** 보기 ②
① **복합건축물**(지하층을 제외한 **11층** 이상 또는 연면적 **3만m² 이상**인 건축물)
② 지하가
③ **도매시장, 소매시장** 및 **전통시장**

> ② 업무시설로서 복합건축물이 아니므로 관리의 권원이 분리된 소방안전관리자가 필요없음

(4) **1급 소방안전관리대상물**의 **소방안전관리자 선임자격** 보기 ③ 교재 24

자격	경력	비고
• 소방설비기사·소방설비산업기사	경력 필요 없음	1급 소방안전관리자 자격증을 받은 사람
• 소방공무원	7년	
• 소방청장이 실시하는 1급 소방안전관리대상물의 소방안전관리에 관한 시험에 합격한 사람	경력 필요 없음	
• 특급 소방안전관리대상물의 소방안전관리자 자격이 인정되는 사람		

> ③ 소방공무원+7년 경력자는 1급 소방안전관리대상물 선임자격이 되므로 옳다.

25 ①

> ② 해당 없음
> ③ 5년 → 7년
> ④ 위험물자격증은 해당 없음

중요 1급 소방안전관리대상물의 특정소방대상물 교재 24

소방안전관리대상물	특정소방대상물
1급 소방안전관리대상물 (동식물원, 철강 등 불연성 물품 저장·취급창고, 지하구, 위험물제조소 등 제외)	• **30층 이상**(지하층 제외) 또는 지상 **120m 이상** 아파트 • 연면적 **15000m² 이상**인 것(아파트 및 연립주택 제외) • **11층 이상**(아파트 제외) • 가연성 가스를 **1000톤** 이상 저장·취급하는 시설

지상 **13층 이상**이므로 **1급 소방안전관리대상물**에 해당된다. 그러므로 1급 소방안전관리자 선임조건을 확인하면 된다.

∥1급 소방안전관리대상물의 소방안전관리자 선임조건∥

자격	경력	비고
• 소방설비기사·소방설비산업기사 보기 ①	경력 필요 없음	1급 소방안전관리자 자격증을 받은 사람
• 소방공무원 보기 ③	7년	
• 소방청장이 실시하는 1급 소방안전관리대상물의 소방안전관리에 관한 시험에 합격한 사람	경력 필요 없음	
• 특급 소방안전관리대상물의 소방안전관리자 자격이 인정되는 사람		

제 ② 과목

문제는 여기로! → 문제 p.1-64

26 ④

해설

④ 소방서장의 → 이해관계자의 검토를 거쳐

소방계획의 수립절차

수립절차	내 용
사전기획 보기 ①	소방계획 수립을 위한 **임시조직**을 구성하거나 위원회 등을 개최하여 법적 요구사항은 물론 **이해관계자**의 의견을 수렴하고 세부 작성계획 수립
위험환경 분석 보기 ②	대상물 내 물리적 및 인적 위험요인 등에 대한 **위험요인**을 식별하고, 이에 대한 분석 및 평가를 정성적·정량적으로 실시한 후 이에 대한 대책 수립
설계 및 개발 보기 ③	대상물의 **환경** 등을 바탕으로 소방계획 수립의 목표와 전략을 수립하고 세부 실행계획 수립
시행 및 유지·관리 보기 ④	**구체적인** 소방계획을 수립하고 **이해관계자**의 **검토**를 거쳐 최종 승인을 받은 후 소방계획을 이행하고 지속적인 개선 실시

27 ④

해설

자동심장충격기(AED) 사용방법

전원켜기

2개의 패드 부착

심장리듬 분석 및 심장충격 실시 → 즉시 심폐소생술 다시 시행

28 ②

해설

② 불가능하다. → 가능하다.
감지기 시험장비를 사용하여 감지기 작동시험을 하는 사진으로 감지기 작동 확인은 수신기에서 반드시 가능해야 한다.

29 ②

해설

② 30단위 → 20단위

소화기

(1) 소화능력 단위기준 및 보행거리

소화기 분류		능력단위	보행거리
소형소화기		1단위 이상	20m 이내
대형소화기 보기 ②, ③	A급	10단위 이상	30m 이내
	B급	20단위 이상	
	C급	적응성이 있는 것	—

기억법 보3대, 대2B(데이빗!)

(2) 분말소화기

주성분	적응화재	소화효과 보기 ④
탄산수소나트륨(NaHCO₃)	BC급	• 질식 효과 • 부촉매 (억제) 효과
탄산수소칼륨(KHCO₃)	BC급	
제1인산암모늄(NH₄H₂PO₄) 보기 ①	ABC급	
탄산수소칼륨(KHCO₃) +요소((NH₂)₂CO)	BC급	

(3) 이산화탄소소화기

주성분	적응화재
이산화탄소 (순도 99.5% 이상)	BC급

30 ③

해설

① 감시제어반 **선택스위치**가 **자동**에 있으므로 옥내소화전 사용시(옥내소화전 앵글밸브를 열면) **주펌프**는 당연히 **기동**한다.

② 동력제어반 충압펌프 **선택스위치**가 **수동**으로 되어 있으므로 옥내소화전 사용시(옥내소화전 앵글밸브를 열면) 충압펌프는 기동하지 않는다. 동력제어반 충압펌프 선택스위치가 **자동**으로 되어 있을 때 옥내소화전 사용시 **충압펌프**가 **기동**한다.

∥동력제어반·충압펌프 선택스위치∥

수동	자동
옥내소화전 사용시 충압펌프 미기동	옥내소화전 사용시 충압펌프 기동

③ 기동 중 → 정지상태
 단서에 따라 동력제어반 주펌프·충압펌프의 정지표시등만 점등되어 있으므로 현재 **충압펌프**는 **정지**상태이다.

④ 단서에 따라 동력제어반 주펌프·충압펌프의 정지표시등만 점등되어 있으므로 현재 **주펌프**는 **정지**상태이다.

31 ③

㉠ 알람밸브는 습식에 사용되므로 해당 없음
㉢ 가스방출스위치는 이산화탄소소화설비, 할론소화설비에 작용되므로 해당 없음

㉣, ㉤ **감지기** A, B에 의해 **자동**으로 준비작동식을 작동시키는 것이므로 수동조작함을 누르는 **수동**작동방식과는 **무관함**

준비작동식 수동조작함 스위치를 누른 경우
(1) 펌프 작동
(2) 감시제어반 밸브개방표시등 점등
(3) 음향장치(사이렌) 작동
(4) 화재표시등 점등

32 ④

가스계 소화설비의 점검 전 안전조치
(1) 안전핀 체결
(2) 솔레노이드 분리
(3) 안전핀 제거

33 ①

① 24V → 4~8V

회로도통시험 적부판정

구 분	전압계가 있는 경우	도통시험확인등이 있는 경우
정 상	4~8V 보기 ①	정상확인등 점등(녹색) 보기 ③
단 선	0V 보기 ②	단선확인등 점등(적색) 보기 ④

용어 회로도통시험

수신기에서 감지기 사이 회로의 **단선 유무**와 기기 등의 접속상황을 확인하기 위한 시험

34 ①

> ① 느리고 → 빠르고

출혈의 증상
(1) 호흡과 맥박이 **빠르고 약하고 불규칙**하다. 보기 ①
(2) 반사작용이 둔해진다.
(3) 체온이 떨어지고 **호흡곤란**도 나타난다. 보기 ②
(4) 혈압이 점차 저하되며, 피부가 **창백**해진다.
(5) **구토**가 발생한다. 보기 ④
(6) **탈수현상**이 나타나며 갈증을 호소한다. 보기 ③

35 ③

> ① 없다. → 있다.
>   그림 A는 호스파손, 그림 B는 호스탈락이므로 외관상 문제가 있다.
> ② 불량이다. → 양호하다.
>   안전핀은 손잡이에 잘 끼워져 있는 것으로 보이므로 안전핀 체결상태는 양호하다.
> ④ 부족하다. → 높다.

(1) 소화기 호스·혼·노즐

┃호스 파손┃

┃호스 탈락┃

┃노즐 파손┃

┃혼 파손┃

(2) 지시압력계
  ① 노란색(황색) : 압력부족
  ② 녹색 : 정상압력
  ③ 적색 : 정상압력 초과

┃소화기 지시압력계┃

┃지시압력계의 색표시에 따른 상태┃

노란색(황색)	녹 색	적 색
┃압력이 부족한 상태┃	┃정상압력 상태┃	┃정상압력보다 높은 상태┃

• 용기 내 압력을 확인할 수 있도록 지시압력계가 부착되어 사용 가능한 범위가 녹색(0.7~0.98MPa)으로 되어 있음

36 ②

 점등램프

선택스위치 : 수동, 주펌프 : 기동	선택스위치 : 수동, 충압펌프 : 기동
① POWER램프 ② 주펌프기동램프 ③ 주펌프 펌프기동 램프	① POWER램프 주 펌프기동 ② 충압펌프기동램프 ③ 충압펌프 펌프기 동램프

37 ①

① 감지기는 자동으로 화재를 감지하는 기기이므로 수동으로 수동조작함을 작동시키는 방식과는 무관함

준비작동식 스프링클러설비

수동기동	자동기동
수동조작함 조작	감지기 A, B 작동

수동조작함 작동시 확인해야 할 사항
(1) 펌프 작동 보기 ④
(2) 감시제어반 밸브개방표시등 점등 보기 ②
(3) 음향장치(사이렌) 작동 보기 ③
(4) 화재표시등 점등

38 ④

① 1층 지구경종 작동표시가 있고 중계기 글씨가 있으므로 옳은 답

```
중계기 : 001              1층 지구경종
```

② 수신기 글씨가 있고 화재발생 글씨도 있으므로 수신기에서 주음향 출력이 되는 것으로 판단되어 옳은 답

```
수신기 : 1
         화 재 발 생
```

③ 시험기 1F 자탐 감지기 글씨가 있고, 화재발생 글씨도 있으므로 옳은 답

```
         화 재 발 생
                시험기 1F 자탐 감지기
```

④ 예비전원 시험버튼은 있지만 **예비전원고장**이란 글씨는 없으므로 틀린 답

39 ④

 감지기를 작동시킨 경우 확인사항
(1) 제어반 화재표시
(2) 솔레노이드밸브 파괴침 작동
(3) 사이렌 또는 경종 작동

④ 기동용기와 솔레노이드밸브를 분리했으므로 방출표시등은 점등되지 않는다.

40 ③

③ 왼쪽 → 오른쪽, 오른쪽 → 왼쪽

자동심장충격기(AED) 사용방법
(1) 자동심장충격기를 심폐소생술에 방해가 되지 않는 위치에 놓은 뒤 **전원버튼**을 누른다. 보기 ①
(2) 패드는 **왼쪽 젖꼭지 아래의 중간겨드랑선**에 설치하고 **오른쪽 빗장뼈**(쇄골) 바로 **아래**에 붙인다. 보기 ③

∥패드의 부착위치∥

패드 1	패드 2
오른쪽 빗장뼈(쇄골) 바로 아래	왼쪽 젖꼭지 아래의 중간겨드랑선

(3) 심장충격이 필요한 환자인 경우에만 **제세동버튼**이 **깜박**이기 시작하며, 깜박일 때 심장충격버튼을 눌러 심장충격을 시행한다. 보기 ④
(4) 심장충격이 필요 없거나 심장충격을 실시한 이후에는 즉시 **심폐소생술**을 다시 시작한다.
(5) **2분**마다 심장리듬을 분석한 후 반복 시행한다.
(6) 환자의 상체를 노출시킨 다음 패드 포장을 열고 **2개**의 **패드**를 환자의 가슴 피부에 붙인다. 보기 ②

41 ②

해설

① 기록하지 않는다. → 기록해야 한다.
② 노즐이 파손되었으므로 즉시 교체한 것은 옳다.

|노즐 파손|

③ 초과되어 → 초과되지 않아서, 교체하였다. → 교체하지 않아도 된다.
제조연월이 2020.11이고 내용연수는 10년이므로 2030.11까지가 유효기간으로 내용연수가 초과되지 않았다.

| 제조연월 | 2020.11 |

④ 파손되어 소화기를 즉시 교체하였다. → 파손되지 않았다.

중요 내용연수 교재 140

소화기의 내용연수를 **10년**으로 하고 내용연수가 지난 제품은 교체 또는 성능확인을 받을 것

내용연수 경과 후 10년 미만	내용연수 경과 후 10년 이상
3년	1년

42 ②

해설

㉠ '정지' 위치 → '연동' 위치
㉡ '기동' 위치 → '정지' 위치

43 ④

④ 방출표시등은 이산화탄소소화설비, 할론소화설비에 해당하는 것으로서 스프링클러설비와는 관련 없음

시험밸브 개방시 작동 또는 점등되어야 할 것
(1) 펌프 작동
(2) 감시제어반 밸브개방표시등(습식 : 알람밸브표시등) 점등
(3) 음향장치(사이렌) 작동
(4) 화재표시등 점등

∥시험밸브함∥

44 ②

① 기계실 → 전기실

②·④ 전기실방출램프가 소등되어 있으므로 전기실에 소화약제가 방출되지 않았다. 그러므로 출입문의 약제방출표시등도 점등되지 않는다.

③ 사이렌과 지구경종의 정지스위치가 눌려 있으므로 주경종과 비상방송은 정상 작동 되지만 사이렌과 지구경종은 정상 작동하지 않는다.

45 ③

㉠ 전원을 켤 때 → 심장충격 시행시
㉡ 패드 1개만 부착하여도 된다. → 이물질로 오염시 제거하여 패드 2개를 반드시 부착하여야 한다.

46 ③

③ 발신기램프가 점등되어있지 않으므로 화재신호기기는 발신기가 아니다. 그러므로 화재신호기기는 감지기로 추정할 수 있다.

47 ④

옥내소화전 방수압력측정
(1) 측정장치 : 방수압력측정계(피토게이지)

방수량	방수압력
130L/min	0.17~0.7MPa 이하

(3) 방수압력 측정방법 : 방수구에 호스를 결속한 상태로 노즐의 선단에 방수압력측정계(피토게이지)를 근접 $\left(\dfrac{D}{2}\right)$ 시켜서 측정하고 방수압력측정계의 압력계상의 눈금을 확인한다. 보기 ㉣

∥방수압력 측정∥

48 ①

 스프링클러설비의 기동점, 정지점

기동점(기동압력)	정지점(양정, 정지압력)
기동점=RANGE−DIFF =자연낙차압 +0.15MPa	정지점=RANGE

> ①, ③ 정지점=RANGE=0.6MPa
> ②, ④ 기동점=RANGE−DIFF
> =0.6MPa−0.1MPa
> =0.5MPa

중요 **자위소방대 개별 임무 부여**

(1) 압력스위치

DIFF(Difference)	RANGE
펌프의 작동정지점에서 기동점과의 **압력차이**	펌프의 **작동정지점**

(2) 충압펌프 기동점
충압펌프 기동점 = 주펌프 기동점
+0.05MPa

49 ④

 자동심장충격기(AED) 사용방법

(1) 자동심장충격기를 심폐소생술에 방해가 되지 않는 위치에 놓은 뒤 전원버튼을 누른다.
(2) 환자의 상체를 노출시킨 다음 패드 포장을 열고 2개의 패드를 환자의 가슴에 붙인다.
(3) 패드는 **왼쪽 젖꼭지 아래의 중간겨드랑선**에 설치하고 **오른쪽 빗장뼈**(쇄골) 바로 **아래**에 붙인다.

∥패드의 부착위치∥

패드 1	패드 2
오른쪽 빗장뼈(쇄골) 바로 아래	왼쪽 젖꼭지 아래의 중간겨드랑선

∥패드 위치∥

(4) 심장충격이 필요한 환자인 경우에만 제세동버튼이 깜박이기 시작하며, 깜박일 때 심장충격버튼을 눌러 심장충격을 시행한다.
(5) 심장충격버튼을 <u>누르기</u> 전에는 반드시
   누른 후에는 ×
주변사람 및 구조자가 환자에게서 떨어져있는지 다시 한 번 확인한 후에 실시하도록 한다.
(6) 심장충격이 필요 없거나 심장충격을 실시한 이후에는 즉시 **심폐소생술**을 다시 시작한다.
(7) **2분**마다 심장리듬을 분석한 후 반복 시행한다.

50 ③

 옥내소화전설비

(양호○, 불량×, 해당 없음/)

구 분	점검 번호	점검항목	점검 결과
가압 송수 장치	2-C -002	옥내소화전 <u>방수압력</u> 적정여부	○
제어반	2-H -011	펌프 작동 여부 확인 표시등 및 <u>음향경보장치</u> 정 부저 상작동 여부	○
	2-H -012	펌프 별 자동·수동 전환스위치 정상작동 여부 평상시 전환스위치 상태확인	○

중요

부저	경종	사이렌
제어반	자동화재 탐지설비	이산화탄소 소화설비

2021년 기출문제

문제는 여기로! → 문제 p.1-77

01	02	03	04	05	06	07	08	09	10
④	④	①	④	①	④	①	④	④	②
11	12	13	14	15	16	17	18	19	20
②	①	④	④	①	①	④	②	④	④
21	22	23	24	25	26	27	28	29	30
③	②	②	②	②	④	②	③	③	④
31	32	33	34	35	36	37	38	39	40
④	④	②	②	①	②	②	②	④	②
41	42	43	44	45	46	47	48	49	50
③	①	③	③	④	①	②	②	①	①

제 1 과목

문제는 여기로! → 문제 p.1-77

01 ④

해설 **화재의 종류**

종류	적응물질	소화약제
일반화재 (A급)	• 보통가연물(폴리에틸렌 등) • 종이 • 목재, 면화류, 석탄 • 재를 남김	① 물 ② 수용액
유류화재 (B급)	• 유류 • 알코올 • 재를 남기지 않음	① 포(폼)
전기화재 (C급)	• 변압기 • 배전반	① 이산화탄소 ② 분말소화약제 ③ 주수소화 금지
금속화재 (D급)	• 가연성 금속류 (나트륨 등)	① 금속화재용 분말소화약제 ② 마른 모래(건조사)
주방화재 (K급)	• 식용유 • 동·식물성 유지 보기 ④	① 강화액

02 ④

해설 **LPG vs LNG**

구 분	LPG	LNG
용 도	가정용	도시가스용
증기비중	1보다 큰 가스	1보다 작은 가스
비 중	1.5~2	0.6
탐지기의 설치위치	탐지기의 **상단**은 **바닥면**의 상방 30 cm 이내에 설치 보기 ④	탐지기의 **하단**은 **천장면**의 하방 30 cm 이내에 설치
가스누설 경보기의 설치위치	연소기 또는 관통부로부터 수평거리 **4m** 이내의 위치에 설치	연소기로부터 수평거리 **8m** 이내의 위치에 설치

03 ①

해설 **방염처리된 물품의 사용을 권장할 수 있는 경우**

다중이용업소 · **의**료시설 · **노**유자시설 · **숙**박시설 · **장**례시설에서 사용하는 **침**구류, **소**파, **의**자 보기 ①

기억법 다의 노숙장 침소의

> 비교 **방염대상물품**(제조 또는 가공공정에서 방염처리를 한 물품) 교재 42
> 1. 창문에 설치하는 **커튼류**(블라인드 포함)
> 2. 카펫
> 3. **벽지류**(두께 2mm 미만인 종이벽지 제외)
> 4. **전시용 합판·목재·섬유판**
> 5. **무대용 합판·목재·섬유판**
> 6. **암막·무대막**(영화상영관·가상체험 체육시설업의 **스크린** 포함)
> 7. 섬유류 또는 합성수지류 등을 원료로 하여 제작된 **소파·의자**(단란주점·유흥주점·노래연습장에 한함)

04 ④

해설
④ 주요 화재원인이 아님

전기화재의 주요 화재원인

(1) 전선의 **합선**(단락)에 의한 발화 　보기 ①
　　단선 ×
(2) **누전**에 의한 발화 　보기 ②
(3) **과전류**(과부하)에 의한 발화 　보기 ③
(4) 기타 **규격 미달**의 전선 또는 전기기계기구 등의 과열, 배선 및 전기기계기구 등의 절연불량 또는 정전기로부터의 불꽃

05 ①

자체점검의 실시

종합점검	작동점검
사용승인 달에 실시 보기 ①	종합점검 + 6개월 ↓ 보기 ①

(1) **종합점검** : 건축물 사용승인일이 1월 30일이며 1월에 실시해야 하므로 1월에 받으면 된다.
(2) **작동점검** : 종합점검(최초점검 제외)을 받은 달부터 6개월이 되는 달(지난 달)에 실시하므로 1월에 종합점검을 받았으므로 6개월이 지난 7월달에 작동점검을 받으면 된다.

06 ④

피난기구의 적응성

설치 장소별 구분	3층	4층 이상 10층 이하
노유자 시설	• 미끄럼대 • 구조대 • 피난교 • 다수인 피난장비 • 승강식 피난기	• 구조대[1] • 피난교 • 다수인 피난장비 • 승강식 피난기
의료시설 • 입원실이 있는 의원 • 접골원 • 조산원	• 미끄럼대 • 구조대 • 피난교 • 피난용 트랩 • 다수인 피난장비 • 승강식 피난기	• 구조대 • 피난교 • 피난용 트랩 • 다수인 피난장비 • 승강식 피난기
영업장의 위치가 4층 이하인 다중 이용업소	• 미끄럼대 • 피난사다리 • 구조대 • 완강기 • 다수인 피난장비 • 승강식 피난기	• 미끄럼대 • 피난사다리 • 구조대 • 완강기 • 다수인 피난장비 • 승강식 피난기
그 밖의 것	• 미끄럼대 • 피난사다리 • 구조대 • 완강기 • 피난교 • 피난용 트랩 • 간이완강기[2] • 공기안전매트 • 다수인 피난장비 • 승강식 피난기	• 피난사다리 • 구조대 • 완강기 • 피난교 • 간이완강기[2] • 공기안전매트 • 다수인 피난장비 • 승강식 피난기

주) 1) **구조대**의 적응성은 장애인관련시설로서 주된 사용자 중 스스로 피난이 불가한 자가 있는 경우 추가로 설치하는 경우에 한한다.
　2) 간이완강기의 적응성은 **숙박시설**의 **3층 이상**에 있는 객실에 추가로 설치하는 경우에 한한다.

07 ②

② 유도등 : 피난구조설비

피난기구의 종류

구 분	설 명
피난사다리 보기 ④	건축물화재시 안전한 장소로 피난하기 위해서 건축물의 개구부에 설치하는 기구
완강기 보기 ①	사용자의 몸무게에 의하여 자동적으로 내려올 수 있는 기구 중 사용자가 교대하여 **연속적으로 사용할 수 있는 것**
간이완강기	사용자의 몸무게에 의하여 자동적으로 내려올 수 있는 기구 중 사용자가 **연속적으로 사용할 수 없는 것**

구조대 보기 ③	화재시 건물의 창, 발코니 등에서 지상까지 포대를 사용하여 그 포대 속을 활강하는 피난기구 **기억법** 구포(부산에 있는 구포)
미끄럼대	화재 발생시 신속하게 지상 또는 피난층으로 이동할 수 있는 피난기구로서 **장애인복지시설, 노약자수용시설** 및 **병원** 등에 적합
다수인 피난장비	화재시 **2인 이상**의 피난자가 동시에 해당층에서 지상 또는 피난층으로 하강하는 피난기구
기타 피난기구	피난용 트랩, 공기안전매트 등

08 ①

감지기의 설치개수

‖감지기 설치유효면적‖

(단위 : m²)

부착높이 및 소방대상물의 구분		감지기의 종류				
		차동식·보상식 스포트형		정온식 스포트형		
		1종	2종	특종	1종	2종
4m 미만	내화구조	→90	70	70	60	20
	기타구조	50	40	40	30	15
4m 이상 8m 미만	내화구조	45	35	35	30	—
	기타구조	30	25	25	15	—

내화구조이고 부착높이가 **3.5m, 차동식 스포트형 1종** 감지기이므로 감지기 1개가 담당하는 바닥면적은 **90m²**가 된다.
차동식 스포트형 1종 감지기
$= \dfrac{70m \times 10m}{90m^2} = \dfrac{700m^2}{90m^2}$
$= 7.7 ≒ 8$개 (소수점 올림)

09 ④

방염 현장처리물품의 성능검사 실시기관	방염 선처리물품의 성능검사 실시기관
시·도지사(관할소방서장) 보기 ④	한국소방산업기술원

10 ②

옥내소화전함 표시등

위치표시등 설치위치	펌프 기동표시등 설치위치
'표시등의 성능인증 및 제품검사기준'에 적합한 것으로, **옥내소화전함의 상부**	가압송수장치의 기동을 표시하는 표시등은 옥내소화전함의 상부 또는 그 직근(**적색등**) 보기 ②

11 ②

감지기의 구조

정온식 스포트형 감지기 보기 ②	차동식 스포트형 감지기
① **바**이메탈, 감열판, 접점 등으로 구분 **기억법** 바정(봐줘) ② 보일러실, 주방 설치 ③ 주위 온도가 일정 온도 이상이 되었을 때 작동	① 감열실, 다이어프램, 리크구멍, 접점 등으로 구성 ② 거실, 사무실 설치 ③ 주위 온도가 일정 상승률 이상이 되는 경우에 작동

12 ①

공기 중의 연소범위

기체 또는 증기	연소범위[vol%]	
	연소하한계	연소상한계
아세틸렌	2.5	81
수 소	4.1	75
메틸알코올	6	36

암모니아	15	28
아세톤	2.5	12.8
휘발유	1.2	7.6
등유	0.7	5
중유 보기①	1	5

비교 LPG(액화석유가스)의 폭발범위
교재 111

부탄	프로판
1.8~8.4%	2.1~9.5%

13 ①

해설 회로도통시험(로터리방식의 회로시험스위치) 보기①

단선	정상
0V	4~8V

비교 예비전원시험

정상	
정상	19~29V

14 ④

해설
④ 중유 - 2000L

위험물의 지정수량

위험물	지정수량
유황	100kg
휘발유 보기②	200L 기억법 휘2
질산	300kg
알코올류 보기①	400L
등유·경유 보기③	1000L
중유 보기④	2000L 기억법 중2(간부 중위)

15 ①

해설 화재안전조사 결과에 따른 조치명령
(1) 명령권자 : **소방관서장(소방청장·소방본부장·소방서장)**
(2) 명령사항
  ① **개수**명령 보기②
  ② **이전**명령 보기④
  ③ **제거**명령 보기③
  ④ **사용**의 **금지** 또는 제한명령, 사용폐쇄
  ⑤ **공사**의 **정지** 또는 중지명령

기억법 장본서

16 ①

해설
① $C_4H_{10} \rightarrow CH_4$

LPG vs LNG

종류 구분	액화석유가스 (LPG)	액화천연가스 (LNG)
주성분	● 프로판(C_3H_8) ● 부탄(C_4H_{10}) 기억법 P프부	● 메탄(CH_4) 보기① 기억법 N메
비중	● 1.5~2(누출시 낮은 곳 체류)	● 0.6(누출시 천장쪽에 체류)
폭발범위 (연소범위)	● 프로판 : 2.1~9.5% ● 부탄 : 1.8~8.4%	● 5~15%
용도	● 가정용 ● 공업용 ● 자동차연료용	● 도시가스
증기비중	● 1보다 큰 가스	● 1보다 작은 가스
탐지기의 위치	● 탐지기의 **상단**은 **바닥면의 상방** 30cm 이내에 설치	● 탐지기의 **하단**은 **천장면의 하방** 30cm 이내에 설치

가스누설경보기의 위치	• 연소기 또는 관통부로부터 수평거리 **4m** 이내에 설치	• 연소기로부터 수평거리 **8m** 이내에 설치
공기와 무게 비교	• 공기보다 무겁다.	• 공기보다 가볍다.

17 ④

해설 **방염성능기준 이상의 실내장식물 등을 설치하여야 할 장소**
(1) **11층** 이상의 층(**아파트** 제외)
(2) **체**력단련장, 공연장 및 종교집회장
(3) 문화 및 집회시설(옥내에 있는 시설)
(4) 운동시설(**수영장** 제외)
(5) **숙**박시설 · **노**유자시설 보기 ㉠㉡
(6) 의원, 치과의원, 한의원, 조산원, 산후조리원 보기 ㉣
(7) 의료시설(요양병원) 보기 ㉢
(8) 수련시설(**숙**박시설이 있는 것)
(9) **방**송국 · 촬영소
(10) 다중이용업소(단란주점영업, 유흥주점영업, 노래연습장의 영업장 등)
(11) 종교시설
(12) 합숙소 보기 ㉣

기억법 방숙체노

18 ④

해설 **소방기본법의 목적**
(1) 화재 예방 · 경계 및 진압 보기 ①
(2) 화재, 재난 · 재해 등 위급한 상황에서의 구조 · 구급 보기 ①
(3) 국민의 생명 · 신체 및 재산 보호 보기 ②
(4) 공공의 안녕, 질서 유지 및 복리 증진에 이바지 보기 ③

19 ④

해설 **무창층**
(1) 지상층 중 (2)에 해당하는 개구부면적의 합계가 그 층의 바닥면적의 $\frac{1}{30}$ **이하**가 되는 층 보기 ④
(2) 개구부의 요건
① 크기는 지름 50cm 이상의 원이 통과할 수 있을 것
② 해당층의 바닥면으로부터 개구부 밑부분까지의 높이가 1.2m 이내일 것
③ 도로 또는 차량이 진입할 수 있는 빈터를 향할 것
④ 화재시 건축물로부터 쉽게 피난할 수 있도록 개구부에 창살이나 그 밖의 장애물이 설치되지 않을 것
⑤ 내부 또는 외부에서 쉽게 부수거나 열 수 있을 것

20 ④

해설 ④ 한국소방산업기술원의 업무

한국소방안전원
(1) 한국소방안전원의 설립목적
① 소방기술과 안전관리기술의 향상 및 홍보
② 교육 · 훈련 등 행정기관이 위탁하는 업무의 수행 보기 ③
③ **소방관계종사자**의 기술 향상
(2) 한국소방안전원의 업무
① 소방기술과 안전관리에 관한 교육 및 조사 · 연구 보기 ①
② 소방기술과 안전관리에 관한 각종 간행물 발간
③ 화재예방과 안전관리의식 고취를 위한 대국민 홍보
④ 소방업무에 관하여 행정기관이 위탁하는 업무

⑤ 소방안전에 관한 **국제협력** 보기 ②
⑥ 그 밖에 회원에 대한 기술지원 등 정관으로 정하는 사항

21 ③

 지정수량 보기 ③
위험물의 종류별로 위험성을 고려하여 **대통령령**이 정하는 수량으로서 제조소 등의 설치허가 등에 있어서 **최저**의 **기준**이 되는 수량

22 ②

> ② 억제소화 : 연소의 4요소를 이용한 소화방법

(1) 연소의 3요소
  ① **가**연물질
  ② **산**소공급원(공기·오존·산화제·지연성 가스)
  ③ **점**화원(활성화에너지)

  기억법 가산점

(2) 소화방법의 예

제거소화	• 가스밸브의 **폐쇄** 보기 ① • 가연물 직접 **제거** 및 **파괴** • **촛불**을 입으로 불어 가연성 증기를 순간적으로 날려 보내는 방법 보기 ④ • 산불화재시 진행방향의 나무 **제거**
질식소화	• 불연성 기체로 연소물을 덮는 방법 • 불연성 포로 연소물을 덮는 방법 • 불연성 고체로 연소물을 덮는 방법
냉각소화	• 주수에 의한 냉각작용 • **이산화탄소소화약제**에 의한 **냉각작용** 보기 ③
억제소화	• 화학적 작용에 의한 소화방법 • 할론, 할로겐화합물 소화약제에 의한 억제(부촉매)작용 보기 ② • 분말소화약제에 의한 억제(부촉매)작용

23 ②

해설 **가스계 소화설비의 방출방식**

전역방출방식	국소방출방식	호스릴방식
고정식 소화약제 공급장치에 배관 및 분사헤드를 고정 설치하여 **밀폐 방호구역** 내에 소화약제를 방출하는 설비	고정식 소화약제 공급장치에 배관 및 분사헤드를 설치하여 직접 화점에 소화약제를 방출하는 설비로 **화재발생부분**에만 **집중적**으로 소화약제를 방출하도록 설치하는 방식	분사헤드가 배관에 고정되어 있지 않고 소화약제 저장용기에 호스를 연결하여 사람이 직접 화점에 소화약제를 방출하는 **이**동식 소화설비
기억법 밀전	기억법 국화집	기억법 호이(호일)

기억법 가전국호

|전역방출방식| 보기 ②

|국소방출방식|

|호스릴방식|

24 ②

옥내소화전함 등의 설치기준

방수구	호 스
층마다 설치하되 특정소방대상물의 각 부분으로부터 1개의 옥내소화전 방수구까지의 **수평거리 25m 이하**가 되도록 할 것(호스릴 옥내소화전설비 포함). 단, 복층형 구조의 공동주택의 경우에는 세대의 출입구가 설치된 층에만 설치 보기 ㉠	구경 **40mm**(호스릴 옥내소화전설비의 경우에는 **25mm**) 이상의 것으로 물이 유효하게 뿌려질 수 있는 길이로 설치 보기 ㉡

25 ②

유효수량의 기준

제 2 과목

문제는 여기로! → 문제 p.1-83

26 ④

예비전원시험 적부 판정

전압계인 경우 정상	램프방식인 경우 정상
19~29V 보기 ④	녹색

비교 **회로도통시험 적부 판정** 교재 225

구 분	전압계가 있는 경우	도통시험확인등이 있는 경우
정상	4~8V	정상확인등 점등(녹색)
단선	0V	단선확인등 점등(적색)

27 ④

화재의 종류

종 류	적응물질	소화약제
일반화재 (A급)	• 보통가연물(폴리에틸렌 등) • 종이 • 목재, 면화류, 석탄 • **재를 남김**	① 물 ② 수용액
유류화재 (B급)	• 유류 • 알코올 • **재를 남기지 않음**	① 포(폼)
전기화재 (C급)	• 변압기 • 배전반	① 이산화탄소 ② 분말소화약제 ③ 주수소화 금지
금속화재 (D급)	• 가연성 금속류 (나트륨 등)	① 금속화재용 분말소화약제 ② 마른 모래(건조사)
주방화재 (K급)	• 식용유 • 동·식물성 유지 보기 ④	① 강화액

28 ③

동력제어반 선택스위치가 자동이고, 기동 램프가 점등되어 있으므로 동력제어반 상태는 자동기동, 점검결과 불량내용이 이상 없으므로 ○, 불량내용 이상 없음.

29 ③

㉠ 기동점 = 자연낙차압+0.15MPa
     = 0.3MPa+0.15MPa
     = 0.45MPa
㉡ 정지점(양정) = RANGE
     = 80m = 0.8MPa
㉢·㉣ 기동점이 0.45MPa, 정지점이 0.8MPa이다. 스프링클러설비의 방수압은 기동압력 0.1~1.2MPa 이하이므로 결과는 '○', 불량내용 '없음'

구 분	스프링클러설비
방수압	0.1~1.2MPa 이하
방수량	80L/min 이상

기동점(기동압력)	정지점(양정, 정지압력)

기동점 = RANGE−DIFF
  = 자연낙차압
  +0.15MPa
	정지점 = RANGE

용어 자연낙차압
가장 높이 설치된 헤드로부터 펌프 중심점까지의 낙차를 압력으로 환산한 값

중요 충압펌프 기동점
충압펌프 기동점 = 주펌프 기동점+0.05MPa

30 ④

가스계 소화설비 점검 후 복구방법
(1) 제어반 복구 → 제어반의 솔레노이드밸브 연동정지
(2) 솔레노이드밸브 복구
(3) 솔레노이드밸브에 안전핀을 체결한 후 기동용기에 결합
(4) 제어반 스위치의 연동상태 확인 후 솔레노이드밸브에서 안전핀 분리
(5) 점검 전 분리했던 조작동관을 결합

31 ④

④ 여러 사람이 함께 사용 → 한 사람이 사용

▎일반인 구조자의 기본소생술 흐름도▎

자동심장충격기(AED) 사용방법
(1) 자동심장충격기를 심폐소생술에 방해가 되지 않는 위치에 놓은 뒤 전원버튼을 누른다.
(2) 환자의 상체를 노출시킨 다음 패드 포장을 열고 2개의 패드를 환자의 가슴에 붙인다.
(3) 패드는 **왼쪽 젖꼭지 아래의 중간겨드랑선**에 설치하고 **오른쪽 빗장뼈(쇄골)** 바로 **아래**에 붙인다.

▎패드의 부착위치▎

패드 1	패드 2
오른쪽 빗장뼈(쇄골) 바로 아래	왼쪽 젖꼭지 아래의 중간겨드랑선

‖패드 위치‖

(4) 심장충격이 필요한 환자인 경우에만 제세동(심장충격)버튼이 깜박이기 시작하며, 깜박일 때 심장충격버튼을 눌러 심장충격을 시행한다. 보기 ③
(5) 심장충격버튼을 <u>누르기 전</u>에는 반드시
    누른 후에는 ✕
주변사람 및 구조자가 환자에게서 떨어져있는지 다시 한 번 확인한 후에 실시하도록 한다.
(6) 심장충격이 필요 없거나 심장충격을 실시한 이후에는 즉시 **심폐소생술**을 다시 시작한다.
(7) **2분**마다 심장리듬을 분석한 후 반복 시행한다. 보기 ②
(8) 반드시 한 사람이 사용해야 한다. 보기 ④

32 ④

해설

④ 해당 없음

소방안전관리자 현황표 기입사항
(1) 소방안전관리자 현황표의 **대상명** 보기 ①
(2) 소방안전관리자의 **이름**
(3) 소방안전관리자의 **연락처**
(4) 소방안전관리자의 **선임일자** 보기 ②
(5) 소방안전관리대상물의 **등급** 보기 ③

33 ②

해설

① 정상 → 비정상
스위치주의등이 점멸하고 있으므로 수신기 스위치 상태는 비정상이다. 스위치주의등이 점멸하고 있는 이유는 **지구경종정지스위치**가 눌러져 있기 때문이다.

② 예비전원 감시램프가 점등되어 있으므로 예비전원을 확인하여 교체한다.

③ 교류전원램프가 점등되어있고 전압지시 정상램프가 점등되어 있으므로 수신기 교류전원에 문제가 없다.

④ 예비전원 감시램프가 점등되어 있으므로 예비전원이 정상상태가 아니다.

34 ②

해설 특정소방대상물별 소화기구의 능력단위 기준

특정소방대상물	소화기구의 능력단위	건축물의 주요 구조부가 **내화구조**이고, 벽 및 반자의 실내에 면하는 부분이 **불연재료·준불연재료** 또는 **난연재료**로 된 특정소방대상물의 능력단위
• **위**락시설 기억법 위3(위상)	바닥면적 **30m²**마다 1단위 이상	바닥면적 **60m²**마다 1단위 이상
• **공연**장 • **집**회장 • **관람**장 • **문**화재 • **장**례식장 및 <u>의</u>료시설 기억법 5공연장 문의 집관람(손오공 연장 문의 집관람)	바닥면적 **50m²**마다 1단위 이상	바닥면적 **100m²**마다 1단위 이상

- 근린생활시설
- 판매시설
- 운수시설
- 숙박시설
- 노유자시설
- 전시장
- 공동주택(아파트 등)
- 업무시설(사무실 등)
- 방송통신시설
- 공장
- 창고시설
- 항공기 및 자동차관련시설 및 관광휴게시설

바닥면적 100m²마다 1단위 이상 / 바닥면적 200m²마다 1단위 이상

기억법
근판숙노전 주업 방차창 1항 관광
(근판숙노전 주업 방차창 일본항 관광)

- 그 밖의 것

바닥면적 200m²마다 1단위 이상 / 바닥면적 400m²마다 1단위 이상

근린생활시설로서 **내화구조**이며, **불연재료**이므로 바닥면적 200m²마다 1단위 이상이다.

$$\frac{2000\text{m}^2}{200\text{m}^2} = 10\text{단위}$$

$$\frac{10단위}{3단위} = 3.3 ≒ 4개(소수점 올림)$$

비교

소화기구의 능력단위	소방안전관리보조자
교재 142	교재 26
소수점 발생시 소수점을 올린다(**소수점 올림**).	소수점 발생시 소수점을 버린다(**소수점 내림**).

35

주펌프 기동상태 보기 ㉠	충압펌프 정지상태 보기 ㉡
① 기동표시등 : 점등	① 기동표시등 : 소등
② 정지표시등 : 소등	② 정지표시등 : 점등
③ 펌프기동표시등 : 점등	③ 펌프기동표시등 : 소등

∥옥내소화전함 발신기세트∥

36

기동점 (기동압력)	정지점 (양정, 정지압력)
기동점=RANGE−DIFF =자연낙차압 +0.15MPa	정지점=RANGE

① 정지점=RANGE이므로 0.5MPa는 옳은 답
② 35m → 25m
  자연낙차압 = 기동점−0.15MPa
       = 0.4MPa−0.15MPa
       = 0.25MPa
       = 25m(1MPa=100m)
③ 기동점=RANGE−DIFF
     =0.5MPa−0.1MPa
     =0.4MPa
④ 충압펌프 기동점=주펌프 기동점+0.05MPa이므로 주펌프의 기동점은 충압펌프의 기동점보다 0.05MPa 낮게 설정해야 한다.

용어	자연낙차압

가장 높이 설치된 헤드로부터 펌프 중심점까지의 낙차를 압력으로 환산한 값

37 ②

해설 자동심장충격기(AED) 사용방법
(1) 자동심장충격기를 심폐소생술에 방해가 되지 않는 위치에 놓은 뒤 전원버튼을 누른다.
(2) 환자의 상체를 노출시킨 다음 패드 포장을 열고 2개의 패드를 환자의 가슴에 붙인다.
(3) 패드는 **왼쪽 젖꼭지 아래의 중간겨드랑선**에 설치하고 **오른쪽 빗장뼈**(쇄골) 바로 **아래**에 붙인다.

∥패드의 부착위치∥

패드 1	패드 2
오른쪽 빗장뼈(쇄골) 바로 아래	왼쪽 젖꼭지 아래의 중간겨드랑선

∥패드 위치∥

(4) 심장충격이 필요한 환자인 경우에만 제세동 버튼이 깜박이기 시작하며, 깜박일 때 심장충격버튼을 눌러 심장충격을 시행한다.
(5) 심장충격버튼을 <u>누르기 전</u>에는 반드시
              누른 후에는 ×
주변사람 및 구조자가 환자에게서 떨어져있는지 다시 한 번 확인한 후에 실시하도록 한다.
(6) 심장충격이 필요 없거나 심장충격을 실시한 이후에는 즉시 **심폐소생술**을 다시 시작한다.
(7) **2분**마다 심장리듬을 분석한 후 반복 시행한다.

38 ②

해설

② 교육자 중심 → 학습자 중심

소방교육 및 훈련의 원칙

원칙	설명
현실의 원칙 보기 ③	• 학습자의 능력을 고려하지 않은 훈련은 비현실적이고 불완전하다.
학습자 중심의 원칙 보기 ②	• **한** 번에 한 가지씩 습득 가능한 분량을 교육 및 훈련시킨다. • **쉬운 것**에서 **어려운 것**으로 교육을 실시하되 기능적 이해에 비중을 둔다. • 학습자에게 감동이 있는 교육이 되어야 한다. **기억법** 학한
동기부여의 원칙	• **교육의 중요성**을 전달해야 한다. • 학습을 위해 적절한 스케줄을 적절히 배정해야 한다. • 교육은 시기적절하게 이루어져야 한다. • 핵심사항에 교육의 포커스를 맞추어야 한다. • 학습에 대한 보상을 제공해야 한다. • 교육에 재미를 부여해야 한다. • 교육에 있어 다양성을 활용해야 한다. • 사회적 상호작용을 제공해야 한다. • 전문성을 공유해야 한다. • 초기성공에 대해 격려해야 한다.
목적의 원칙 보기 ①	• 어떠한 기술을 어느 정도까지 익혀야 하는가를 명확하게 제시한다. • 습득하여야 할 기술이 활동 전체에서 어느 위치에 있는가를 인식하도록 한다.
실습의 원칙	• **실습**을 통해 지식을 습득한다. • 목적을 생각하고, 적절한 방법으로 정확하게 하도록 한다.
경험의 원칙	• 경험했던 사례를 들어 현실감 있게 하도록 한다.
관련성의 원칙 보기 ④	• 모든 교육 및 훈련 내용은 **실무적**인 **접목**과 **현장성**이 있어야 한다.

기억법 현학동 목실경관교

39 ④

- (a)방식 : 송배선식(○), (b)방식 : 송배선식(×)
① 송배선식이므로 도통시험으로 정상인지 단선인지 알 수 있다. (○)
② 송배선식이므로 감지기 사이의 단선 여부를 확인할 수 있다. (○)
③ 송배선식이 아니므로 감지기 단선 여부를 확인할 수 없다. (○)
④ 이라 한다. → 이 아니다.

용어 송배선식 교재 210

도통시험(선로의 정상연결 유무확인)을 원활히하기 위한 배선방식

40 ②

① 주성분 : $NH_4H_2PO_4$(제1인산암모늄)이므로 축압식 분말소화기이다.

소화약제 및 적응화재

적응화재	소화약제의 주성분	소화효과
BC급	탄산수소나트륨 ($NaHCO_3$)	• 질식효과 • 부촉매(억제)효과
	탄산수소칼륨 ($KHCO_3$)	
ABC급	제1인산암모늄 ($NH_4H_2PO_4$)	
BC급	탄산수소칼륨($KHCO_3$) +요소(($NH_2)_2CO$)	

② 있다. → 없다.
능력단위 : A 3 B 5 C 이므로 금속화재는 적응성이 없다.
(일반화재 / 유류화재 / 전기화재)

참고 소화능력단위

A3, B5, C급 적응
- 일반화재 3단위
- 유류화재 5단위
- 전기화재 사용가능

③ 충전압력 : 0.9MPa이므로 0.7~0.98MPa 압력을 유지하고 있다.
• 용기 내 압력을 확인할 수 있도록 지시압력계가 부착되어 사용가능한 범위가 녹색(0.7~0.98MPa)으로 되어 있음

지시압력계
① 노란색(황색) : 압력부족
② 녹색 : 정상압력
③ 적색 : 정상압력 초과

노란색(황색) 녹색 적색

소화기 지시압력계

지시압력계의 색표시에 따른 상태

노란색(황색)	녹 색	적 색
압력이 부족한 상태	정상압력 상태	정상압력보다 높은 상태

④ 제조연월 : 2005.11이고 내용연수는 10년이므로 2015년 11월까지가 유효기간이다. 내용연수 초과로 소화기를 교체하여야 한다.

분말소화기 vs 이산화탄소소화기

분말소화기	이산화탄소소화기
10년	내용연수 없음

41 ③

① 감시제어반 선택스위치 : 자동, 주펌프 : 정지, 충압펌프 : 정지상태이므로 감시제어반은 정상상태이므로 옳다.
② 주펌프 선택스위치가 자동이므로 ON 버튼을 눌러도 주펌프는 기동하지 않으므로 옳다.
③ 기동한다. → 기동하지 않는다.
 감시제어반에서 주펌프 스위치만 기동으로 올리면 주펌프는 기동하지 않는다. 감시제어반 선택스위치를 수동으로 올리고 주펌프 스위치를 기동으로 올려야 주펌프는 기동한다.
④ 동력제어반에서 충압펌프 스위치를 자동위치로 돌리면 모든 제어반은 정상상태가 되므로 옳다.

정상상태		
동력제어반	감시제어반
주펌프 선택스위치 : **자동** • 주펌프 ON 램프 : **소등** • 주펌프 OFF 램프 : **점등** 충압펌프 선택스위치 : **자동** • 충압펌프 ON 램프 : **소등** • 충압펌프 OFF 램프 : **점등**	선택스위치 : **자동** 주펌프 : **정지** 충압펌프 : **정지**

42 ①

구 분	스프링클러설비
방수압	0.1~1.2MPa 이하
방수량	80L/min 이상

| 시험밸브함 |

㉠ 스프링클러설비의 방수압이 0.1~1.2MPa 이하이므로 0.5MPa은 옳음

43 ③

① 앞꿈치 → 뒤꿈치
② 수평 → 수직
④ 갈비뼈가 압박되어 부러질 정도로 강하게 실시하면 안된다.

심폐소생술의 진행	
구 분	설 명 보기 ③
속 도	분당 **100~120회**
깊 이	약 **5cm(소아 4~5cm)**

44 ③

③ 해당 없음

소방안전관리대상물의 소방계획의 주요 내용
(1) 소방안전관리대상물의 위치・구조・연면적・용도 및 수용인원 등 일반 현황
(2) 소방안전관리대상물에 설치한 소방시설・방화시설・전기시설・가스시설 및 위험물시설의 현황
(3) 화재예방을 위한 **자체점검계획** 및 **대응대책** 보기 ①
(4) **소방시설**・피난시설 및 방화시설의 **점검・정비계획**
(5) 피난층 및 피난시설의 위치와 피난경로의 설정, 화재안전취약자의 피난계획 등을 포함한 피난계획
(6) **방화구획**, 제연구획, 건축물의 내부 마감재료 및 방염물품의 사용현황과 그 밖의 방화구조 및 설비의 유지・관리계획
(7) **소방훈련** 및 **교육**에 관한 계획 보기 ②
(8) 소방안전관리대상물의 근무자 및 거주자의 **자위소방대** 조직과 대원의 임무(화재안전취약자의 피난보조임무를 포함)에 관한 사항
(9) **화기취급작업**에 대한 사전 안전조치 및 감독 등 공사 중 소방안전관리에 관한 사항

⑩ 관리의 권원이 분리된 소방안전관리에 관한 사항
⑪ **소화**와 **연소 방지**에 관한 사항
⑫ **위험물**의 저장·취급에 관한 사항
　보기 ④
⑬ 소방안전관리에 대한 업무수행에 관한 기록 및 유지에 관한 사항
⑭ 화재발생시 화재경보 **초기소화** 및 **피난유도** 등 초기대응에 관한 사항
⑮ 그 밖에 소방안전관리를 위하여 **소방본부장** 또는 **소방서장**이 소방안전관리대상물의 위치·구조·설비 또는 관리상황 등을 고려하여 소방안전관리에 필요하여 요청하는 사항

45 ③

① 연기감지기 시험기이므로 열감지기시험기로 작동시킬 수 없다. (○)
② (a)에서 2F(2층)이라고 했으므로 옳다. (○)
③ 점등되어야 한다. → 점등되지 않아야 한다.
　(a)가 연기감지기 시험기이므로 감지기가 작동되기 때문에 발신기램프는 점등되지 않아야 한다.
④ (a)에서 2F(2층) 연기감지기 시험이므로 (b)에서 2층 램프가 점등되었으므로 정상이다. (○)

2층　연기감지기 시험기

2층 지구표시등

46 ①

① 이산화탄소소화설비·할론소화설비 소화기이므로 축압식 소화기와는 관련이 없다.
② 축압식 분말소화기 호스 탈락
③ 축압식 분말소화기 호스 파손
④ 축압식 분말소화기 압력이 높은 상태

(1) 호스·혼·노즐

∥호스 파손∥

∥호스 탈락∥

∥노즐 파손∥

∥혼 파손∥

(2) 지시압력계
　① 노란색(황색) : 압력부족
　② 녹색 : 정상압력
　③ 적색 : 정상압력 초과

∥ 소화기 지시압력계 ∥

- 용기 내 압력을 확인할 수 있도록 지시압력계가 부착되어 사용 가능한 범위가 녹색(0.7~0.98MPa)으로 되어 있음

∥ 지시압력계의 색표시에 따른 상태 ∥

노란색(황색)	녹 색	적 색
압력이 부족한 상태	정상압력 상태	정상압력보다 높은 상태

47 ②

해설 옥내소화전 방수압력 측정
(1) 측정장치 : 방수압력측정계(피토게이지)
(2)

방수량	방수압력
130L/min	0.17~0.7MPa 이하 보기 ②

(3) 방수압력 측정방법 : 방수구에 호스를 결속한 상태로 노즐의 선단에 방수압력측정계(피토게이지)를 근접 $\left(\dfrac{D}{2}\right)$ 시켜서 측정하고 방수압력측정계의 압력계상의 눈금을 확인한다.

∥ 방수압력 측정 ∥

48 ②

해설 습식 스프링클러설비의 작동순서
(1) **화**재발생 보기 ㉠
(2) **헤**드 개방 및 방수 보기 ㉢
(3) **2**차측 배관압력 저하 보기 ㉡
(4) **1**차측 압력에 의해 습식 유수검지장치의 클래퍼 개방 보기 ㉣
(5) **습**식 유수검지장치의 압력스위치 작동 → 사이렌 경보, 감시제어반의 화재표시등, 밸브개방표시등 점등 보기 ㉤
(6) **배**관 내 압력저하로 기동용 수압개폐장치의 압력스위치 작동 → 펌프기동 보기 ㉥

기억법 화헤 21습배

49 ①

해설

㉠ 전원켜기   ㉡ 2개의 패드 부착

㉢ 심장리듬 분석 및   ㉣ 즉시 심폐소생술
   심장충격 실시   다시 시행

50 ①

해설 스프링클러설비 : 시험밸브함은 스프링클러설비(습식·건식)에 사용

구 분	스프링클러설비
방수압	0.1~1.2MPa 이하 보기 ①
방수량	80L/min 이상

2020년 기출문제

문제는 여기로! → 문제 p.1-93

01	02	03	04	05	06	07	08	09	10
①	①	④	③	④	④	③	④	④	②
11	12	13	14	15	16	17	18	19	20
③	①	③	④	③	④	①	③	①	②
21	22	23	24	25	26	27	28	29	30
③	④	③	③	③	②	③	③	①	③
31	32	33	34	35	36	37	38	39	40
③	②	①	①	②	④	②	③	①	①
41	42	43	44	45	46	47	48	49	50
④	①	③	①	④	②	④	③	②	①

제 1 과목

문제는 여기로! → 문제 p.1-93

01 ①

해설 자동화재탐지설비의 부착높이 및 감지기 1개의 바닥면적

(단위 : m²)

부착높이 및 소방대상물의 구분		감지기의 종류				
		차동식·보상식 스포트형		정온식 스포트형		
		1종	2종	특종	1종	2종
4m 미만	내화구조	90	70	70	60	20
	기타구조	50	40	40	30	15
4m 이상 8m 미만	내화구조	45	35	35	30	–
	기타구조	30	25	25	15	–

기억법
차	보	정
97	97	762
54	54	43①
④③	④③	③3
3②	3②	②①

※ 동그라미(O) 친 부분은 뒤에 5가 붙음

02 ①

해설 송배선식
도통시험(선로의 정상연결 여부 확인)을 원활히 하기 위한 배선방식

| 송배선식 |

03 ④

해설

④ 차동식 → 정온식

비화재보의 원인과 대책

주요 원인	대 책
주방에 '비적응성 감지기'가 설치된 경우 보기 ④	적응성 감지기(정온식 감지기 등)로 교체
'천장형 온풍기'에 밀접하게 설치된 경우 보기 ①	기류흐름 방향 외 이격설치
담배연기로 인한 연기 감지기 동작 보기 ②	흡연구역에 환풍기 등 설치
청소불량(먼지·분진)에 의한 감지기 오동작 보기 ③	내부 먼지 제거 후 복구위치 누름 또는 감지기 교체

04 ③

해설 연소 : 열+빛=산화
가연물이 공기 중에 있는 산소 또는 산화제와 반응하여 **열**과 **빛**을 발생하면서 **산화**하는 현상

05 ④

해설 피난기구의 적응성

층별 설치 장소별 구분	3층	4층 이상 10층 이하

노유자
시설
	• 미끄럼대
	  보기 ①
	• 구조대
	  보기 ②
	• 피난교
	  보기 ③
	• 다수인 피난장비
	• 승강식 피난기
		• 구조대[1]
		• 피난교
		• 다수인 피난장비
		• 승강식 피난기

의료시설 • 입원실이 있는 의원 • 접골원 • 조산원	• 미끄럼대 • 구조대 • 피난교 • 피난용 트랩 • 다수인 피난장비 • 승강식 피난기	• 구조대 • 피난교 • 피난용 트랩 • 다수인 피난장비 • 승강식 피난기
영업장의 위치가 4층 이하인 다중 이용업소	• 미끄럼대 • 피난사다리 • 구조대 • 완강기 • 다수인 피난장비 • 승강식 피난기	• 미끄럼대 • 피난사다리 • 구조대 • 완강기 • 다수인 피난장비 • 승강식 피난기
그 밖의 것	• 미끄럼대 • 피난사다리 • 구조대 • 완강기 • 피난교 • 피난용 트랩 • 간이완강기[2] • 공기안전매트 • 다수인 피난장비 • 승강식 피난기	• 피난사다리 • 구조대 • 완강기 • 피난교 • 간이완강기[2] • 공기안전매트 • 다수인 피난장비 • 승강식 피난기

㈜ 1) **구조대**의 적응성은 장애인관련시설로서 주된 사용자 중 스스로 피난이 불가한 자가 있는 경우 추가로 설치하는 경우에 한한다.
2) 간이완강기의 적응성은 **숙박시설**의 **3층 이상**에 있는 객실에 추가로 설치하는 경우에 한한다.

06 ④

해설 객석유도등 산정식

객석유도등 설치개수

$$= \frac{\text{객석통로의 직선부분의 길이(m)}}{4}$$

$$\therefore \frac{70}{4} - 1 = 16.5 ≒ 17개 (소수점 올림)$$

기억법 객4

07 ③

해설 공기 중 산소

체적비	중량비
21%	23%

08 ④

해설 소화방법의 예

제거 소화	• 가스밸브의 **폐쇄** 보기 ① • 가연물 직접 **제거** 및 **파괴** 보기 ③ • **촛불**을 입으로 불어 가연성 증기를 순간적으로 날려 보내는 방법 • 산불화재시 진행방향의 나무 **제거** 보기 ②
질식 소화	• 불연성 기체로 연소물을 덮는 방법 보기 ④ • 불연성 포로 연소물을 덮는 방법 • 불연성 고체로 연소물을 덮는 방법
냉각 소화	• 주수에 의한 냉각작용 • **이산화탄소소화약제**에 의한 **냉각 작용**
억제 소화	• 화학적 작용에 의한 소화방법 • 할로겐소화약제

09 ④

해설 옥외소화전의 설치기준
소방대상물의 각 부분으로부터 호스접결구까지의 **수평거리**가 **40m 이하**가 되도록 설치하여야 하며, 호스구경은 **65mm**의 것으로 하여야 한다. 보기 ④

설치거리	호스구경
5m 이내	65mm

┃옥외소화전함의 설치거리┃

10 ②

해설

> ①·③·④ 해당 없음

2급 소방안전관리대상물의 소방안전관리자 선임조건

자격	경력	비고
• 위험물기능장·위험물산업기사·위험물기능사	경력 필요 없음	2급 소방안전관리자 자격증을 받은 사람
• 소방공무원 보기 ②	3년	
• 소방청장이 실시하는 2급 소방안전관리대상물의 소방안전관리에 관한 시험에 합격한 사람	경력 필요 없음	
• 「기업활동 규제완화에 관한 특별조치법」에 따라 소방안전관리자로 선임된 사람(소방안전관리자로 선임된 기간으로 한정)		
• 특급 또는 1급 소방안전관리대상물의 소방안전관리자 자격이 인정되는 사람		

11 ③

해설 경계구역의 설정 기준

(1) 1경계구역이 2개 이상의 **건축물**에 미치지 않을 것

┃하나의 경계구역으로 설정불가┃

(2) 1경계구역이 2개 이상의 **층**에 미치지 않을 것(단, 500m² 이하는 2개층을 1경계구역으로 할 수 있다.)

(3) 1경계구역의 면적은 **600m²** 이하로 하고, 1변의 길이는 **50m** 이하로 할 것(단, 내부 전체가 보이면 한변의 길이가 50m의 범위 내에서 **1000m²** 이하로 할 수 있다.) 보기 ③

┃내부 전체가 보이면 1경계구역 면적 1000m² 이하, 1변의 길이 50m 이하┃

12 ①

해설

① 5년 이하의 징역 또는 5000만원 이하의 벌금 교재 16
② 100만원 이하의 벌금 교재 17
③ 3년 이하의 징역 또는 3000만원 이하의 벌금 교재 17
④ 300만원 이하의 벌금 교재 37

(1) **5년 이하의 징역** 또는 **5000만원 이하의 벌금** 교재 16, 49
① 위력을 사용하여 출동한 소방대의 화재진압·인명구조 또는 구급활동을 **방해**하는 행위
② 소방대가 화재진압·인명구조 또는 구급활동을 위하여 현장에 출동하거나 현장에 출입하는 것을 고의로 **방해**하는 행위
③ 출동한 소방대원에게 폭행 또는 협박을 행사하여 화재진압·인명구조 또는 구급활동을 **방해**하는 행위
④ 출동한 소방대의 소방장비를 파손하거나 그 효용을 해하여 화재진압·인명구조 또는 구급활동을 **방해**하는 행위
⑤ 소방자동차의 **출동**을 **방해**한 사람
⑥ 사람을 **구출**하는 일 또는 불을 끄거나 불이 번지지 아니하도록 하는 일을 **방해**한 사람
⑦ 정당한 사유 없이 소방용수시설 또는 비상소화장치를 사용하거나 소방용수시설 또는 비상소화장치의 효용을 해하거나 그 정당한 사용을 **방해**한 사람 보기 ①
⑧ 소방시설의 폐쇄·**차**단

기억법 5방5000, 5차(오차범위)

(2) **3년 이하의 징역** 또는 **3000만원 이하의 벌금** 교재 17, 36, 49
① 소방대상물 또는 **토지**의 **강제처분** 방해 보기 ③
② 정당한 사유 없이 **화재안전조사** 결과에 따른 **조치명령**을 위반한 자
③ 화재예방안전진단 결과에 따른 보수·보강 등의 조치명령을 정당한 사유없이 위반한 자
④ 소방시설이 **화재안전기준**에 따라 설치·관리되고 있지 아니할 때 관계인에게 필요한 조치명령을 정당한 사유 없이 위반한 자
⑤ **피난시설, 방화구획** 및 **방화시설**의 관리를 위하여 필요한 조치명령을 정당한 사유 없이 위반한 자

⑥ 소방시설 자체점검 결과에 따른 이행계획을 완료하지 않아 필요한 조치의 이행명령을 하였으나, 명령을 정당한 사유 없이 위반한 자

(3) **300만원 이하의 벌금** 교재 37, 49
① **화재안전조사**를 정당한 사유 없이 **거부·방해·기피**한 자 보기 ④
② 화재예방조치 조치명령을 정당한 사유 없이 따르지 아니하거나 방해한 자
③ **소방안전관리자, 총괄소방안전관리자, 소방안전관리보조자**를 **선임**하지 아니한 자
④ **소방시설·피난시설·방화시설** 및 **방화구획** 등이 법령에 위반된 것을 발견하였음에도 필요한 조치를 할 것을 요구하지 아니한 소방안전관리자
⑤ **소방안전관리자**에게 **불이익**한 처우를 한 관계인
⑥ 자체점검 결과 소화펌프 고장 등 중대위반사항이 발견된 경우 필요한 조치를 하지 않은 관계인 또는 관계인에게 중대위반사항을 알리지 아니한 관리업자 등

(4) **100만원 이하의 벌금** 교재 17
① 정당한 사유 없이 소방대가 현장에 도착할 때까지 사람을 **구출**하는 조치 또는 불을 끄거나 불이 번지지 않도록 하는 조치를 하지 아니한 사람
② **피**난명령을 위반한 사람 보기 ②
③ 정당한 사유 없이 **물**의 사용이나 **수**도의 개폐장치의 사용 또는 **조**작을 하지 못하게 하거나 방해한 자
④ 정당한 사유 없이 **소방대**의 **생활안전활동**을 방해한 자
⑤ 긴급조치를 정당한 사유 없이 방해한 자

기억법 구피조1

13
해설 자동화재탐지설비 발화층 및 직상 4개층 경보 적용대상물
11층(공동주택 **16층**) 이상의 특정소방대상물의 경보

자동화재탐지설비 음향장치의 경보

발화층	경보층	
	11층(공동주택 16층) 미만	11층(공동주택 16층) 이상
2층 이상 발화	전층 일제경보	• 발화층 • 직상 4개층
1층 발화		• 발화층 • 직상 4개층 • 지하층
지하층 발화		• 발화층 • 직상층 • 기타의 지하층

14 ③

③ 장시간 → 단시간

점화원

종류	설명
전기불꽃 보기 ③	**단시간**에 집중적으로 에너지가 방사되므로 에너지밀도가 높은 점화원이다.
충격 및 마찰	두 개 이상의 물체가 서로 **충격·마찰**을 일으키면서 작은 불꽃을 일으키는데, 이러한 마찰불꽃에 의하여 가연성 가스에 착화가 일어날 수 있다.
단열압축 보기 ①	기체를 높은 압력으로 **압축**하면 온도가 상승하는데, 이때 상승한 열에 의한 가연물을 착화시킨다.
불꽃	항상 화염을 가지고 있는 열 또는 화기로서 위험한 화학물질 및 가연물이 존재하고 있는 장소에서 **불꽃**의 사용은 대단히 위험하다.
고온표면	작업장의 화기, 가열로, 건조장치, 굴뚝, 전기·기계 설비 등으로서 항상 화재의 위험성이 내재되어 있다.
정전기 불꽃 보기 ②	물체가 접촉하거나 결합한 후 떨어질 때 양(+)전하와 음(-)전하로 **전하의 분리**가 일어나 발생한 **과잉전하**가 물체(물질)에 **축적**되는 현상이다.
자연발화 보기 ④	물질이 외부로부터 에너지를 **공급 받지 않아도** 자체적으로 온도가 상승하여 발화하는 현상이다.
복사열	물질에 따라서 비교적 약한 복사열도 장시간 방사로 발화될 수 있다.

15 ④

피난계단의 종류 및 피난시 이동경로

피난계단의 종류	피난시 이동경로
옥내피난계단	옥내 → 계단실 → 피난층
옥외피난계단	옥내 → 옥외계단 → 지상층
특별피난계단	옥내 → **부**속실 → **계**단실 → **피**난층 보기 ④

▌특별피난계단▐

기억법 내부계피특

계단은 서측과 동측 두 곳에 있으므로 피난계단의 수는 2개이고, 피난시 이동경로가 옥내 → 부속실 → 계단실 → 피난층이므로 특별피난계단을 선정

16 ①

② 항시 소방시설관리사 → 관계인, 소방안전관리자, 소방시설관리업자
③ 점검하지 않아도 된다. → 점검한다.
④ 특급, 1급은 연 1회만 → 특급은 반기별 1회 이상, 1급은 연 1회 이상

종합점검대상

① 스프링클러설비·제연설비(터널)
② 공공기관 연면적 $1000m^2$ 이상
③ 다중이용업 연면적 $2000m^2$ 이상
④ 물분무등소화설비(호스릴 제외) 연면적 $5000m^2$ 이상

소방시설 등 자체점검의 점검대상, 점검자의 자격, 점검횟수 및 시기

점검구분	정의	점검대상	점검자의 자격(주된 인력)	점검횟수 및 점검시기
작동점검	소방시설 등을 인위적으로 조작하여 정상적으로 작동하는지를 점검하는 것	① 간이스프링클러설비·자동화재탐지설비가 설치된 특정소방대상물	• 관계인 • 소방안전관리자로 선임된 소방시설관리사 또는 소방기술사 • 소방시설관리업에 등록된 기술인력 중 소방시설관리사 또는 「소방시설공사업법 시행규칙」에 따른 특급 점검자 보기 ②	• 작동점검은 **연 1회** 이상 실시하며, 종합점검대상은 종합점검(최초점검 제외)을 받은 달부터 **6개월**이 되는 달에 실시 • 종합점검대상 외의 특정소방대상물은 사용승인일이 **속하는 달**의 말일까지 실시
		② ①에 해당하지 아니하는 특정소방대상물	• 소방시설관리업에 등록된 기술인력 중 소방시설관리사 • 소방안전관리자로 선임된 소방시설관리사 또는 소방기술사	
		③ 작동점검 제외대상 • 특정소방대상물 중 소방안전관리자를 선임하지 않는 대상 • 위험물제조소 등 • 특급 소방안전관리대상물		
종합점검	소방시설 등의 작동점검을 포함하여 소방시설 등의 설비별 주요 구성 부품의 구조기준이 화재안전기준과 「건축법」 등 관련 법령에서 정하는 기준에 적합한지 여부를 점검하는 것 (1) 최초점검 : 해당 특정소방대상물의 소방시설 등이 신설된 경우 (2) 그 밖의 종합점검 : 최초점검을 제외한 종합점검	④ 소방시설 등이 신설된 경우에 해당하는 특정소방대상물 ⑤ **스프링클러설비**가 설치된 특정소방대상물 ⑥ **물분무등소화설비**(호스릴방식의 물분무등소화설비만을 설치한 경우는 제외)가 설치된 연면적 **5000m²** 이상인 특정소방대상물(위험물제조소 등 제외) ⑦ 다중이용업의 영업장이 설치된 특정소방대상물로서 연면적이 **2000m²** 이상인 것 ⑧ **제연설비**가 설치된 터널 ⑨ **공공기관** 중 연면적(터널·지하구의 경우 그 길이와 평균폭을 곱하여 계산된 값)이 **1000m²** 이상인 것으로서 옥내소화전설비 또는 자동화재탐지설비가 설치된 것(단, 소방대가 근무하는 공공기관 제외) ☑중요 종합점검 ① 공공기관 : 1000m² ② 다중이용업 : 2000m² ③ 물분무등(호스릴 X) : 5000m²	• 소방시설관리업에 등록된 기술인력 중 **소방시설관리사** • 소방안전관리자로 선임된 **소방시설관리사** 또는 **소방기술사**	〈점검횟수〉 ㉠ 연 1회 이상(특급 소방안전관리대상물은 반기에 1회 이상) 실시 ㉡ ㉠에도 불구하고 소방본부장 또는 소방서장은 소방청장이 소방안전관리가 우수하다고 인정한 특정소방대상물에 대해서는 3년의 범위에서 소방청장이 고시하거나 정한 기간 동안 종합점검을 면제할 수 있다(단, 면제기간 중 화재가 발생한 경우는 제외). 〈점검시기〉 ㉠ ④에 해당하는 특정소방대상물은 건축물을 사용할 수 있게 된 날부터 **60일** 이내 실시 ㉡ ㉠을 제외한 특정소방대상물은 건축물의 사용승인일이 속하는 달에 실시(단, 학교의 경우 해당 건축물의 사용승인일이 1월에서 6월 사이에 있는 경우에는 6월 30일까지 실시할 수 있다.) ㉢ 건축물 사용승인일 이후 ⑦에 따라 종합점검대상에 해당하게 된 경우에는 그 다음 해부터 실시 ㉣ 하나의 대지경계선 안에 2개 이상의 자체점검대상 건축물 등이 있는 경우 그 건축물 중 사용승인일이 가장 빠른 연도의 건축물의 사용승인일을 기준으로 점검할 수 있다.

17 ①

해설 특정소방대상물별 소화기구의 능력단위 기준

특정소방대상물	소화기구의 능력단위	건축물의 주요 구조부가 **내화구조**이고, 벽 및 반자의 실내에 면하는 부분이 **불연재료 · 준불연재료 또는 난연재료**로 된 특정소방대상물의 능력단위
• **위**락시설 기억법 위3(위상)	바닥면적 **30m²**마다 1단위 이상	바닥면적 60m²마다 1단위 이상
• **공**연장 • **집**회장 • **관람**장 • **문**화재 • **장**례식장 및 **의**료시설 기억법 5공연장 문의 집관람(손오공 연장 문의 집관람)	바닥면적 **50m²**마다 1단위 이상	바닥면적 100m²마다 1단위 이상
• **근**린생활시설 • **판**매시설 • **운**수시설 • **숙**박시설 • **노**유자시설 • **전**시장 • 공동**주**택(아파트 등) • **업**무시설(사무실 등) • **방**송통신시설 • 공장 • **창**고시설 • **항**공기 및 자동**차**관련시설 및 **관광**휴게시설	바닥면적 **100m²**마다 1단위 이상	바닥면적 **200m²**마다 1단위 이상

기억법 근판숙노전 주업 방차창 1항 관광 (근판숙노전 **주업** 방차창 일본항 관광)	바닥면적 **100m²**마다 1단위 이상	바닥면적 **200m²**마다 1단위 이상
• 그 밖의 것	바닥면적 200m²마다 1단위 이상	바닥면적 400m²마다 1단위 이상

근린생활시설로서 **내화구조**이고 **불연재료**인 경우이므로 바닥면적 200m²마다 1단위 이상

$$\frac{3000m^2}{200m^2} = 15단위$$

• 15단위를 15개라고 쓰면 틀린다. 특히 주의!

2단위 분말소화기를 설치하므로

소화기 개수 $= \frac{15단위}{2단위} = 7.5 ≒ 8개$ (소수점 올림)

18 ②

19 ①

해설
① 예비전원(배터리)점검 : 외부에 있는 점검스위치(배터리상태 점검스위치)를 당겨보는 방법 또는 점검버튼을 눌러서 점등상태 확인
④ 상용전원점검 : 교류전원(전원등)램프의 점등 여부로 확인

(1) **예비전원**(배터리)**점검** : 외부에 있는 **점검스위치**(배터리상태 점검스위치)를 **당겨보는 방법** 또는 **점검버튼**을 눌러서 점등상태 확인 보기 ①

┃예비전원 점검스위치┃

┃예비전원 점검버튼┃

(2) **2선식** 유도등점검 : 유도등이 **평상시 점등**되어 있는지 확인

┃평상시 점등이면 정상┃

┃평상시 소등이면 비정상┃

(3) **3선식** 유도등점검
  ① 수동전환 : 수신기에서 수동으로 점등스위치를 ON하고 건물 내의 점등이 안 되는 유도등을 확인

┃유도등 절환스위치 수동전환┃ ┃유도등 점등 확인┃

② 연동(자동)전환 : 감지기·발신기·중계기·스프링클러설비 등을 현장에서 작동(동작)과 동시에 유도등이 점등되는지를 확인

┃유도등 절환스위치연동(자동)전환┃

┃감지기, 발신기 동작┃   ┃유도등 점등 확인┃

20 ②

해설

①·③·④ 100만원 이하의 벌금
② 5년 이하의 징역 또는 5천만원 이하의 벌금

(1) **5년 이하의 징역 또는 5000만원 이하의 벌금** 교재 16, 49

① **위력**을 사용하여 출동한 소방대의 화재진압·인명구조 또는 구급활동을 **방해**하는 행위
② 소방대가 화재진압·인명구조 또는 구급활동을 위하여 **현장**에 **출동**하거나 현장에 출입하는 것을 고의로 **방해**하는 행위
③ 출동한 소방대원에게 폭행 또는 협박을 행사하여 화재진압·인명구조 또는 구급활동을 **방해**하는 행위
④ 출동한 소방대의 소방장비를 파손하거나 그 효용을 해하여 화재진압·인명구조 또는 구급활동을 **방해**하는 행위
⑤ 소방자동차의 **출동**을 **방해**한 사람
⑥ 사람을 **구출**하는 일 또는 불을 **끄**거나 불이 번지지 아니하도록 하는 일을 **방해**한 사람 보기 ②
⑦ 정당한 사유 없이 소방용수시설 또는 비상소화장치를 사용하거나 소방용수시설 또는 비상소화장치의 효용을 해하거나 그 정당한 사용을 **방해**한 사람

기억법) 5방5000

(2) **100만원 이하의 벌금**

① 정당한 사유 없이 소방대가 현장에 도착할 때까지 사람을 **구**출하는 조치 또는 불을 끄거나 불이 번지지 않도록 하는 조치를 하지 아니한 사람 보기 ①
② **피**난명령을 위반한 사람 보기 ③
③ 정당한 사유 없이 물의 사용이나 **수도**의 **개폐장치**의 사용 또는 **조**작을 하지 못하게 하거나 방해한 자
④ 정당한 사유 없이 **소방대**의 **생활안전활동**을 방해한 자 보기 ④
⑤ 긴급조치를 정당한 사유 없이 방해한 자

기억법) 구피조1

21 ③

해설
③ 소방안전관리자의 업무

관계인 및 소방안전관리자의 업무

특정소방대상물 (관계인)	소방안전관리대상물 (소방안전관리자)
① 피난시설·방화구획 및 방화시설의 관리 보기 ④	① 피난시설·방화구획 및 방화시설의 관리
② 소방시설, 그 밖의 소방 관련 시설의 관리 보기 ②	② 소방시설, 그 밖의 소방 관련 시설의 관리
③ **화기취급**의 감독 보기 ①	③ **화기취급**의 감독
④ 소방안전관리에 필요한 업무	④ 소방안전관리에 필요한 업무
⑤ 화재발생시 **초기대응**	⑤ **소방계획서**의 작성 및 시행(대통령령으로 정하는 사항 포함)
	⑥ **자위소방대** 및 **초기대응체계**의 구성·운영·교육 보기 ③
	⑦ 소방훈련 및 교육
	⑧ 소방안전관리에 관한 업무수행에 관한 기록·유지
	⑨ 화재발생시 **초기대응**

22 ④

해설
옥내소화전설비 vs 옥외소화전설비

구 분	옥내소화전설비	옥외소화전설비
방수량	●130L/min 이상	●350L/min 이상
방수압	●0.17~0.7MPa 이하	●0.25~0.7MPa 이하
호스구경	●40mm(호스릴 25mm) 기억법) 내호25, 내4(내사종결)	●65mm 보기 ④
최소방출시간	●20분 : 29층 이하 ●40분 : 30~49층 이하 ●60분 : 50층 이상	●20분
설치거리	수평거리 25m 이하	수평거리 40m 이하
표시등	적색등	적색등

23 ①

해설
건축승인을 받은 후(다음 날) 30일 이내에 소방안전관리자를 선임하여야 한다. 3월 15일 건축승인을 받았으므로 30일 이내는 **4월 14일 이내**가 답이 된다. 그러므로 ① 정답

24 ③

해설
- 옥내소화전설비가 설치되어 있으므로 2급 소방안전관리대상물
- 연면적 6000m² 로서 15000m² 이상이 안되므로 소방안전관리보조자 선임대상 아님

(1) 2급 소방안전관리대상물
① 지하구
② 가스제조설비를 갖추고 도시가스사업 허가를 받아야 하는 시설 또는 가연성 가스를 **100톤 이상 1000톤** 미만 저장·취급하는 시설

③ **스프링클러설비** 또는 **물분무등소화설비**(호스릴방식 제외) 설치대상물
④ **옥내소화전설비** 설치대상물 보기 ③
⑤ 공동주택(옥내소화전설비 또는 스프링클러설비가 설치된 공동주택에 한함)
⑥ 목조건축물(국보・보물)

(2) 최소 선임기준

소방안전관리자	소방안전관리보조자
• 특정소방대상물마다 1명	• 300세대 이상 아파트 : 1명(단, 300세대 초과마다 1명 이상 **추가**) • 연면적 15000m² 이상 : 1명(단, 15000m² 초과마다 1명 이상 **추가**) 보기 ③ • 공동주택(기숙사), 의료시설, 노유자시설, 수련시설 및 숙박시설(바닥면적 합계 1500m² 미만이고, 관계인이 24시간 상시 근무하고 있는 숙박시설 제외) : 1명

25 ③

• 사용승인일이 2023년 3월 15일이고, 사용승인일에 선임되었으므로 강습수료일로부터 1년 이내에 취업한 경우에 해당되어 강습수료일로부터 2년마다 실무교육을 받아야 한다. 그러므로 2025년 3월 4일 이내가 답이 되므로 ③ 정답

소방안전관리자의 실무교육

실시기관	실무교육주기
한국소방안전원	선임된 날부터 6개월 이내, 그 이후 2년마다 1회

선임된 날부터 6개월 이내, 그 이후 2년마다(최초 실무교육을 받은 날을 기준일로 하여 매 2년이 되는 해의 기준일과 같은 날 전까지) 1회 실무교육을 받아야 한다.
(1) 소방안전관리 강습 또는 실무교육을 받은 후 1년 이내에 소방안전관리자로 선임된 경우 해당 강습교육을 수료하거나 실무교육을 이수한 날에 당해 실무교육을 이수한 것으로 본다.

• **실무교육 주기**

강습수료일로부터 1년 이내 취업한 경우	강습수료일로부터 1년 넘어서 취업한 경우
강습수료일로부터 2년마다 1회	선임된 날부터 6개월 이내, 그 이후 2년 마다 1회

(2) 소방안전관리보조자의 경우, 소방안전관리자 강습교육 또는 실무교육이나 소방안전관리보조자 실무교육을 받은 후 1년 이내에 선임된 경우 해당 강습교육을 수료하거나 실무교육을 이수한 날에 실무교육을 이수한 것으로 본다.

비교 실무교육

소방안전 관련업무 경력보조자	소방안전관리자 및 소방안전관리보조자
선임된 날로부터 3개월 이내, 그 이후 2년마다 1회 실무교육을 받아야 한다.	선임된 날로부터 6개월 이내, 그 이후 2년마다 1회 실무교육을 받아야 한다.

제 ❷ 과목

문제는 여기로! → 문제 p.1-100

26 ②

① 발신기스위치를 눌러서 화재신호가 들어온 경우 발신기스위치를 복구시킨 후 수신기 복구버튼을 눌러야 수신기가 정상상태로 되므로 틀린 답임 (×)
② 발신기응답표시등은 발신기를 눌렀을 때 점등되고, 발신기 누름스위치를 복구 시켰을 때 소등되므로 옳은 답임 (○)
③ 발신기스위치를 복구시킨 후 수신기 복구버튼을 눌러야 주경종, 지구경종음향이 멈추므로 틀린 답임 (×)
④ 스위치주의등은 주경종, 지구경종, 자동복구스위치등이 복구되어야 소등되므로 틀린 답임 (×)

27 ②

 ② 위쪽 가운데 위치해 있으므로 정상

지시압력계
(1) 노란색(황색) : 압력부족
(2) 녹색 : 정상압력
(3) 적색 : 정상압력 초과

┃소화기 지시압력계┃

┃지시압력계의 색표시에 따른 상태┃

노란색(황색)	녹 색	적 색
압력이 부족한 상태	정상압력 상태	정상압력보다 높은 상태

- 용기 내 압력을 확인할 수 있도록 지시압력계가 부착되어 사용 가능한 범위가 0.7~0.98MPa로 녹색으로 되어 있음

28 ③

 ③ 기동한다. → 기동하지 않는다.
감시제어반 선택스위치는 **수동**으로 올린 후, 주펌프 스위치를 **기동**으로 올려야 주펌프가 기동한다.

선택스위치 : **수동**, 주펌프 : **기동**으로 해야 주펌프는 기동한다. 선택스위치가 **자동**으로 되어있으므로 주펌프 : **기동**으로 해도 주펌프는 기동하지 않는다. 보기 ③

┃감시제어반┃

평상시 상태	수동기동 상태	점검시 상태
① 선택스위치 : 자동	① 선택스위치 : 수동	① 선택스위치 : 정지
② 주펌프 : 정지	② 주펌프 : 기동	② 주펌프 : 정지
③ 충압펌프 : 정지	③ 충압펌프 : 기동	③ 충압펌프 : 정지

┃동력제어반┃

평상시 상태	수동기동 상태
① POWER : 점등	① POWER : 점등
② 선택스위치 : 자동	② 선택스위치 : 수동
③ ON 램프 : 소등	③ ON 램프 : 점등
④ OFF 램프 : 점등	④ OFF 램프 : 소등
	⑤ 펌프기동램프 : 점등

29 ①

㉠ 0.17~0.7MPa이므로 0.1MPa은 ×
㉡ 0.1MPa은 0.17MPa 이상이 되지 않으므로 방수압력 미달

옥내소화전 방수압력측정
(1) 측정장치 : 방수압력측정계(피토게이지)
(2)

방수량	방수압력
130L/min	0.17~0.7MPa 이하

(3) 방수압력 측정방법 : 방수구에 호스를 결속한 상태로 노즐의 선단에 방수압력측정계(피토게이지)를 근접$\left(\dfrac{D}{2}\right)$시켜서 측정하고 방수압력측정계의 압력계상의 눈금을 확인한다.

┃방수압력 측정┃

┃패드의 부착위치┃

패드 1	패드 2
오른쪽 빗장뼈(쇄골) 바로 아래	왼쪽 젖꼭지 아래의 중간겨드랑선

┃패드 위치┃

30 ③

밸브개방확인=스프링클러설비 밸브의 동작시간이므로 ③ 정답, 스프링클러설비 **개방**과 동시에 **밸브개방확인표시등**이 **점등**된다.

31 ③

③ 솔레노이드밸브를 분리하면 수동조작함을 조작하여도 약제가 방출되지 않으므로 방출표시등은 점등되지 않는다.

32 ②

② 주변사람에게 심장충격 버튼을 누르고 있도록 도움을 요청한다. → 다른 사람이 환자에게서 떨어져 있는지 확인한다.

자동심장충격기(AED) 사용방법
(1) 자동심장충격기를 심폐소생술에 방해가 되지 않는 위치에 놓은 뒤 전원버튼을 누른다.
(2) 환자의 상체를 노출시킨 다음 패드 포장을 열고 2개의 패드를 환자의 가슴에 붙인다.
(3) 패드는 **왼쪽 젖꼭지 아래의 중간겨드랑선**에 설치하고 **오른쪽 빗장뼈**(쇄골) 바로 **아래**에 붙인다.

(4) 심장리듬 분석 중 심장충격이 필요한 경우 심장충격이 필요하다는 음성지시 후 스스로 설정된 에너지로 충전을 시작한다. 보기 ①
(5) 심장충격이 필요한 환자인 경우에만 제세동버튼이 깜박이기 시작하며, 깜박일 때 심장충격버튼을 눌러 심장충격을 시행한다.
(6) 심장충격버튼을 <u>누르기</u> 전에는 반드시
   누른 후에는 ✕
   주변사람 및 구조자가 환자에게서 떨어져있는지 다시 한 번 확인한 후에 실시하도록 한다. 보기 ③
(7) 심장충격이 필요 없거나 심장충격을 실시한 이후에는 즉시 **심폐소생술**을 다시 시작한다.
(8) **2분**마다 심장리듬을 분석한 후 반복 시행한다.
(9) 심장충격을 실시한 뒤에는 즉시 가슴압박과 인공호흡을 30 : 2로 다시 시작한다. 보기 ④

33 ②

① 예비전원시험스위치가 눌러져 있지만 전압지시 낮음램프가 점등되어 있으므로 예비전원은 비정상이다.

전압지시
○ 높음
○ 정상
●─ 낮음

예비전원

② 예비전원시험스위치가 **눌러져** 있고 전압지시 **정상**램프가 점등되어 있으므로 예비전원은 정상이다.

③ **교류전원** 램프가 **점등**되어 있고 전압지시 **정상**램프가 점등되어 있으므로 **교류전원**이 **정상**이다. 예비전원이 눌러져 있지 않으므로 예비전원 정상유무는 알 수 없다.

④ **교류전원** 램프가 점등되어 있고 전압지시 **정상**램프가 점등되어 있으므로 교류전원이 **정상**이다. 예비전원 정상유무는 알 수 없다. 발신기램프도 점등되어 있지만 이는 발신기를 눌렀다는 의미로 예비전원 상태는 알 수 없다.

34 ①

① 고무공장은 일반화재(A급)이므로 제1인산암모늄을 주성분으로 하는 분말소화기를 비치하는 것은 옳은 답

‖ 소화약제 및 적응화재 ‖

적응화재	소화약제의 주성분	소화효과
BC급	탄산수소나트륨 (NaHCO₃)	• 질식효과 • 부촉매(억제)효과
	탄산수소칼륨 (KHCO₃)	
ABC급	제1인산암모늄 (NH₄H₂PO₄)	
BC급	탄산수소칼륨(KHCO₃) + 요소((NH₂)₂CO)	

② 함부로 사용하지 못하도록 → 사용하기 쉽도록, 1.5m 이상 → 1.5m 이하

소화기의 설치기준

(1) 설치높이 : 바닥에서 **1.5m** 이하
(2) 설치면적 : 구획된 실 바닥면적 **33m²** 이상에 1개 설치

③ 0.6~0.98MPa → 0.7~0.98MPa

• 용기 내 압력을 확인할 수 있도록 지시압력계가 부착되어 사용가능한 범위가 0.7~0.98MPa로 녹색으로 되어 있음

지시압력계

(1) 노란색(황색) : 압력부족
(2) 녹색 : 정상압력
(3) 적색 : 정상압력 초과

‖ 소화기 지시압력계 ‖

④ 소화기 → 간이소화용구

간이소화용구는 전체 능력단위의 $\frac{1}{2}$을 넘어서는 안된다. (단, 노유자시설인 경우 제외)

35 ②

① 주펌프의 기동램프가 점등되지 않았으므로 주펌프가 기동하지 않는다.

② ㉠ 감시제어반 선택스위치 : **연동**, 주펌프 : **정지**, 충압펌프 : **정지**로 되어 있어서 수동으로는 작동하지 않으므로 배관 내 압력저하가 발생하여 자동으로 작동된 것으로 추측할 수 있다.
㉡ **충압펌프 기동램프**가 **점등**되어 있으므로 **충압펌프**가 **기동**한다.

③ 동력제어반 충압펌프 선택스위치가 **자동**으로 되어 있으므로 수동으로 충압펌프는 기동되지 않는다.

④ 감시제어반 선택스위치가 **연동**으로 되어 있으므로 수동으로 충압펌프는 기동되지 않는다.

36 ④

① 개방되었다. → 개방여부는 알 수 없다. 충압펌프를 수동기동했지만 스프링클러헤드 개방여부는 알 수 없다.
② 자동 → 수동
감시제어반 선택스위치 : **수동**, 충압펌프 : **기동**이므로 충압펌프는 **수동**으로 **작동** 중이다.
③ 개방되었다. → 개방되지 않았다.
프리액션밸브 개방램프가 **소등**되어있으므로 개방되지 않았다.

④ 감시제어반 주펌프 : 정지이므로 주펌프는 **기동**하지 **않는다**.

37 ③

㉣ 도통시험버튼과 솔레노이드밸브 격발과는 무관함
㉤, ㉥ 솔레노이드밸브 스위치가 수동으로 되어 있으며 감지기 A, B는 무관하므로 감지기 A, B램프는 소등되는게 맞음

㉦ 압력스위치를 동작시켰고 수동조작스위치는 누르지 않았으므로 수동조작램프는 소등되는게 맞음

ⓐ 압력스위치를 동작시키면 가스방출램프는 점등되는데 가스방출램프가 점등되지 않았으므로 틀림

38 ②

해설 성인의 가슴압박
(1) 환자의 얼굴과 가슴을 **10초 이내**로 관찰
(2) 구조자의 체중을 이용하여 압박
(3) 인공호흡에 자신이 없으면 가슴압박만 시행
 ① 위치 : 환자의 가슴뼈(흉골)의 아래쪽 절반 부위 보기
 ② 자세 : 양팔을 쭉 편 상태로 체중을 실어서 환자의 몸과 수직이 되도록 가슴을 압박하고, 압박된 가슴은 완전히 이완되도록 한다.

구 분	설 명
속 도	분당 **100~120회** 보기 ⓒ
깊 이	약 **5cm**(소아 4~5cm) 보기 ⓒ

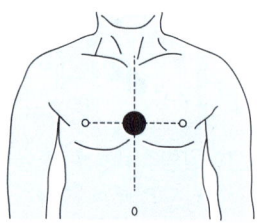
▎가슴압박 위치▎

39 ③

해설
① 발신기 오작동 → 감지기 오작동

회선설명	메시지
2F **감지기**	화재발생
	수신기복구

② 4층 → 2층

회선설명
2F **감지기**

2F(2층) 감지기가 작동되었으므로 2층에서 빈번한 화재감지기 작동
④ 멈추지 않았다. → 멈추었다.

메시지
주음향 정지
지구음향 정지

주음향 정지, 지구음향 정지 메시지가 나타났으므로 주경종 및 지구경종 음향은 멈추는게 맞다.

40 ①

해설
① 초과하여 → 초과되지 않아, 교체하여야 한다. → 교체할 필요 없다.
제조년월 : 2015.11.이고 내용연수가 10년이므로 2025.11.까지가 유효기간이므로 내용연수가 초과되지 않았다.

내용연수
소화기의 내용연수를 **10년**으로 하고 내용연수가 지난 제품은 교체 또는 성능확인을 받을 것

내용연수 경과 후 10년 미만	내용연수 경과 후 10년 이상
3년	1년

② 가압식 소화기는 현재 생산이 중단되었고, 폭발우려가 있으므로 폐기하여야 하며, 압력계가 정상범위에 있으므로 축압식 소화기는 정상이다.
③ 소화기 압력미달로 교체해야 한다.

> 축압식 소화기 : 압력계 ○
- 본체 용기 내에는 규정량의 소화약제와 함께 압력원인 **질소**가스가 충전되어 있음
- 용기 내 압력을 확인할 수 있도록 지시압력계가 부착되어 사용 가능한 범위가 **0.7~0.98MPa**로 **녹색**으로 되어 있음

∥축압식 소화기∥

지시압력계
(1) 노란색(황색) : 압력부족
(2) 녹색 : 정상압력
(3) 적색 : 정상압력 초과

∥소화기 지시압력계∥

∥지시압력계의 색표시에 따른 상태∥

노란색(황색) 보기 ③	녹 색	적 색
∥압력이 부족한 상태∥	∥정상압력 상태∥	∥정상압력보다 높은 상태∥

④ 33m² 이상에 설치하지만 33m² 미만에 비치해도 아무관계가 없으므로 옳다.

소화기의 설치기준
(1) 설치높이 : 바닥에서 **1.5m** 이하
(2) 설치면적 : 구획된 실 바닥면적 **33m²** 이상에 1개 설치

41 ④

> ㉠ 정지 → 연동
> ㉡ 기동 → 정지
> ㉢ 수동 → 자동

평상시 상태

감시제어반	동력제어반
선택스위치 : **연동** 보기 ㉠ 주펌프 : **정지** 보기 ㉡ 충압펌프 : **정지** 보기 ㉢	주펌프 선택스위치 : **자동** 보기 ㉣ • 주펌프 기동램프 : **소등** • 주펌프 정지램프 : **점등** • 주펌프 펌프기동램프 : **소등** 충압펌프 선택스위치 : **자동** 보기 ㉤ • 충압펌프 기동램프 : **소등** • 충압펌프 정지램프 : **점등** • 충압펌프 펌프기동램프 : **소등**

42 ①

> ① 습식 스프링클러설비는 감지기를 사용하지 않으므로 화재감지기 점등과는 무관

감지기 사용유무

습식·건식 스프링클러설비	준비작동식·일제살수식 스프링클러설비
감지기 ×	감지기 ○

압력스위치 작동시의 상황
(1) 펌프작동
(2) 감시제어반 밸브개방표시등(습식 : 알람밸브표시등) 점등
(3) 음향장치(사이렌) 작동
(4) 화재표시등 점등

43 ③

해설 성인의 가슴압박

(1) 환자의 **어깨**를 두드린다. 보기 ㉠
(2) 환자의 얼굴과 가슴을 **10초 이내**로 관찰 보기 ㉡
(3) 구조자의 체중을 이용하여 압박한다.
(4) 인공호흡에 자신이 없으면 가슴압박만 시행한다.

구 분	설 명
속 도	분당 100~120회
깊 이	약 5cm(소아 4~5cm)

┃가슴압박 위치┃

44 ①

해설 평상시 점등상태를 유지하여야 하는 표시등 보기 ①
(1) 교류전원
(2) 전압지시(정상)

┃P형 수신기┃

45 ④

해설
㉠ 단서에 따라 방수압력측정계 압력이 0.3MPa이므로 0.17~0.7MPa 이하이기 때문에 ○
㉡ 단서에 따라 주펌프가 기동하였지만 기동표시등이 점등되지 않았으므로 ✕

옥내소화전 방수압력 측정
(1) 측정장치 : 방수압력측정계(피토게이지)
(2)

방수량	방수압력
130L/min	0.17~0.7MPa 이하 보기 ㉠

(3) 방수압력 측정방법 : 방수구에 호스를 결속한 상태로 노즐의 선단에 방수압력측정계(피토게이지)를 근접 $\left(\dfrac{D}{2}\right)$ 시켜서 측정하고 방수압력측정계의 압력계상의 눈금을 확인한다.

┃방수압력 측정┃

46 ②

해설 축압식 소화기의 압력게이지 상태

압력이 부족한 상태	정상압력상태	정상압력보다 높은 상태 보기 ②

47 ④

기동점(기동압력)	정지점(양정, 정지압력)
기동점=RANGE-DIFF =자연낙차압 +0.15MPa	정지점=RANGE

① 0.6MPa → 0.8MPa, 0.4MPa → 0.6MPa, 0 → 0.2
펌프의 정지압력(정지점, 양정)=RANGE 이므로
RANGE=80m=0.8MPa(100m=1MPa)
보기 ③
기동점=자연낙차압+0.15MPa
=0.45MPa+0.15MPa
=0.6MPa 보기 ②
DIFF=RANGE-기동점
=0.8MPa-0.6MPa=0.2MPa
② 0.2MPa → 0.6MPa
③ 0.6MPa → 0.8MPa
④ 기동압력=0.6MPa, 정지압력=0.8MPa로 스프링클러설비의 방수압이 0.1~1.2MPa에 해당하여 **정상**이다.

• [조건1]에서 '**헤드**'라는 말이 있으므로 스프링클러설비임을 알 수 있다.

구분	스프링클러설비
방수압	0.1~1.2MPa 이하
방수량	80L/min 이상

(a) 압력스위치 (b) DIFF, RANGE의 설정 예

중요 충압펌프 기동점

충압펌프 기동점=주펌프 기동점+0.05MPa

용어 자연낙차압

가장 높이 설치된 헤드로부터 펌프 중심점까지의 낙차를 압력으로 환산한 값

48 ③

③ 5회 → 2회

(1) 성인의 가슴압박
① 환자의 **어깨**를 두드린다.
② 쓰러진 환자의 얼굴과 가슴을 10초 이내
　　　　　　　　　　　10초 이상 ×
로 관찰
③ 구조자의 체중을 이용하여 압박한다.
④ 인공호흡에 자신이 없으면 가슴압박만 시행한다.
⑤ 인공호흡 : 1초에 걸쳐서 숨을 불어넣는다.

구 분	설 명 보기 ①
속 도	분당 100~120회
깊 이	약 5cm(소아 4~5cm)

| 가슴압박 위치 |

(2) 심폐소생술

심폐소생술 실시	심폐소생술 기본순서 보기 ②
호흡과 심장이 멎고 **4~6분**이 경과하면 산소 부족으로 뇌가 손상되어 원상 회복되지 않으므로 호흡이 없으면 즉시 심폐소생술을 실시해야 한다.	가슴압박 → 기도 유지 → 인공호흡 **기억법** 가기인

(3) 심폐소생술의 진행

구 분	시행횟수 보기 ③
가슴압박	30회
인공호흡	**2**회

(4) 자동심장충격기(AED) 사용방법
① 자동심장충격기를 심폐소생술에 방해가 되지 않는 위치에 놓은 뒤 전원버튼을 누른다.

② 환자의 상체를 노출시킨 다음 패드 포장을 열고 2개의 패드를 환자의 가슴에 붙인다.
③ 패드는 **왼쪽 젖꼭지 아래의 중간겨드랑선**에 설치하고 **오른쪽 빗장뼈**(쇄골) 바로 **아래**에 붙인다. 보기 ④

▎패드의 부착위치▎

패드 1	패드 2
오른쪽 빗장뼈(쇄골) 바로 아래	왼쪽 젖꼭지 아래의 중간겨드랑선

▎패드 위치▎

④ 심장충격이 필요한 환자인 경우에만 제세동버튼이 깜박이기 시작하며, 깜박일 때 심장충격버튼을 눌러 심장충격을 시행한다.
⑤ 심장충격버튼을 <u>누르기 전</u>에는 반드시
　　　　　　　　누른 후에는 ×
주변사람 및 구조자가 환자에게서 떨어져 있는지 다시 한 번 확인한 후에 실시하도록 한다.
⑥ 심장충격이 필요 없거나 심장충격을 실시한 이후에는 즉시 **심폐소생술**을 다시 시작한다.
⑦ **2분**마다 심장리듬을 분석한 후 반복 시행한다.

49 ②

② 스위치주의등이 점멸하고 있을 때는 **지구경종, 주경종, 자동복구스위치** 등이 눌러져 있을 때이므로 눌러져 있는 스위치(정상위치에 있지 않은 스위치)를 정상위치 시킨다.
현재는 자동복구스위치가 눌러져 있으므로 자동복구스위치를 자동복구시키면 된다.

이 스위치가 하나라도 눌러져 있는 경우 스위치주의등이 점멸함

50 ①

알람밸브 2차측 압력이 저하되어 **클래퍼가 개방**되면 클래퍼 개방에 따른 **압력수 유입**으로 **압력스위치**가 **동작**된다. 보기 ①

(a) 작동 전

(b) 작동 후

▎알람밸브▎

2019년 기출문제

문제는 여기로! → 문제 p.1-113

01	02	03	04	05	06	07	08	09	10
③	④	④	③	③	④	④	①	②	③
11	12	13	14	15	16	17	18	19	20
②	②	①	④	③	③	②	①	①	④
21	22	23	24	25	26	27	28	29	30
①	③	②	④	①	②	①	②	④	④
31	32	33	34	35	36	37	38	39	40
①	①	④	②	③	③	③	③	①	①
41	42	43	44	45	46	47	48	49	50
④	③	②	④	②	③	②	④	③	①

제 1 과목

문제는 여기로! → 문제 p.1-113

01 ③

[해설] 방염의 필요성
 (1) **연소확대 방지**와 **지연** 보기 ①
 (2) **피난시간** 확보 보기 ②
 (3) **인명** 및 **재산피해 감소** 보기 ④

02 ④

[해설] 방염성능기준 이상의 실내장식물 등을 설치하여야 할 장소
 (1) **11층** 이상의 층(**아파트** 제외)
 (2) **체**력단련장, 공연장 및 종교집회장
 (3) 문화 및 집회시설(옥내에 있는 시설) 보기 ㉣
 (4) 운동시설(**수영장** 제외)
 (5) **숙**박시설·**노**유자시설 보기 ㉣
 (6) 의원, 치과의원, 한의원, 조산원, 산후조리원 보기 ㉢
 (7) 의료시설(종합병원, 한방병원, 정신의료기관) 보기 ㉠
 (8) 수련시설(**숙**박시설이 있는 것)
 (9) **방**송국·**촬**영소
 (10) 다중이용업소(단란주점영업, 유흥주점영업, 노래연습장의 영업장 등)
 (11) 종교시설
 (12) 합숙소 보기 ㉡

[기억법] 방숙체노

의료시설	
구 분	종 류
병원	• 종합병원 • 병원 • 치과병원 • 한방병원 • 요양병원
격리병원	• 전염병원 • 마약진료소
정신의료기관	–
장애인의료재활시설	–

03 ④

[해설] 100만원 이하의 과태료
 실무교육을 받지 아니한 소방안전관리자 및 소방안전관리보조자 보기 ④

04 ③

[해설]
 ③ 300만원 이하의 과태료 → 200만원 이하의 과태료

[중요]

(1) **300만원 이하의 벌금** 교재 37, 49
 ① **화재안전조사**를 정당한 사유 없이 **거부·방해·기피**한 자
 ② 화재예방조치 조치명령을 정당한 사유 없이 따르지 아니하거나 방해한 자
 ③ **소방안전관리자, 총괄소방안전관리자, 소방안전관리보조자를 선임**하지 아니한 자 보기 ①
 ④ **소방시설·피난시설·방화시설** 및 **방화구획** 등이 법령에 위반된 것을 발견하였음에도 필요한 조치를 할 것을 요구하지 아니한 소방안전관리자

⑤ **소방안전관리자**에게 **불이익**한 처우를 한 관계인
⑥ 자체점검 결과 소화펌프 고장 등 중대위반사항이 발견된 경우 필요한 조치를 하지 않은 관계인 또는 관계인에게 중대위반사항을 알리지 아니한 관리업자 등

(2) **소방안전관리자** [교재 36]
① 선임된 날로부터 **6개월** 이내, 그 이후 **2년**마다 **1회**의 **실무교육**을 받아야 한다. 보기 ②
② 소방안전관리자가 실무교육을 받지 아니한 때 1년 이하의 기간을 정하여 자격을 정지시킬 수 있다. 보기 ④

(3) **200만원 이하**의 **과태료** [교재 18, 38]
① 소방자동차의 **출동**에 **지장**을 준 자
② 기간 내에 소방안전관리자 **선임신고**를 하지 아니한 자 또는 소방안전관리자의 성명 등을 게시하지 아니한 자 보기 ③
③ 기간 내에 **소방훈련** 및 **교육결과**를 제출하지 아니한 자

기억법 과2(과외)

05 ③

해설
③ 높거나 → 낮거나, 낮을 때 → 높을 때

정전기에 의한 재해 방지 예방대책
(1) 정전기의 발생이 우려되는 장소에 **접지시설**을 한다. 보기 ①
(2) 실내의 **공기**를 **이온화**하여 정전기의 발생을 예방한다. 보기 ②
(3) 정전기는 **습도**가 **낮거나** 압력이 **높을 때** 많이 발생하므로 습도를 **70% 이상**으로 한다. 보기 ③
(4) **전기저항**이 큰 물질은 **대전**이 용이하므로 **전도체 물질**을 사용한다. 보기 ④

∥ 정전기 발생원리 ∥

06 ④

해설 열전달

종류	설명
전도 (conduction)	• 하나의 물체가 다른 물체와 **직접 접촉**하여 전달되는 것
대류 (convection)	• **유체**의 흐름에 의하여 열이 전달되는 것
복사 (radiation)	• 화재시 열의 이동에 가장 크게 **작용**하는 열이동방식 • **화염**의 **접촉** 없이 연소가 확산되는 현상 보기 ④ • 화재현장에서 **인접건물**을 **연소시키는** 주된 원인

07 ④

해설 화재의 종류

종류	적응물질	소화약제
일반화재 (A급)	• 보통가연물(폴리에틸렌 등) • 종이 • 목재, 면화류, 석탄 • 재를 남김	① 물 ② 수용액
유류화재 (B급)	• 유류 • 알코올 • 재를 남기지 않음	① 포(폼)
전기화재 (C급)	• 변압기 • 배전반	① 이산화탄소 ② 분말소화약제 ③ 주수소화 금지
금속화재 (D급) 보기 ④	• 가연성 금속류 (나트륨 등)	① 금속화재용 분말소화약제 ② 마른 모래(건조사)
주방화재 (K급)	• 식용유 • 동·식물성 유지	① 강화액

08 ①

> ①, ㉠ 제거소화는 해당 없음

소화약제의 종류별 소화효과

소화약제의 종류	소화효과
• 물소화약제	① 냉각효과 ② 질식효과
• 포소화약제 • 이산화탄소소화약제	① 질식효과 ② 냉각효과
• 분말소화약제 문제 09	① 질식효과 ② 부촉매효과(억제효과)
• 할론소화약제 문제 08	① **부**촉매효과(억제소화) 보기 ㉢ ② **질**식효과(질식소화) 보기 ㉡ ③ **냉**각효과(냉각소화) 보기 ㉣

기억법 할부냉질

09 ②

문제 08 참조

10 ③

위험물
산소를 함유하거나 발생시키는 위험물
(1) 제**1**류 위험물 보기 ㉠
(2) 제**5**류 위험물 보기 ㉥
(3) 제**6**류 위험물 보기 ㉣

기억법 156

11 ②

> ㉠ 꽂아둔다. → 뽑아둔다.
> ㉣ 비닐장판 밑으로 전선이 보이지 않게 정리하여 넣어둔다. → 비닐장판이나 양탄자 밑으로는 전선이 지나지 않도록 한다.

전기화재 예방요령
(1) 사용하지 않는 기구는 전원을 끄고 플러그를 뽑아둔다. 보기 ㉠
(2) **과전류** 차단장치를 설치한다. 보기 ㉡
(3) 퓨즈를 사용하고 끊어질 경우 그 원인을 조치한다. 보기 ㉢
(4) 비닐장판이나 양탄자 밑으로는 전선이 지나지 않도록 한다. 보기 ㉣
(5) 누전차단기를 설치하고 **월 1~2회** 동작 여부를 확인한다.
(6) 전선이 쇠붙이나 움직이는 물체와 접촉되지 않도록 한다.
(7) 전선은 묶거나 꼬이지 않도록 한다.

12 ②

> ② 1.5~2 → 0.6

LPG vs LNG

구 분	LPG (액화석유가스)	LNG (액화천연가스)
용 도	가정용	도시가스용
증기비중	1보다 큰 가스	1보다 작은 가스
비 중	1.5~2	0.6 보기 ②
탐지기의 설치위치	탐지기의 **상단**은 바닥면의 **상방 30cm** 이내에 설치 보기 ③	탐지기의 **하단**은 천장면의 **하방 30cm** 이내에 설치
가스누설 경보기의 설치위치	연소기 또는 관통부로부터 수평거리 **4m** 이내의 위치 보기 ①	연소기로부터 수평거리 **8m** 이내의 위치에 설치

용어 가스누설경보기
가스의 누출현상이 나타나면 자동적으로 경보를 발하는 기기

13 ①

해설 특정소방대상물별 소화기구의 능력단위기준

특정소방대상물	소화기구의 능력단위	건축물의 주요 구조부가 내화구조이고, 벽 및 반자의 실내에 면하는 부분이 **불연재료**·**준불연재료** 또는 난연재료로 된 특정소방대상물의 능력단위
• **위**락시설 기억법 위3(위상)	바닥면적 30m²마다 1단위 이상	바닥면적 60m²마다 1단위 이상
• **공**연장 • **집**회장 • **관람**장 • **문**화재 • **장**례식장 및 의료시설 기억법 5공연장 문의 집관람(손오공 연장 문의 집관람)	바닥면적 50m²마다 1단위 이상	바닥면적 100m²마다 1단위 이상
• **근**린생활시설 • **판**매시설 • **운**수시설 • **숙**박시설 • **노**유자시설 • **전**시장 • 공동**주**택(아파트 등) • **업**무시설(사무실 등) • **방**송통신시설 • **공**장 • **창**고시설 • **항**공기 및 자동**차**관련시설 및 **관광**휴게시설 기억법 근판숙노전 주업 방차창 1항 관광 (근판숙노전 주업 방차창 일본항 관광)	바닥면적 100m²마다 1단위 이상	바닥면적 200m²마다 1단위 이상
• 그 밖의 것	바닥면적 200m²마다 1단위 이상	바닥면적 400m²마다 1단위 이상

판매시설로서 **내화구조**, **난연재료**로 된 경우로 바닥면적 200m²마다 1단위 이상이므로

$$\frac{2000\text{m}^2}{200\text{m}^2} = 10\text{단위}$$

2단위 소화기를 설치하므로

$$\text{소화기개수} = \frac{10\text{단위}}{2\text{단위}} = 5\text{개}$$

• 10단위를 10개라고 쓰면 틀린다. 특히 주의!

14 ④

해설 물분무등소화설비
(1) **물**분무소화설비
(2) **분**말소화설비 보기 ③
(3) **포**소화설비 보기 ②
(4) **할**론소화설비
(5) **이**산화탄소소화설비
(6) **할**로겐화합물 및 불활성 기체 소화설비
(7) **강**화액소화설비
(8) **미**분무소화설비 보기 ①
(9) **고**체에어로졸소화설비

기억법 분포할이 할강미고

15 ③

해설
① 경보설비
② 피난구조설비
④ 소화활동설비

소방시설

소방시설	정 의
경보설비 보기 ①	화재발생 사실을 통보하는 기계·기구 또는 설비
피난구조설비 보기 ②	화재가 발생할 경우 피난하기 위하여 사용하는 기구 또는 설비

소화용수설비 보기 ③	화재를 진압하는 데 필요한 물을 공급하거나 저장하는 설비	
소화활동설비 보기 ④	화재를 진압하거나 인명구조 활동을 위하여 사용하는 설비	

16 ④

해설 화재감지기가 필요한 스프링클러설비
(1) **준**비작동식 스프링클러설비 보기 ④
(2) **일**제살수식 스프링클러설비 보기 ④

> 기억법 준일

17 ③

해설 감지기의 바닥면적

(단위: m^2)

부착높이 및 소방대상물의 구분		감지기의 종류				
		차동식·보상식 스포트형		정온식 스포트형		
		1종	2종	특종	1종	2종
4m 미만	내화구조	90	70	70	60	20
	기타구조	50	40	40	30	15
4m 이상 8m 미만	내화구조	→45	35	35	30	-
	기타구조	30	25	25	15	-

> 기억법
> 차   보   정
> 9 7   7 6 2
> 5 4   4 3 ①
> ④ ③   ③ 3 ×
> 3 ②   ② ① ×
> ※ 동그라미(○) 친 부분은 뒤에 5가 붙음

● 기타구조=비내화구조

실	산출내역	개수
A	$\dfrac{10m \times 6m}{45m^2}=1.3=2개$ (소수점 올림)	2개
B	$\dfrac{11m \times 6m}{45m^2}=1.4=2개$ (소수점 올림)	2개
C	$\dfrac{(10+11)m \times 6m}{45m^2}=2.8$ $=3개$	3개
합계	2+2+3=7개	7개

18 ①

해설 준비작동식 스프링클러설비의 작동순서
(1) ㉠ **화**재발생
(2) ㉢ **교**차회로방식의 A or B 감지기 작동(경종 또는 사이렌 경보, 화재표시등 점등)
(3) ㉡ **감**지기 A and B 감지기 작동 또는 수동기동장치(SVP) 작동
(4) ㉣ **준**비작동식 유수검지장치 작동
(5) ㉥ **2**차측으로 급수
(6) ㉦ **헤**드 개방, 방수
(7) ㉤ **배**관 내 압력저하로 기동용 수압개폐장치의 압력스위치 작동 → 펌프 기동

> 기억법 화교감 준2헤배

비교 습식 스프링클러설비의 작동순서
교재 176

1. **화**재발생
2. **헤**드 개방 및 방수
3. **2**차측 배관 압력저하
4. **1**차측 압력에 의해 습식 유수검지장치의 클래퍼 개방
5. **습**식 유수검지장치의 압력스위치 작동 → 사이렌 경보, 감시제어반의 화재표시등 점등 및 밸브개방표시등 점등
6. **배**관 내 압력저하로 기동용 수압개폐장치의 압력스위치 작동 → 펌프 기동

> 기억법 화헤 21습배

19

해설

> ① 외부 → 내부, 표면화재 → 심부화재

이산화탄소소화설비의 장단점

장 점	단 점
• 가연물 **내부**에서 연소하는 **심부화재**에 적합하다. 보기 ①	• 사람에게 **질식**의 우려가 있다.
• 화재진화 후 **깨끗**하다. 보기 ②	• 방사시 **동사**의 우려와 **소음**이 크다.
• 피연소물에 피해가 적다. 보기 ③	• 설비가 **고압**으로 특별한 주의와 관리가 필요
• **비전도성**이므로 **전기화재**에 좋다. 보기 ④	

20 ④

해설 스프링클러설비의 구성요소

습 식	① 자동경보밸브(Alarm check valve) ② 압력스위치 ③ 템퍼스위치 ④ 리타딩챔버
건 식	① **건**식 밸브(Dry valve) ② **가**속기(Accelerator) 보기 ① ③ **공**기배출기(Exhauster) 보기 ② ④ 공기**압**축기(Air compressor) ⑤ **압**력스위치 보기 ③ ⑥ **템**퍼스위치
	기억법 건가공 압템
준비 작동식	① 준비작동밸브(Pre-action valve) ② 수동조작함(Supervisory panel) ③ 압력스위치 ④ 화재감지기 ⑤ 수동기동장치(긴급해제밸브)
일제 살수식	① 일제개방밸브(Deluge valve) ② 화재감지기 ③ 수동기동장치 ④ 템퍼스위치

21

해설 화재안전조사 결과에 따른 조치명령
(1) 명령권자: **소방관서장**(**소방청장·소방본부장·소방서장**)
(2) 명령사항
   ① **개수**명령 보기 ②
   ② **이전**명령 보기 ④
   ③ **제거**명령 보기 ③
   ④ **사용**의 **금지** 또는 제한명령, 사용폐쇄
   ⑤ **공사**의 **정지** 또는 중지명령

기억법 장본서

22 ③

해설

> ③ 단락 → 단선

유도등의 3선식 배선시 자동으로 점등되는 경우
(1) 자동화재**탐**지설비의 **감지기** 또는 **발신기**가 작동되는 때 보기 ①
(2) 비상**경**보설비의 **발신기**가 작동되는 때 보기 ②
(3) **상**용전원이 **정전**되거나 **전원선**이 **단선**되는 때 보기 ③
(4) **방**재업무를 통제하는 곳 또는 전기실의 배전반에서 **수동**으로 점등하는 때
(5) **자**동소화설비가 작동되는 때 보기 ④

기억법 경탐 상방자

비교 단선 vs 단락

단 선	단 락
선이 끊어진 것	두 선이 붙은 것

23 ②

해설

> ② 3년 이하의 징역 또는 3천만원 이하의 벌금

5년 이하의 징역 또는 5000만원 이하의 벌금
(1) **위력**을 사용하여 출동한 소방대의 화재진압·인명구조 또는 구급활동을 **방해**하는 행위 보기 ①
(2) 소방대가 화재진압·인명구조 또는 구급활동을 위하여 **현장**에 **출동**하거나 현장에 출입하는 것을 고의로 **방해**하는 행위
(3) 출동한 소방대원에게 폭행 또는 협박을 행사하여 화재진압·인명구조 또는 구급활동을 **방해**하는 행위 보기 ③
(4) 출동한 소방대의 **소방장비**를 **파손**하거나 그 효용을 해하여 화재진압·인명구조 또는 구급활동을 **방해**하는 행위 보기 ④
(5) 소방자동차의 **출동**을 **방해**한 사람
(6) 사람을 **구출**하는 일 또는 불을 끄거나 불이 번지지 아니하도록 하는 일을 **방해**한 사람
(7) 정당한 사유 없이 소방용수시설 또는 비상소화장치를 사용하거나 소방용수시설 또는 비상소화장치의 효용을 해하거나 그 정당한 사용을 **방해**한 사람
(8) 소방시설의 폐쇄·차단

기억법 5방5000

24 ④

해설

④ 공기호흡기 등 설치대상

객석유도등 설치대상
(1) **유**흥주점영업(카바레, 나이트클럽 등) 보기 ①②
(2) **문**화 및 집회시설
(3) **종**교시설 보기 ③
(4) **운**동시설

기억법 유문종 운(유문종 운전해)

25 ①

해설

① 지하층 포함 → 지하층 제외

● 17층(아파트 제외)이므로 1급 소방안전관리대상물

소방안전관리자 및 소방안전관리보조자를 선임하는 특정소방대상물

소방안전관리대상물	특정소방대상물
특급 소방안전관리대상물 (동식물원, 철강 등 불연성 물품 저장·취급창고, 지하구, 위험물제조소 등 제외)	● 50층 이상(지하층 제외) 또는 지상 200m 이상 아파트 ● 30층 이상(지하층 포함) 또는 지상 120m 이상(아파트 제외) ● 연면적 10만m² 이상 (아파트 제외)
1급 소방안전관리대상물 (동식물원, 철강 등 불연성 물품 저장·취급창고, 지하구, 위험물제조소 등 제외)	● 30층 이상(지하층 제외) 또는 지상 120m 이상 아파트 보기 ①② ● 연면적 15000m² 이상인 것(아파트 제외) 보기 ③ ● 11층 이상(아파트 제외) ● 가연성 가스를 1000톤 이상 저장·취급하는 시설 보기 ④
2급 소방안전관리대상물	● 지하구 ● 가스제조설비를 갖추고 도시가스사업 허가를 받아야 하는 시설 또는 가연성 가스를 100톤 이상 1000톤 미만 저장·취급하는 시설 ● 옥내소화전설비·**스프링클러설비** 설치대상물 ● **물분무등소화설비**(호스릴방식만을 설치한 경우 제외) 설치대상물 ● 공동주택 ● 목조건축물(국보·보물)
3급 소방안전관리대상물	● **자동화재탐지설비** 설치대상물 ● 간이스프링클러설비 설치대상물

제 ② 과목

문제는 여기로! → 문제 p. 1-119

26 ①

2F(2층)에서 발신기 오작동이 발생하였으므로 2층이 발화층이 되어 **지구표시등은 2층**에만 점등된다. 경보층은 발화층(2층), 직상 4개층(3~6층)이므로 경종은 2~6층이 울린다.

자동화재탐지설비의 직상 4개층 우선경보방식 적용대상물
11층(공동주택 16층) 이상의 특정소방대상물의 경보

| 자동화재탐지설비 직상 4개층 우선경보방식 |

발화층	경보층	
	11층(공동주택 16층) 미만	11층(공동주택 16층) 이상
2층 이상 발화	전층 일제경보	• 발화층 • 직상 4개층
1층 발화		• 발화층 • 직상 4개층 • 지하층
지하층 발화		• 발화층 • 직상층 • 기타의 지하층

27 ②

① 방사형 → 직사형
③ 0.15MPa 이하 → 0.17~0.7MPa 이하
④ 상관없다. → 수직방향으로 해야 한다.

옥내소화전 방수압력 측정
(1) 측정장치 : 방수압력측정계(피토게이지)
(2)

방수량	방수압력
130L/min	0.17~0.7MPa 이하 〈보기 ③〉

(3) 방수압력 측정방법 : 방수구에 호스를 결속한 상태로 노즐의 선단에 방수압력 측정계(피토게이지)를 근접$\left(\dfrac{D}{2}\right)$시켜서 측정하고 방수압력측정계의 압력계상의 눈금을 확인한다. 〈보기 ②〉

| 방수압 측정 |

28 ①

① 습식 스프링클러설비는 감지기를 사용하지 않음으로 감지기 동작과는 무관

감지기 사용유무

습식·건식 스프링클러설비	준비작동식·일제살수식 스프링클러설비
감지기 ×	감지기 ○

시험밸브 개방시 작동 또는 점등되어야 할 것
(1) 펌프작동
(2) 감시제어반 밸브개방표시등(습식 : 알람밸브표시등) 점등
(3) 음향장치(사이렌)작동
(4) 화재표시등 점등

| 시험밸브함 |

29 ④

④ 보기를 볼 때 심폐소생술(CPR) 실시 후 자동심장충격기(AED)를 사용하는 경우이므로 보기 ④ 정답

심폐소생술(CPR) 순서	자동심장충격기(AED) 사용 순서
① 반응 확인 순서 ① ② 119 신고 순서 ② ③ 호흡 확인 ④ 가슴압박 30회 시행 순서 ③ ⑤ 인공호흡 2회 시행 ⑥ 가슴압박과 인공호흡의 반복 ⑦ 회복 자세	① 전원 켜기 ② 두 개의 패드 부착 ③ 심장리듬 분석 순서 ④ ④ 심장충격 실시 ⑤ 심폐소생술 실시

30 ④

해설

④ 예비전원감시램프가 점등되어 있으므로 예비전원 불량여부를 확인해야 한다.

31 ①

해설

동력제어반에 주펌프의 **기동표시등**과 **펌프기동표시등**이 **점등**되어 있으므로 감시제어반에서 펌프를 **수동**조작하고 있는 것으로 판단된다. 그러므로 **선택스위치 : 수동, 주펌프 : 기동, 충압펌프 : 정지**

감시제어반	동력제어반
① 선택스위치 : **수동** ② 주펌프 : **기동** ③ 충압펌프 : **정지**	① POWER 램프 : **점등** ② 주펌프 선택스위치 : 어느 위치든 관계 없음 ③ 주펌프 기동램프 : **점등** ④ 주펌프 정지램프 : **소등** ⑤ 주펌프 펌프기동램프 : **점등**

32 ①

해설 프리액션밸브 개방조건
(1) SVP(수동조작함) 수동조작 버튼 기동 보기 ②
(2) 감시제어반에서 동작시험 보기 ③
(3) 감시제어반에서 수동조작 보기 ④
(4) 해당 방호구역의 감지기 **2개회로** 작동
(5) 밸브자체에 부착된 **수동기동밸브** 개방

① 프리액션밸브는 방화문 감지기와는 무관함

33 ④

해설 심폐소생술(CPR) 순서

(1) 반응의 확인   (2) 119 신고

(3) 가슴압박 30회 시행   (4) 인공호흡 2회 시행

중요 올바른 심폐소생술 시행방법 보기 ④

반응의 확인 → 119 신고 → 호흡확인 → 가슴압박 30회 시행 → 인공호흡 2회 시행 → 가슴압박과 인공호흡의 반복 → 회복자세

34 ②

해설

② 계단감지기 점검시에는 계단램프가 점등되어야 하므로 ②번 정답

① 아무것도 점등되지 않음

② 계단램프 점등(계단감지기 점검시 점등)

③ E/V(엘리베이터) 램프, 계단램프 2개 점등(E/V 및 계단감지기 점검시 점등)

④ E/V(엘리베이터) 램프
점등(E/V 점검시 점등)

35 ③

주펌프 수동기동방법	충압펌프 수동기동방법
① 선택스위치 : **수동**	① 선택스위치 : **수동**
② 주펌프 : **기동**	② 주펌프 : **정지**
③ 충압펌프 : **정지**	③ 충압펌프 : **기동**
④ 음향장치 : **부저**	④ 음향장치 : **부저**

36 ③

㉠ 턱을 목 아래쪽으로 → 턱을 들어올려
㉢ 공기가 배출되도록 해야 한다. → 숨을 불어넣은 후에는 입을 떼고 코도 놓아 주어서 공기가 배출되도록 한다.

37 ③

① 동작하고 있다. → 동작하고 있지 않다.
주펌프, 충압펌프 램프가 소등되어 있으므로 주펌프 및 충압펌프는 동작하고 있지 않다.

② 꺼져있다. → 켜져있다.

③ 알람밸브 개방램프가 소등되어 있으므로 알람밸브는 개방되어 있지 않다. 그러므로 옳다.

④ 수동 → 자동

시험밸브 개방시 작동 또는 점등되어야 할 것
(1) 펌프작동
(2) 감시제어반 밸브개방표시등(습식 : 알람밸브 표시등)
(3) 음향장치(사이렌) 작동
(4) 화재표시등 점등

38 ③

① 안정 → 불안정
전압지시가 **낮음**으로 표시되어 있으므로 전력이 **불안정**

② 예비전원스위치는 예비전원 이상 유무를 확인하는 버튼으로 전원을 공급하지는 않는다.
③ 예비전원감시램프가 점등되어 있으므로 예비전원배터리가 문제있다는 뜻임

④ 예비전원감시 : **점등**되어 있으므로 예비전원이 불량이자 소방설비가 작동되지 않을 가능성이 높다.

39 ③

주펌프 수동기동방법	
감시제어반	동력제어반
① 선택스위치 : **수동** 보기 ㉠	① 주펌프 선택스위치 : **수동** 보기 ㉢
② 주펌프 : **기동** 보기 ㉡	② 주펌프기동버튼(기동스위치) : **누름** 보기 ㉣

충압펌프 수동기동방법	
감시제어반	동력제어반
① 선택스위치 : **수동**	① 충압펌프 선택스위치 : **수동** 보기 ㉣
② 충압펌프 : **기동**	② 충압펌프기동버튼(기동스위치) : **누름** 보기 ㉣

40 ①

① 습식 스프링클러설비 : 동결 우려 장소 (추운 곳) 사용제한

스프링클러설비의 종류

구 분		장 점	단 점
폐쇄형 헤드 사용	습식	• **구조**가 **간단**하고 **공사비 저렴** • 소화가 신속 • 타방식에 비해 유지·관리 용이	• **동결** 우려 장소 **사용제한** 보기 ① • 헤드 오작동시 수손피해 및 배관 부식 촉진
	건식	• 동결 우려 장소 및 옥외 사용 가능	• 살수개시시간 지연 및 복잡한 구조 • 화재 초기 **압축공기**에 의한 화재 촉진 우려 • 일반헤드인 경우 **상향형**으로 시공하여야 함
	준비작동식	• 동결 우려 장소 사용 가능 • 헤드 오작동(개방)시 수손피해 우려 없음 • 헤드개방 전 경보로 조기 대처 용이	• 감지장치로 감지기별도 시공 필요 • 구조 복잡, 시공비 고가 • 2차측 배관 부실 시공 우려
개방형 헤드 사용	일제살수식	• **초기화재**에 신속 대처 용이 • 층고가 높은 장소에서도 소화 가능	• 대량살수로 수손피해 우려 • 화재감지장치 별도 필요

41 ④

㉠ 도통시험버튼이 눌러져 있지 않으므로 도통시험을 실시하는 것이 아님

㉡ 발신기램프가 점등되어 있으므로 화재통보기기는 발신기이다.

㉢ 점멸되지 않는 것은 → 점멸되는 것은

㉣ 전압지시 정상램프가 점등되어 있으므로 수신기의 전원상태는 이상이 없다.

42 ③

① 주펌프 기동확인램프가 점등되어 있지만, 주펌프 P/S(압력스위치)는 소등되어 있으므로 주펌프 압력스위치는 미작동 상태이다. 그러므로 옳다.

② 감시제어반 선택스위치 : **수동**, 주펌프 : **기동**으로 되어있으므로 주펌프는 기동하고 있다. 이 상태에서 주펌프 : **정지**로 내리면 주펌프는 정지하므로 옳다.

③ 자동으로 → 수동으로
감시제어반 선택스위치 : **수동**, 주펌프 : **기동**, 충압펌프 : **기동**으로 되어 있으므로 현재 주펌프, 충압펌프 모두 **수동**으로 작동하고 있다.

④ 기동확인등은 펌프가 기동될 때 점등되므로 감시제어반 선택스위치 : **수동**, 충압펌프 : **기동**으로 되어있으므로 충압펌프 기동확인램프가 점등되어야 한다. 소등되어있다면 불량이 맞다.

43 ②

도통시험 정상램프가 점등되어 있으므로 회로정상여부는 ○이고, 불량내용은 이상 없음

44 ④

① 그림 A : 2층 지구표시등이 점등되어 있고, 도통시험 정상램프가 점등되어 있으므로 옳다. (○)

② 그림 A : 도통시험스위치가 눌러져 있으므로 스위치주의표시등이 점등되는 것은 정상이므로 옳다. (○)

③ 그림 B : 3층 **회로시험**버튼이 눌려 있고, 도통시험 단선램프가 점등되어 있으므로 옳다. (○)

④ 그림 C : 2~5층 **회로시험**버튼이 눌러 있고, 도통시험 단선램프가 점등되어 있으므로 1층은 단서유무를 알 수 없고, 2~5층은 도통시험결과 단선이다. 그러므로 틀린 답 (×)

45 ②

② 선택스위치 : **수동**, 주펌프 : **기동**이므로 주펌프를 **수동**으로 기동 중임

감시제어반

	평상시 상태	수동기동 상태	점검시 상태
① 선택스위치 :	연동	수동	정지
② 주펌프 :	정지	기동	정지
③ 충압펌프 :	정지	기동	정지

46 ②

㉠ 수동 → 연동
㉡ 기동 → 정지

	평상시 상태	수동기동 상태	점검시 상태
① 선택스위치 :	연동	수동	정지
② 주펌프 :	정지	기동	정지
③ 충압펌프 :	정지	기동	정지

47 ③

① 스위치 주의표시등이 점등되어 있으므로 눌러져 있는 주경종, 지구경종 정지스위치 등을 **정상위치로 복구**시켜야 한다. 119에 신고할 필요는 없으므로 틀린 답 (×)

② 스위치 주의표시등이 점등되어 있으므로 눌러져 있는 주경종, 지구경종 정지스위치등을 정상위치로 복구시켜야 한다. 화재가 발생한 경우는 아니므로 화재위치를 확인할 필요는 없다. 그러므로 틀린 답 (×)

④ 스위치 주의표시등은 주경종, 지구경종 정지스위치 등이 눌러져 있을 때 점등되는 것으로 예비전원 상태와는 무관하다. 그러므로 틀린 답 (×)

48 ②

해설 옥내소화전 방수압력 측정
(1) 측정장치 : 방수압력측정계(피토게이지)
(2)

방수량	방수압력
130L/min	0.17~0.7MPa 이하

(3) 방수압력 측정방법 : 방수구에 호스를 결속한 상태로 노즐의 선단에 방수압력측정계(피토게이지)를 근접 $\left(\dfrac{D}{2}\right)$ 시켜서 측정하고 방수압력측정계의 압력계상의 눈금을 확인한다.

∥방수압력 측정∥

49 ④

해설 5층 선로 단선 확인순서
(1) 도통시험스위치 버튼 누름

(2) 5층 회로시험 버튼 누름

용어 회로도통시험
수신기에서 감지기 사이 회로의 단선 유무와 기기 등의 접속 상황을 확인하기 위한 시험

중요 P형 수신기의 동작시험

구 분	순 서
동작시험순서	① 동작시험스위치 누름 ② 자동복구스위치 누름 ③ 회로시험스위치 돌림
동작시험복구 순서	① 회로시험스위치 돌림 ② 동작시험스위치 누름 ③ 자동복구스위치 누름
회로도통시험 순서	① 도통시험스위치를 누름 ② 각 경계구역 동작버튼을 차례로 누름(회로시험스위치를 각 경계구역별로 차례로 회전)
예비전원시험 순서	① 예비전원시험스위치 누름 ② 예비전원 결과 확인

50 ①

해설
① 펌프토출측에 있는 ㉠ **개폐표시형 개폐밸브를 폐쇄**하면 배관이 막히게 되어 가압수가 나오지 않아 소화를 할 수 없게 된다.

가압수가 나오지 않는 경우
(1) **개폐표시형 개폐밸브**가 폐쇄된 경우
(2) **체크밸브**가 막힌 경우

2018년 기출문제

문제는 여기로! → 문제 p.1-135

01	02	03	04	05	06	07	08	09	10
④	④	④	③	③	③	②	④	①	②
11	12	13	14	15	16	17	18	19	20
②	③	③	①	③	②	③	④	③	①
21	22	23	24	25	26	27	28	29	30
②	③	④	③	②	③	④	②	③	④
31	32	33	34	35	36	37	38	39	40
①	④	③	④	③	④	②	③	③	③
41	42	43	44	45	46	47	48	49	50
④	①	①	④	③	②	④	④	②	②

제 ❶ 과목

문제는 여기로! → 문제 p.1-135

01 ④

④ 작업·감독 업무내용

화기취급 작업절차 중 안전조치 업무내용
(1) 가연물 이동 및 보호조치 보기 ①
(2) 소방시설 작동 확인 보기 ②
(3) 용접·용단장비·보호구 점검 보기 ③
(4) 화재안전교육
(5) 비상시 행동요령 교육

02 ④

지정수량
위험물의 **종류별**로 위험성을 고려하여 **대통령령**이 정하는 수량으로서 제조소 등의 설치허가 등에 있어서 **최저기준**이 되는 수량

03 ④

LPG	LNG
증기비중이 1보다 큰 가스	증기비중이 1보다 작은 가스
비중 : 1.5~2	비중 : 0.6
탐지기의 **상단**은 **바닥면**의 **상방 30cm** 이내에 설치 보기 ④	탐지기의 **하단**은 **천장면**의 **하방** 30cm 이내에 설치

04 ③

③ 전화통신용 시설 → 방송국·촬영소

방염성능기준 이상의 실내장식물 등을 설치하여야 할 장소
(1) **11층** 이상의 층(**아파트** 제외)
(2) **체**력단련장, 공연장 및 종교집회장 보기 ④
(3) 문화 및 집회시설(옥내에 있는 시설)
(4) 운동시설(**수영장** 제외)
(5) **숙**박시설·**노**유자시설
(6) 의원, 치과의원, 한의원, 조산원, 산후조리원
(7) 의료시설(요양병원)
(8) 수련시설(**숙**박시설이 있는 것) 보기 ②
(9) **방**송국·촬영소 보기 ③
(10) 다중이용업소(단란주점영업, 유흥주점영업, 노래연습장의 영업장 등) 보기 ①
(11) 종교시설
(12) 합숙소

기억법 방숙체노

05 ③

③ 선임을 → 선임신고를

(1) **300만원 이하의 벌금** 교재 37, 49
① **화재안전조사**를 정당한 사유 없이 **거부·방해·기피**한 자
② 화재예방조치 조치명령을 정당한 사유 없이 따르지 아니하거나 방해한 자
③ **소방안전관리자, 총괄소방안전관리자, 소방안전관리보조자**를 **선임**하지 아니한 자
④ **소방시설·피난시설·방화시설** 및 **방화구획** 등이 법령에 위반된 것을 발견하였음에도 필요한 조치를 할 것을 요구하지 아니한 소방안전관리자

⑤ **소방안전관리자**에게 **불이익**한 처우를 한 관계인
⑥ 자체점검결과 소화펌프 고장 등 중대위반사항이 발견된 경우 필요한 조치를 하지 않은 관계인 또는 관계인에게 중대위반사항을 알리지 아니한 관리업자 등

(2) **소방안전관리자** [교재 35]
① 선임된 날로부터 **6개월** 이내, 그 이후 **2년**마다 **1회**의 **실무교육**을 받아야 한다.
② 소방안전관리자가 실무교육을 받지 아니한 때 1년 이하의 기간을 정하여 자격을 정지시킬 수 있다.

(3) **200만원** 이하의 **과태료** [교재 18, 38]
① 소방자동차의 **출동**에 **지장**을 준 자
② 기간 내에 소방안전관리자 선임신고를 하지 아니한 자 또는 소방안전관리자의 성명 등을 게시하지 아니한 자
③ 기간 내에 **소방훈련** 및 **교육결과**를 제출하지 아니한 자

[기억법] 과2업(과외업)

● 소방안전관리자 선임을 하지 아니한 자 : 300만원 이하의 벌금

06 ③

[해설]

③ 항해 중인 → 항구에 매어둔

소방대상물
(1) **건**축물 [보기 ①]
(2) **차**량 [보기 ②]
(3) **선**박(항구에 **매어둔 선박**) [보기 ③]
(4) **선**박건조구조물 [보기 ④]
(5) **산**림
(6) **인**공구조물 및 **물**건

[기억법] 건차선 산인물

07 ②

[해설] 소방시설 등 자체점검의 점검대상, 점검자의 자격, 점검횟수 및 시기

구 분	작동점검			종합점검
정 의	소방시설 등을 인위적으로 조작하여 정상적으로 작동하는지를 점검하는 것			소방시설 등의 작동점검을 포함하여 소방시설 등의 설비별 주요 구성 부품의 구조기준이 화재안전기준과 「건축법」 등 관련 법령에서 정하는 기준에 적합한지 여부를 점검하는 것 (1) 최초점검 : 해당 특정소방대상물의 소방시설 등이 신설된 경우 (2) 그 밖의 종합점검 : 최초점검을 제외한 종합점검
점검대상	① 간이스프링클러설비·자동화재탐지설비	② ①에 해당하지 아니하는 특정소방대상물	③ 작동점검 제외대상 ● 특정소방대상물 중 소방안전관리자를 선임하지 않는 대상 ● 위험물제조소 등 ● 특급 소방안전관리대상물	④ 소방시설 등이 **신설**된 경우에 해당하는 특정소방대상물 ⑤ **스프링클러설비**가 설치된 특정소방대상물 ⑥ **물분무등소화설비**(호스릴 방식의 물분무등소화설비만을 설치한 경우는 제외)가 설치된 연면적 **5000m²** 이상인 특정소방대상물(위험물제조소 등 제외) ⑦ 다중이용업의 영업장이 설치된 특정소방대상물로서 연면적이 **2000m²** 이상인 것 ⑧ **제연설비**가 설치된 터널 ⑨ **공공기관** 중 연면적(터널·지하구의 경우 그 길이와 평균폭을 곱하여 계산된 값)이 **1000m²** 이상인 것으로서 옥내소화전설비 또는 자동화재탐지설비가 설치된 것 (단, 소방대가 근무하는 공공기관 제외)

구 분	작동점검			종합점검
점검자의 자격 (주된 인력)	• 관계인 • 소방안전관리자로 선임된 소방시설관리사 또는 소방기술사 • 소방시설관리업에 등록된 기술인력 중 소방시설관리사 또는 「소방시설공사업법 시행규칙」에 따른 특급점검자	• 소방시설관리업에 등록된 기술인력 중 소방시설관리사 • 소방안전관리자로 선임된 소방시설관리사 또는 소방기술사		• 소방시설관리업에 등록된 기술인력 중 **소방시설관리사** • 소방안전관리자로 선임된 **소방시설관리사** 또는 **소방기술사**
점검횟수 및 점검시기	• 작동점검은 **연 1회** 이상 실시하며, 종합점검대상은 종합점검을 받은 달부터 **6개월**이 되는 달에 실시 • 종합점검대상 외의 특정소방대상물은 사용승인일이 속하는 달의 말일까지 실시			〈점검횟수〉 ㉠ 연 1회 이상(특급 소방안전관리대상물은 반기에 1회 이상) 실시 ㉡ ㉠에도 불구하고 소방본부장 또는 소방서장은 소방청장이 소방안전관리가 우수하다고 인정한 특정소방대상물에 대해서는 3년의 범위에서 소방청장이 고시하거나 정한 기간 동안 종합점검을 면제할 수 있다(단, 면제기간 중 화재가 발생한 경우는 제외). 〈점검시기〉 ㉠ ④에 해당하는 특정소방대상물은 건축물을 사용할 수 있게 된 날부터 60일 이내 실시 ㉡ ㉠을 제외한 특정소방대상물은 건축물의 사용승인일이 속하는 달에 실시(단, 학교의 경우 해당 건축물의 사용승인일이 1월에서 6월 사이에 있는 경우에는 6월 30일까지 실시할 수 있다.) ㉢ 건축물 사용승인일 이후 ㉠에 따라 종합점검대상에 해당하게 된 경우에는 그 다음 해부터 실시 ㉣ 하나의 대지경계선 안에 2개 이상의 자체점검대상 건축물 등이 있는 경우 그 건축물 중 사용승인일이 가장 빠른 연도의 건축물의 사용승인일을 기준으로 점검할 수 있다.

08 ④

해설

| ④ 제4류 위험물의 특성 |

제5류 위험물의 일반적인 특성
(1) 가연성으로 **산소**를 **함유**하여 **자기연소**
(2) **가열**, **충격**, **마찰** 등에 의해 착화, 폭발 보기 ②
(3) **연소속도**가 매우 빨라서 소화 곤란 보기 ③
(4) 자기반응성 물질

09 ①

해설 누전차단기
월 **1~2회** 동작 여부를 확인한다. 보기 ①

10 ②

해설 LPG(액화석유가스)의 폭발범위

부탄	프로판
1.8~8.4% 보기 ②	2.1~9.5%

11 ②

해설

| ① 커야 → 작아야 |
| ③ 커야 → 작아야 |
| ④ 작은 → 큰 |

가연성 물질의 구비조건
(1) 화학반응을 일으킬 때 필요한 **활성화 에너지값**이 **작아야** 한다. 보기 ①
(2) 일반적으로 산화되기 쉬운 물질로서 산소와 결합할 때 **발열량**이 **커야** 한다. 보기 ②
(3) 열의 축적이 용이하도록 **열전도**의 **값**이 **작아야** 한다. 보기 ③
(4) 지연성 가스인 산소·염소와의 **친화력**이 **강해야** 한다.
(5) 산소와 접촉할 수 있는 **표면적**이 **큰 물질**이어야 한다. 보기 ④
(6) **연쇄반응**을 일으킬 수 있는 물질이어야 한다.

12 ③

해설 열전달

종류	설명
전도 (conduction)	• 하나의 물체가 다른 물체와 **직접 접촉**하여 전달되는 것
대류 (convection)	• 유체의 흐름에 의하여 열이 전달되는 것
복사 (radiation)	• 화재시 열의 이동에 **가장 크게 작용**하는 열이동방식 • **화염**의 **접촉 없이** 연소가 확산되는 현상 • 화재현장에서 **인접건물**을 **연소**시키는 주된 원인 보기 ③

13 ①

해설 20만원 이하의 과태료 보기 ①
화재로 **오인**할 만한 우려가 있는 불을 피우거나 **연막소독**을 실시하고자 하는 자가 신고를 하지 아니하여 소방자동차를 출동하게 한 자

14 ③

해설

| ③ 높을수록 → 낮을수록 |

발화점
(1) 외부로부터의 직접적인 에너지 공급 없이 물질 자체의 **열축적**에 의하여 착화되는 **최저온도** 보기 ①
(2) 점화원이 없는 상태에서 가연성 물질을 공기 중에서 가열함으로써 발화되는 **최저온도** 보기 ②
(3) 발화점 = 착화점 = 발화온도
(4) 발화점이 **낮을수록 위험**하다. 보기 ③
(5) 발화점은 보통 **인화점**보다 수백도가 **높은 온도**이다. 보기 ④

15 ①

① 제1류 위험물의 특성
② 제2류 위험물의 특성
③ 제3류 위험물의 특성
④ 제4류 위험물의 특성

제1류 위험물(산화성 고체)
(1) **강산화제**로서 다량의 산소 함유 보기 ①
(2) 가열, 충격, 마찰 등에 의해 분해, 산소 방출

비교
1. 제2류 위험물(가연성 고체)
   저온착화하기 쉬운 가연성 물질 보기 ②
2. 제3류 위험물(자연발화성 물질 및 금수성 물질)
   ① 물과 반응하거나 자연발화에 의해 발열 또는 가연성 가스 발생 보기 ③
   ② 용기 파손 또는 누출에 주의
3. 제4류 위험물(인화성 액체)
   ① 인화가 용이
   ② 대부분 물보다 가볍고, 증기는 **공기**보다 무거움 보기 ④
   ③ 주수소화가 불가능한 것이 대부분임

16 ③

③ 200만원 이하의 과태료 교재 38

300만원 이하의 과태료
(1) 방염대상물품을 **방염성능기준** 이상으로 설치하여야 하는 규정을 위반한 자 보기 ①
(2) **소방훈련** 및 **교육**을 하지 아니한 자 보기 ②
(3) 소방안전관리**업**무를 하지 아니한 특정소방대상물의 **관계인** 또는 **소방안전관리자** 보기 ④
(4) **소방안전관리업무**를 성실하게 수행할 수 있도록 지도와 감독을 하지 아니한 관계인
(5) 건설현장 소방안전관리대상물의 **소방안전관리업무**를 하지 아니한 자
(6) 소방시설 등의 **점검결과**를 **보고**하지 아니한 자 또는 거짓으로 한 자
(7) 피난시설의 위치, 피난경로 또는 대피요령이 포함된 **피난유도 안내정보**를 제공하지 아니한 자

- 소방안전관리자 선임을 하지 아니한 자 : 300만원 이하의 벌금   교재 37

17 ②

연소점
(1) 인화점보다 10℃ 높으며, 연소상태가 5초 이상 유지되는 온도 보기 ②
(2) 한번 발화된 후 연소를 **지속**시킬 수 있는 충분한 증기를 발생시킬 수 있는 **최저온도**
(3) **가연성 증기 발생속도**가 **연소속도**보다 빠를 때 이루어짐

기억법 연510유

18 ③

③ 1.5m 이내 → 1.2m 이내

무창층
지상층 중 다음에 해당하는 개구부면적의 합계가 그 층의 바닥면적의 $\frac{1}{30}$ 이하가 되는 층
(1) 크기는 지름 **50cm** 이상의 원이 내접할 수 있는 크기일 것 보기 ①
(2) 해당층의 바닥면으로부터 개구부 밑부분까지의 높이가 **1.2m** 이내일 것 보기 ③
(3) **도로** 또는 **차량**이 **진입**할 수 있는 **빈터**를 향할 것 보기 ②
(4) 화재시 건축물로부터 쉽게 피난할 수 있도록 개구부에 **창살**이나 그 밖의 장애물이 설치되지 아니할 것
(5) **내부** 또는 **외부**에서 **쉽게 부수거나 열** 수 있을 것 보기 ④

19 ③

소방안전관리자의 선임연기 신청자
2, 3급 소방안전관리대상물의 **관계인**
보기 ⓒ ⓔ

20 ①

① 제2류 위험물의 특성
② 제1류 위험물의 특성
③ 제3류 위험물의 특성
④ 제5류 위험물의 특성

제2류 위험물(가연성 고체)
(1) **저온착화**하기 쉬운 가연성 물질 보기 ①
(2) 연소시 **유독가스** 발생

21 ②

② 한국소방산업기술원의 업무

한국소방안전원

한국소방안전원의 설립목적	한국소방안전원의 업무
① 소방기술과 안전관리 기술의 향상 및 홍보 ② 교육·훈련 등 행정기관이 위탁하는 업무의 수행 보기 ③ ③ **소방관계종사자**의 기술 향상	① 소방기술과 안전관리에 관한 **교육** 및 **조사·연구** 보기 ① ② 소방기술과 안전관리에 관한 각종 **간행물 발간** ③ 화재예방과 안전관리 의식 고취를 위한 **대국민 홍보** ④ 소방업무에 관하여 **행정기관이 위탁**하는 업무 ⑤ 소방안전에 관한 **국제협력** 보기 ④ ⑥ **회원**에 대한 **기술지원** 등 정관으로 정하는 사항

22 ③

① 마른모래 → 수계소화약제
② 수계소화약제 → 불연성 포
④ 수계소화약제 → 금속화재용 특수분 말이나 마른모래

23 ④

④ 현장처리물품 : 시·도지사(관할소방서장)

24 ①

②·③·④ 해당 없음

25 ③

① 3명 → 2명
② 필요하다. → 필요없다.
④ 100톤 이상 1000톤 미만 → 1000톤 이상

(1) **소방안전관리자 및 소방안전관리보조자를 선임하는 특정소방대상물** 교재 23-25

소방안전관리 대상물	특정 소방대상물
특급 소방안전 관리대상물 (동식물원, 철강 등 불연성 물품 저장·취급창고, 지하구, 위험물 제조소 등 제외)	• **50층** 이상(지하층 제외) 또는 지상 **200m** 이상 **아파트** • **30층** 이상(지하층 포함) 또는 지상 **120m** 이상(아파트 제외) • 연면적 **10만m²** 이상(아파트 제외)
1급 소방안전 관리대상물 (동식물원, 철강 등 불연성 물품 저장·취급창고, 지하구, 위험물 제조소 등 제외)	• **30층** 이상(지하층 제외) 또는 지상 **120m** 이상 **아파트** • 연면적 **15000m²** 이상인 것 (아파트 및 연립주택 제외) • **11층** 이상(아파트 제외) • 가연성 가스를 **1000톤** 이상 저장·취급하는 시설
2급 소방안전 관리대상물	• 지하구 • 가스제조설비를 갖추고 도시가스사업 허가를 받아야 하는 시설 또는 가연성 가스를 **100톤 이상 1000톤** 미만 저장·취급하는 시설 보기 ④ • 옥내소화전설비·**스프링클러설비** 설치대상물 • **물분무등소화설비**(호스릴방식만을 설치한 경우 제외) 설치대상물 • 공동주택 • 목조건축물(국보·보물)

| 3급 소방안전 관리대상물 | • 자동화재탐지설비 설치대상물
• 간이스프링클러설비 설치대상물 |

보기에서 연면적 40000m² 로서 15000m² 이상이므로 **1급 소방안전관리대상물**

④ 100톤 이상 1000톤 미만은 2급 소방안전관리대상물이므로 틀림

(2) **최소 선임기준** 보기 ① 교재 26

소방안전관리자	소방안전관리보조자
• 특정소방대상물마다 1명	• 300세대 이상 아파트 : 1명(단, 300세대 초과마다 1명 이상 **추가**) • 연면적 15000m² 이상 : 1명(단, 15000m² 초과마다 1명 이상 **추가**) • 공동주택(기숙사), 의료시설, 노유자시설, 수련시설 및 숙박시설(바닥면적 합계 1500m² 미만이고, 관계인이 24시간 상시 근무하고 있는 숙박시설 제외) : 1명

소방안전관리보조자수
$= \dfrac{\text{연면적}}{15000\text{m}^2}$ (소수점 버림)
$= \dfrac{40000\text{m}^2}{15000\text{m}^2} = 2.6 ≒ 2명$(소수점 버림)

∴ 소방안전관리자 1명, 소방안전관리보조자 2명

(3) **관리의 권원**이 **분리된 특정소방대상물의 소방안전관리** 보기 ②
① **복합건축물**(지하층을 제외한 **11층** 이상 또는 연면적 **3만m²** 이상인 건축물)
② **지하가**
③ **도매시장, 소매시장 및 전통시장**

② 업무시설로서 복합건축물이 아니므로 관리의 권원이 분리된 소방안전관리자가 필요없음

(4) **1급 소방안전관리대상물의 소방안전관리자 선임자격** 보기 ③ 교재 24

자격	경력	비고
• 소방설비기사 · 소방설비산업기사	경력 필요 없음	1급 소방안전관리자 자격증을 받은 사람
• 소방공무원	7년	
• 소방청장이 실시하는 1급 소방안전관리대상물의 소방안전관리에 관한 시험에 합격한 사람	경력 필요 없음	
• 특급 소방안전관리대상물의 소방안전관리자 자격이 인정되는 사람		

③ 소방공무원＋7년 경력자는 1급 소방안전관리대상물 선임자격이 되므로 옳다.

제 ② 과목

문제는 여기로! 문제 p.1-141

26 ②

소화기점검 보기 ②
(1) 호스 탈락 : (그림 B)호스가 용기와 분리된 그림
(2) 호스 파손 : (그림 A)호스가 찢어진 그림
(3) 노즐 파손 : (그림 C)노즐이 깨진 그림
(4) 혼 파손 : (그림 D)나팔모양의 혼이 깨진 그림

27 ③

③ 대피공간 → 경량칸막이

화재시 일반적 피난행동
(1) 엘리베이터는 절대 이용하지 않도록 하며 계단을 이용해 옥외로 대피한다.
(2) 아래층으로 대피가 불가능한 때에는 옥상으로 대피한다.

(3) 아파트의 경우 세대 밖으로 나가기 어려울 경우 **세대 사이**에 설치된 **경량칸막이**를 통해 옆세대로 대피하거나 **세대 내 대피공간**으로 대피한다. 보기 ③
(4) **유도등**, **유도표지**를 따라 대피한다. 보기 ①
(5) 연기 발생시 최대한 **낮은 자세**로 이동하고, 코와 입을 **젖은 수건** 등으로 막아 연기를 마시지 않도록 한다.
(6) 출입문을 열기 전 문손잡이가 뜨거우면 문을 열지 말고 다른 길을 찾는다. 보기 ②
(7) 옷에 불이 붙었을 때에는 눈과 입을 가리고 바닥에서 뒹군다.
(8) 탈출한 경우에는 절대로 **다시 화재건물**로 들어가지 않는다. 보기 ④

28 ④

해설

① · ② · ③ 부분층화상(2도 화상)
④ 전층화상(3도 화상)

화상의 분류

종별	설명
표피화상 (**1**도 화상)	• 표피 바깥층의 화상 • 약간의 부종과 **홍반**이 나타남 • 통증을 느끼거나 흉터없이 치료됨 기억법 표1홍
부분층화상 (**2**도 화상)	• 피부의 두 번째 층까지 화상으로 손상 보기 ① • 심한 통증과 발적, 수포 발생 보기 ①② • 물집이 터져 **진**물이 나고 감염 위험 보기 ③ • 표피가 얼룩얼룩하게 되고 진피의 모세혈관이 손상 보기 ② 기억법 부2진물
전층화상 (**3**도 화상)	• 피부 **전층** 손상 • 피하지방과 근육층까지 손상 • 화상부위가 **건조**하며 통증이 없음 보기 ④ 기억법 전3건

29 ②

해설 회로도통시험

단 선	정 상
0V	4~8V

비교 예비전원시험

정 상	
	19~29V

30 ④

해설

④ 학습자 중심의 원칙

동기부여의 원칙

(1) **교육의 중요성**을 전달해야 한다. 보기 ①
(2) 학습을 위해 적절한 **스케줄**을 적절히 배정해야 한다.
(3) 교육은 **시기적절**하게 이루어져야 한다.
(4) 핵심사항에 교육의 **포커스**를 맞추어야 한다.
(5) 학습에 대한 **보상**을 제공해야 한다.
(6) 교육에 **재미**를 부여해야 한다. 보기 ③
(7) 교육에 있어 **다양성**을 활용해야 한다.
(8) **사회적 상호작용**을 제공해야 한다. 보기 ②
(9) **전문성**을 공유해야 한다.
(10) **초기성공**에 대해 **격려**해야 한다.

비교 학습자 중심의 원칙
1. 한 번에 한 가지씩 습득 가능한 분량을 교육 및 훈련시킨다. 보기 ④
2. 쉬운 것에서 어려운 것으로 교육을 실시하되 기능적 이해에 비중을 둔다.
3. 학습자에게 감동이 있는 교육이 되어야 한다.

31 ①

소방계획의 수립절차

1단계(사전기획)	2단계(위험환경분석) 보기 ①
작성준비 → 요구사항 검토 → 작성계획 수립	위험환경 **식**별 → 위험환경 **분**석·평가 → 위험경감**대**책 수립

기억법 식분대

32 ④

P형 수신기의 동작시험

동작시험순서	동작시험 복구순서
① 동작시험스위치 누름 ② 자동복구스위치 누름 ③ 회로시험스위치 돌림	① 회로시험스위치 돌림 ② 동작시험스위치 누름 보기 ④ ③ 자동복구스위치 누름

33 ③

회로도통시험순서

도통시험스위치 누름 → **회**로시험스위치를 각 경계구역별로 차례로 회전(각 경계구역 동작버튼을 차례로 누름) 보기 ③

기억법 도회

비교 **예비전원시험순서**
예비전원 시험스위치 누름 → 예비전원 결과 확인

34 ④

④ 유도등의 3선식 배선시 점등되는 경우

유도등 3선식 배선에 따라 상시 **충**전되는 구조인 경우
(1) **외**부의 **빛**에 의해 따라 피난구 또는 피난방향을 쉽게 식별할 수 있는 장소 보기 ①
(2) **공연**장, **암**실 등으로서 어두워야 할 필요가 있는 장소 보기 ②
(3) 특정소방대상물의 **관**계인 또는 **종**사원이 주로 사용하는 장소 보기 ③

기억법 충외공관

비교 유도등의 **3**선식 배선시 자동점등되는 경우
1. **자동화재탐**지설비의 감지기 또는 발신기가 작동되는 때
2. **비상경**보설비의 발신기가 작동되는 때
3. **상**용전원이 정전되거나 전원선이 단선되는 때
4. **방**재업무를 통제하는 곳 또는 전기실의 배전반에서 **수**동적으로 점등하는 때 보기 ④
5. **자**동소화설비가 작동되는 때

기억법 3탐경상 방수자

35 ③

3선식 유도등 점검

수 동 보기 ㉠	자 동 보기 ㉣
유도등 절환스위치 수동전환 → 유도등 점등 확인	유도등 절환스위치 자동전환 → 감지기, 발신기 동작 → 유도등 점등 확인

36 ④

④ 해당 없음

초기대응체계의 인원편성
(1) 소방안전관리보조자, 경비(보안)근무자 또는 대상물관리인 등 **상시근무자**를 **중심**으로 구성한다. 보기 ①
(2) 소방안전관리대상물의 근무자의 **근무위치**, **근무인원** 등을 고려하여 편성한다. 이 경우 소방안전관리보조자(보조자가 없는 대상처는 선임대원)를 운영책임자로 지정한다. 보기 ②
(3) 초기대응체계 편성시 **1명** 이상은 수신반(또는 종합방재실)에 근무해야 하며 화재 상황에 대한 **모니터링** 또는 **지휘통제**가 가능해야 한다.
(4) **휴일** 및 **야간**에 **무인경비시스템**을 통해 감시하는 경우에는 무인경비회사와 비상 연락체계를 구축할 수 있다. 보기 ③

37 ②

해설: ② 개방 → 폐쇄

펌프성능시험
(1) 제어반에서 주·충압펌프 정지 보기 ①

감시제어반	동력제어반
선택스위치 **정지**위치	선택스위치 **수동**위치

(2) 펌프토출측 밸브(개폐표시형 개폐밸브) 폐쇄 보기 ②
(3) 설치된 펌프의 현황을 파악하여 펌프성능시험을 위한 표 작성 보기 ③
(4) 유량계에 **100%, 150%** 유량 표시 보기 ④

38 ①

해설: ① 많은 사람들이 보조하면 피난에 정체현상이 발생하므로 한 명이 보조한다. → 많은 사람들이 보조할수록 상대적으로 쉬운 대피가 가능하다.

휠체어 사용자
평지보다 계단에서 주의가 필요하며, 많은 사람들이 보조할수록 상대적으로 쉬운 대피가 가능 보기 ①

일반휠체어	전동휠체어 사용자
뒤쪽으로 기울여 손잡이를 잡고 뒷바퀴보다 한 계단 아래에서 무게 중심을 잡고 이동한다. 2인이 보조시 다른 1인은 장애인을 마주 보며 손잡이를 잡고 동일한 방법으로 이동	전동휠체어에 탑승한 상태에서 계단 이동시는 일반휠체어와 동일한 요령으로 보조할 수도 있으나 무거워 많은 인원과 공간이 필요하므로 전원을 끈 후 업거나 안아서 피난을 보조하는 것이 가장 효과적

39 ③

해설: **펌프성능곡선**
체절운전은 체절압력이 정격토출압력의 **140%** 이하인지 확인하는 것이고, 최대운전은 유량계의 유량이 정격토출량의 **150%**가 되었을 때, 압력계의 압력이 정격양정의 **65%** 이상이 되는지 확인 보기 ③

40 ③

해설:
① 400L/min → 500L/min
② 500L/min → 750L/min
④ 1MPa → 0.65MPa

펌프성능시험
(1) 정격토출량
  = 토출량[L/min] × 1.0(100%)
  = 500L/min × 1.0(100%)
  = 500L/min 보기 ①
(2) 150% 유량운전 토출량
  = 토출량[L/min] × 1.5(150%)
  = 500L/min × 1.5(150%)
  = 750L/min 보기 ②
(3) 체절운전
  = 토출압력(양정) × 1.4(140%)
  = 100m × 1.4(140%) = 140m
  = 1.4MPa 보기 ③

● 100m = 1MPa

(4) 150% 유량운전 토출압
  = 정격양정[m] × 0.65(65%)
  = 100m × 0.65(65%) = 65m
  = 0.65MPa 보기 ④

41 ④

해설: ④ 해당 없음

유량측정시 기포가 통과하는 원인
(1) 흡입배관의 이음부로 공기가 유입될 때 보기 ①

(2) 풋밸브와 수면 사이가 너무 가까울 때 보기 ②
(3) 펌프에 **공동현상**이 발생할 때 보기 ③

42 ①

 객석유도등 산정식

객석유도등 설치개수

$= \dfrac{\text{객석통로의 직선부분의 길이(m)}}{4} - 1$ (소수점 올림)

$\therefore \dfrac{20}{4} - 1 = 4$개

기억법 객4

43 ①

 특정소방대상물별 소화기구의 능력단위기준

특정소방대상물	소화기구의 능력단위	건축물의 주요 구조부가 **내화구조**이고, 벽 및 반자의 실내에 면하는 부분이 **불연재료·준불연재료 또는 난연재료**로 된 특정소방대상물의 능력단위
● **위**락시설 기억법 위3(위상)	바닥면적 **30m²**마다 1단위 이상	바닥면적 **60m²**마다 1단위 이상
● **공**연장 ● **집**회장 ● **관**람장 ● **문**화재 ● **장**례식장 및 의료시설 기억법 5공연장 문의 집관람(손오공 연장 문의 집관람)	바닥면적 **50m²**마다 1단위 이상	바닥면적 **100m²**마다 1단위 이상
● **근**린생활시설 ● **판**매시설 ● **운**수시설 ● **숙**박시설 ● **노**유자시설 ● **전**시장 ● 공동**주**택(아파트 등) ● **업**무시설(사무실 등) ● **방**송통신시설 ● **공**장 ● **창**고시설 ● **항**공기 및 자동**차**관련시설 및 **관광**휴게시설 기억법 근판숙노전 주업 방차창 1항 관광(근판숙노전 주업 방차창 일본항 관광)	바닥면적 **100m²**마다 1단위 이상	바닥면적 **200m²**마다 1단위 이상
● 그 밖의 것	바닥면적 **200m²**마다 1단위 이상	바닥면적 **400m²**마다 1단위 이상

판매시설로서 **내화구조**이고 **불연재료·준불연재료·난연재료**인 경우가 **아니므로** 바닥면적 **100m²**마다 1단위 이상이므로

$\dfrac{3000\text{m}^2}{100\text{m}^2} = 30$단위

● 30단위를 30개라고 쓰면 틀린다. 특히 주의!

3단위 소화기를 설치하므로

소화기개수 $= \dfrac{30단위}{3단위} = 10$개

44 ③

 ③ 중형피난구유도등 설치장소

특정소방대상물별 유도등의 종류

설치장소	유도등의 종류
공연장·**집**회장·**관**람장·**운**동시설·**유**흥주점 영업시설 (카바레, 나이트클럽) 보기 ①②④	• **대**형피난구유도등 • **통**로유도등 • **객**석유도등
위락시설	• 대형피난구유도등 • 통로유도등
오피스텔 보기 ③	• 중형피난구유도등 • 통로유도등
교정 및 군사시설	• 소형피난구유도등 • 통로유도등

기억법 공집관운유 대통객

45 ③

해설

③ 해당 없음

객석유도등의 설치장소 보기 ①②④
객석의 **통로**, **바닥**, **벽**

기억법 통바벽

46 ④

해설 피난기구의 적응성

층 별 설치장소별 구분	3층	4층 이상 10층 이하
노유자 시설	• 미끄럼대 • 구조대 • 피난교 • 다수인 피난장비 • 승강식 피난기	• 구조대[1] • 피난교 • 다수인 피난장비 • 승강식 피난기
의료시설 ·입원실이 있는 의원 ·접골원 ·조산원	• 미끄럼대 • 구조대 • 피난교 • 피난용 트랩 • 다수인 피난장비 • 승강식 피난기	• 구조대 • 피난교 • 피난용 트랩 • 다수인 피난장비 • 승강식 피난기
영업장의 위치가 4층 이하인 다중 이용업소	• 미끄럼대 • 피난사다리 • 구조대 • 완강기 • 다수인 피난장비 • 승강식 피난기	• 미끄럼대 • 피난사다리 • 구조대 • 완강기 • 다수인 피난장비 • 승강식 피난기
그 밖의 것	• 미끄럼대 • 피난사다리 • 구조대 • 완강기 • 피난교 • 피난용 트랩 • 간이완강기[2] • 공기안전매트 • 다수인 피난장비 • 승강식 피난기	• 피난사다리 • 구조대 • 완강기 • 피난교 • 간이완강기[2] • 공기안전매트 • 다수인 피난장비 • 승강식 피난기

주) 1) **구조대**의 적응성은 장애인관련시설로서 주된 사용자 중 스스로 피난이 불가한 자가 있는 경우 추가로 설치하는 경우에 한한다.
  2) 간이완강기의 적응성은 **숙박시설**의 **3층 이상**에 있는 객실에 추가로 설치하는 경우에 한한다.

47 ②

해설 자동화재탐지설비 발화층 및 직상 4개층 경보 적용대상물
11층(공동주택 **16층**) 이상의 특정소방대상물의 경보

자동화재탐지설비 음향장치의 경보

발화층	경보층	
	11층(공동주택 16층) 미만	11층(공동주택 16층) 이상
2층 이상 발화	전층 일제경보	• 발화층 • 직상 4개층
1층 발화		• 발화층 • 직상 4개층 • 지하층
지하층 발화		• 발화층 • 직상층 • 기타의 지하층

지하 1층 발화이므로 발화층(**지하 1층**), 직상층(**지상 1층**), 기타의 지하층(**지하 2·3·4층**) 우선경보

48 ④

해설 자동심장충격기(AED) 사용방법

(1) 자동심장충격기를 심폐소생술에 방해가 되지 않는 위치에 놓은 뒤 전원버튼을 누른다.
(2) 환자의 상체를 노출시킨 다음 패드 포장을 열고 2개의 패드를 환자의 가슴에 붙인다.
(3) 패드는 **왼쪽 젖꼭지 아래의 중간겨드랑선**에 설치하고 **오른쪽 빗장뼈**(쇄골) 바로 **아래**에 붙인다.

| 패드의 부착위치 |

패드 1	패드 2
오른쪽 빗장뼈(쇄골) 바로 아래	왼쪽 젖꼭지 아래의 중간겨드랑선

| 패드 위치 |

(4) 심장충격이 필요한 환자인 경우에만 제세동버튼이 깜박이기 시작하며, 깜박일 때 심장충격버튼을 눌러 심장충격을 시행한다.
(5) 심장충격버튼을 <u>누르기 전에는</u> 반드시
   누른 후에는 ×
   주변사람 및 구조자가 환자에게서 떨어져있는지 다시 한 번 확인한 후에 실시하도록 한다.
(6) 심장충격이 필요 없거나 심장충격을 실시한 이후에는 즉시 **심폐소생술**을 다시 시작한다.
(7) **2분**마다 심장리듬을 분석한 후 반복 시행한다.

49 ④

해설
- (a)방식 : 송배선식(○), (b)방식 : 송배선식(×)
① 송배선식이므로 도통시험으로 정상인지 단선인지 알 수 있다. (○)
② 송배선식이므로 감지기 사이의 단선 여부를 확인할 수 있다. (○)
③ 송배선식이 아니므로 감지기 단선 여부를 확인할 수 없다. (○)
④ 이라 한다. → 이 아니다.

용어 송배선식 | 교재 210
도통시험(선로의 정상연결 유무확인)을 원활히하기 위한 배선방식

50 ②

해설
① 중형피난구유도등 → 대형피난구유도등
③ 1.5m 이하 → 1m 이하
④ 1m 이상 → 1m 이하

MEMO

MEMO